U0682966

混凝土结构与砌体结构

朱　强　冯江云　周　林　主　编
李万林　李　强　副主编

清华大学出版社
北　京

内 容 简 介

　　为满足建筑工程技术专业人才培养目标及教学改革要求,适应课程建设的理念,本书以混凝土主体结构与砌体结构的施工过程为导向,选择构件(柱、梁、板、剪力墙、楼梯、砌体墙)为载体,并大量借鉴目前建筑施工企业工程施工和验收的工艺流程、施工过程及工作方法,根据相关规范和国家标准,为高职高专院校相关专业量身打造了这本全新教材。

　　本书共分为 9 章,主要内容包括柱的施工、梁的施工、板的施工、剪力墙的施工、楼梯的施工、混凝土结构安全技术、砌体结构、砌体结构构造认知和基本构件分析及砖砌体结构工程主体施工等方面的基础知识。各章内容在编写时注重理论联系实际,同时配有大量图片及案例;在每个章节之后都有相应的实训练习和实训工作单,通过实训工作单收集学生对相关知识的学习情况,便于教师完成教学反馈。为满足学生可持续发展需要,书中增加了部分拓展知识,以二维码的形式展示在教材中。通过本书的学习,使学生对混凝土主体结构施工及砌体结构施工有基础的了解与掌握,同时,可以使学生具备高等职业技术专门人才所必需的混凝土主体结构施工及砌体结构施工的基本知识,并具有处理相关实际问题的能力。

　　本书可作为高职高专土木工程、建筑工程技术、工程造价、道路与桥梁工程、给排水工程、结构工程、工程地质、地下与隧道工程、地下工程、工程监理等工程类相关专业的教学用书,也可供其他类型学校,如中专、职工大学、函授大学、函授电视大学等相关专业选用。本书除具有教材功能外还兼具工具书的特点,是建筑工程业内施工、设计、监理人员不可多得的参考用书。

图书在版编目(CIP)数据

混凝土结构与砌体结构/朱强,冯江云,周林主编. —北京:清华大学出版社,2020.5
ISBN 978-7-302-54760-0

Ⅰ. ①混… Ⅱ. ①朱… ②冯… ③周… Ⅲ. ①混凝土结构—高等职业教育—教材 ②砌体结构—高等职业教育—教材　Ⅳ. ①TU37 ②TU209

中国版本图书馆 CIP 数据核字(2020)第 013287 号

责任编辑:石　伟　桑任松
装帧设计:刘孝琼
责任校对:周剑云
责任印制:刘海龙

出版发行:清华大学出版社
　　　　网　　　址:http://www.tup.com.cn, http://www.wqbook.com
　　　　地　　　址:北京清华大学学研大厦 A 座　　　邮　　编:100084
　　　　社 总 机:010-62770175　　　　　　　　　邮　　购:010-62786544
　　　　投稿与读者服务:010-62776969, c-service@tup.tsinghua.edu.cn
　　　　质量反馈:010-62772015, zhiliang@tup.tsinghua.edu.cn
　　　　课件下载:http://www.tup.com.cn, 010-62791865
印 装 者:三河市宏图印务有限公司
经　　销:全国新华书店
开　　本:185mm×260mm　　印　张:15.5　　字　数:377 千字
版　　次:2020 年 6 月第 1 版　　　　　印　次:2020 年 6 月第 1 次印刷
定　　价:49.00 元

产品编号:083368-01

前　　言

本书根据高职高专示范院校建设的要求，基于工作过程系统化进行课程建设的理念，满足建筑工程技术专业人才培养目标及教学改革要求，选择构件(柱、梁、板、剪力墙、楼梯、砌体墙)为载体，并大量借鉴目前建筑施工企业工程施工和验收的工艺流程、施工过程及工作方法，根据现行的国家标准，详细介绍了实际工程中混凝土主体结构施工及砌体结构施工的基本知识。本教材根据建设类专业人才培养方案和教学要求及特点编写，综合考虑从市场的实际出发，坚持以全面素质教育为基础，以就业为导向，培养高素质的应用技能型人才。

本书最大的特点在于将理论知识与实际案例结合起来进行介绍，缩减了学时，特别适合作为专业基础课程改革的教材使用。教材内容的设计是根据职业能力要求及教学特点，与建筑行业的岗位相对应，体现新的国家标准和技术规范；内容翔实，文字简练，图文并茂，充分体现了项目教学与综合训练相结合的主要思路；本教材内容通俗易懂，理论概述简洁明了，案例清晰实用，特别注重教材的实用性。

本书每章均添加了大量针对不同知识点的案例，让学生们结合案例和上下文可以更好地理解教学内容；并在难以理解的地方增加了大量的拓展图片，辅助学生学习和理解；同时配有实训练习、实训工作单让学生及时达到学以致用。

本书与同类书相比具有以下显著特点。

(1) 新：穿插案例，清晰明了，形式独特。

(2) 全：知识点分门别类，包含全面，由浅入深，便于学习。

(3) 系统：知识讲解前后呼应，结构清晰，层次分明。

(4) 实用：理论和实际相结合，大量案例赏析，举一反三，学以致用。

(5) 赠送：除了必备的电子课件、教案、每章习题答案及模拟测试 AB 试卷外，还相应地配套有大量的讲解音频、动画视频、三维模拟、扩展图片等，以扫描二维码的形式再次拓展混凝土主体结构施工以及砌体结构施工的相关知识点，力求让初学者在学习时最大化地接受新知识，最快、最高效地达到学习目的。

本书由长江工程职业技术学院朱强、重庆三峡学院冯江云、中船第九设计研究院周林任主编，必维国际检验集团李万林、沈阳建筑大学李强任副主编，参加编写的还有黄河水利职业技术学院孙玉龙、三门峡职业技术学院王毅、重庆房地产职业学院李益、沈阳建筑大学马振宁。具体的编写分工为冯江云负责编写第 1 章，朱强负责编写第 2 章，并对全书进行统筹，孙玉龙负责编写第 3 章，王毅与马振宁合编第 4 章，李益负责编写第 5 章，周林负责编写第 6 章、第 7 章，李强负责编写第 8 章，李万林负责编写第 9 章。在此对在本书编写过程中的全体合作者和帮助者表示衷心的感谢！

本书在编写过程中，得到了许多同行的支持与帮助，在此一并表示感谢。由于编者水平有限，书中难免有错误和不妥之处，望广大读者批评指正。

编　者

目　　录

混凝土结构与砌体结构施工--A卷.docx

混凝土结构与砌体结构施工--B卷.docx

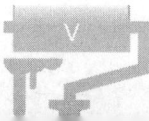

第 1 章　柱 的 施 工

【教学目标】

(1) 掌握柱构造的识图。
(2) 熟悉柱的计划编制及抄平放线。
(3) 熟悉施工测量器具的使用。
(4) 掌握柱脚手架的搭设方式。
(5) 掌握柱钢筋、模板的制作加工及混凝土的浇筑振捣。
(6) 熟悉柱施工的质量安全监控。

第 1 章.pptx

【教学要求】

本章要点	掌握层次	相关知识点
柱的识读与抄平放线	掌握柱构造的识图及抄平放线	工程识图与测量
柱脚手架的应用	掌握柱施工脚手架的搭设技巧	脚手架工程
钢筋、模板的加工	掌握钢筋、模板的加工工艺	建筑工程施工
柱混凝土的施工	熟悉柱混凝土的浇筑振捣工艺	混凝土工程

【案例导入】

　　某工程采用钢筋混凝土框架结构,完成了基础部分施工,在首层框架柱浇筑施工完成后对模板进行了拆除,拆模后发现柱有较严重的露筋现象,尤其是在距下部 1m 处较为严重,严重影响了美观效果及施工质量。

【问题导入】

　　请结合自身所学,综合分析为什么会有上述不良情况出现,说明原因,并给出相关解决方案。

1.1 柱施工图的识读

1.1.1 柱的平面表示方法

柱平法施工图是在柱平面布置图上采用列表注写方式或截面注写方式表达。在柱平法施工图中应注明各结构层的楼面标高、结构层高及相应的结构层号，应注明上部嵌固部位位置。柱平面布置图，可采用适当比例单独绘制，也可与剪力墙平面布置图合并绘制。

1. 列表注写方式

列表注写方式是在柱平面布置图上(一般只需要采用适当比例绘制一张柱平面布置图，包括框架柱、框支柱、梁上柱、剪力墙上柱)，分别在同一编号的柱中，选择一个(有时需要几个)截面标注几何参数代号；在柱表中注写柱号、柱段起止标高、几何尺寸(含柱截面对轴线的偏心情况)与配筋的具体数值，并配以各种柱截面形状及其箍筋类型图的方式，来表达柱平面施工图。

音频 列表注写方式.mp3

1) 柱表注写内容

(1) 注写柱编号。

柱编号由类型编号、代号和序号组成，应符合表 1-1 的规定。当柱的总高、分段截面尺寸和配筋均对应相同，仅分段截面与轴线的关系不同时，仍可将其编为同一柱号。

表 1-1 柱编号

柱 类 型	代 号	序 号
框架柱	KZ	××
框支柱	KZZ	××
芯柱	XZ	××
梁上柱	LZ	××
剪力墙上柱	QZ	××
构造柱	GZ	××

(2) 注写各段柱的起止标高。

注写各段柱的起止标高，应自柱根部往上部已变截面位置或截面未变但配筋改变处为界分段注写。框架柱和框支柱的根部标高是指基础顶面标高。芯柱的根部标高是指根据结构实际需要而定的起始位置标高。梁上柱的根部标高是指梁顶面标高。剪力墙上柱的根部标高分为两种：当柱纵筋锚固在墙顶部时，其根部标高为墙顶面标高；当柱与剪力墙重叠一层时，其根部标高为墙顶面往下一层的结构层楼面标高。

(3) 注写柱截面尺寸。

对于矩形柱，注写柱截面尺寸 $b \times h$ 及与轴线关系的几何参数代号 b_1、b_2 和 h_1、h_2 的具体数值，须对应于各段柱分别注写。其中 $b = b_1 + b_2$ ， $h = h_1 + h_2$ 。

对于圆形柱，截面尺寸用柱直径 d 表示，圆柱截面与轴线的关系也用 b_1、b_2 和 h_1、h_2 表示，并使 $d = b_1 + b_2 = h_1 + h_2$ 。

(4) 注写柱纵筋。

当柱纵筋直径相同，各边根数也相同时，将柱纵筋注写在"全部纵筋"一栏，除此之外，柱纵筋分角筋、截面 b 边中部筋和 h 边中部筋三项分别注写。注写时，b 边、h 边两边相同时，均只注写单面一侧的钢筋。

(5) 注写箍筋类型号及箍筋肢数。

具体工程所涉及的各种箍筋类型图以及箍筋复合的具体方式，须画在表的上部或图中的适当位置，并在其上标注与表中相对应的 b、h 和编上类型号。

(6) 注写柱箍筋。

注写柱箍筋包括注写箍筋级别、直径与间距。当为抗震设计时，用斜线"/"区分柱端箍筋加密区和柱身非加密区长度范围内箍筋的不同间距。当圆柱采用螺旋箍筋时，须在箍筋前加"L"。当柱(包括芯柱)纵筋采用搭接连接，且为抗震设计时，在柱纵筋搭接长度范围内(应避开柱端的箍筋加密区)的箍筋均应按 $\leq 5d(d$ 为柱纵筋较小直径)及 $\leq 100mm$ 的间距加密；当为非抗震设计时，在柱纵筋搭接长度范围内的箍筋加密，应由设计者另行注明。箍筋类型以及箍筋复合的具体方式，须画在表的上部或图中的适当位置，并在其上标注与表中相对应的 b、h 且编上类型号。

2) 采用列表注写方式表达柱平法施工图

采用列表注写方式表达的柱平法施工图如图 1-1 所示。

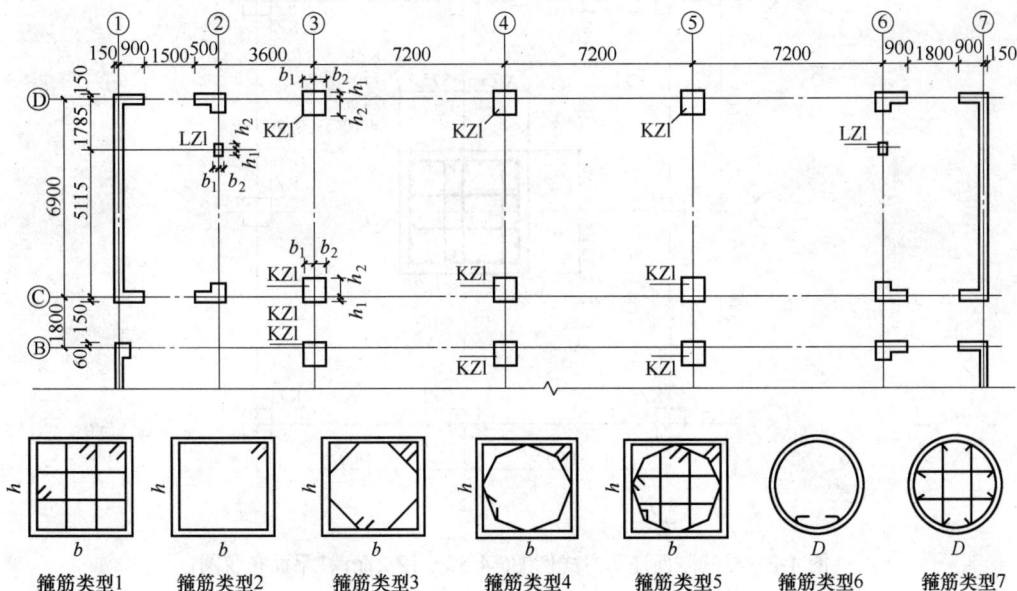

图 1-1 柱平法施工图(局部)

柱的列表注写方式见表 1-2。

表 1-2　柱列表注写方式

柱号	标高/mm	$b \times h$(圆柱直径 d)/(mm×mm)	$b_1/$ mm	$b_2/$ mm	$h_1/$ mm	$h_2/$ mm	全部纵筋	角筋	b 边一侧中部筋	h 边一侧中部筋	箍筋类型号	箍筋
KZ1	-0.030～19.470	750×700	375	375	150	550	24Φ25				1(5×4)	Φ10@100/200
	19.470～37.470	650×600	325	325	150	450		4Φ22	5Φ22	4Φ20	1(4×4)	Φ10@100/200
	37.470～59.070	550×500	275	275	150	350		4Φ22	5Φ22	4Φ20	1(4×4)	Φ10@100/200
XZ1	-0.030～8.670						8Φ25				按标准构造评图	Φ10@200

2. 截面注写方式

截面注写方式，是在分标准层绘制的柱平面布置图的柱截面上，分别在同一编号的柱中选择一个截面，以直接注写截面尺寸和配筋具体数值的方式来表达柱平法施工图，如图 1-2 所示。

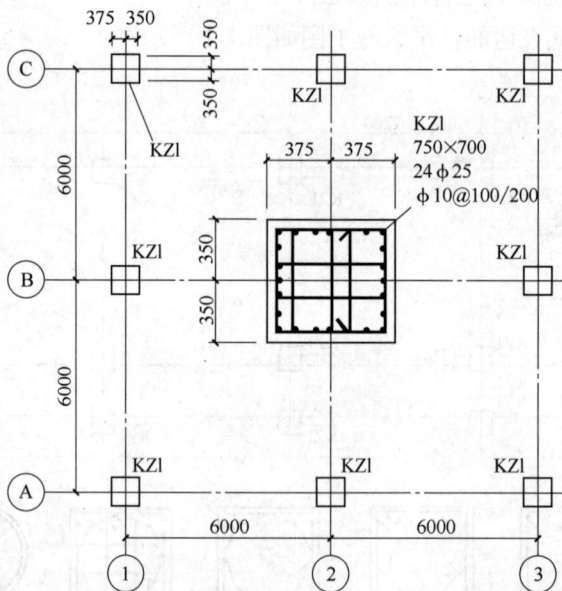

图 1-2　柱的截面注写方式例图(-4.53～12.27m 柱平面布置图)

对除芯柱之外的所有柱截面按表 1-1 进行编号，从相同编号的柱中选择一个截面，按另一种比例原位放大绘制柱截面配筋图，并在各配筋图上继其编号后再注写截面尺寸 $b \times h$、角筋或全部纵筋、箍筋的具体数值，以及在柱截面配筋图上标注柱截面与轴线关系 b_1、b_2、

h_1、h_2 的具体数值。

当纵筋采用两种直径时,须再注写截面各边中部筋的具体数值(对于采用对称配筋的矩形截面柱,可仅在一侧注写中部筋,对称边省略不注)。

在截面注写方式中,如柱的分段截面尺寸和配筋均相同,仅分段截面与轴线的关系不同时,可将其编写为同一柱号。但应在未画配筋的柱截面上注写该柱截面与轴线关系的具体尺寸。

KZ1集中标注表达的意思如下。

750×700:表示柱的截面尺寸为750mm(宽)×700mm(长);24Φ25:表示全部纵筋有24根直径为25mm的一级钢筋。

其中Φ10@100/200:表示柱的箍筋为直径10mm的一级钢筋,加密区间距为100mm,非加密区间距为200mm。

1.1.2 柱箍筋的识读

箍筋的作用主要是与纵筋组成钢筋骨架,防止纵筋受力后压曲向外凸出。当采用螺旋箍筋(或焊接环筋)时,还能够约束所围混凝土截面(称为核心界面)内的混凝土侧向变形,进一步提高构件的承载力及受压延性。

识读柱箍筋时,要清楚箍筋的种类及根数。其种类有非复合箍筋和复合箍筋两种,其简图具体如图1-3、图1-4所示。

当柱表中只给出"全部纵筋"时,表示全部纵筋沿柱四边平均分配;分别给出角筋、b 边纵筋、h 边纵筋时,如图1-5所示,表示柱四角各布置1根角筋,b 边纵筋和 h 边纵筋沿两个 b 边和两个 h 边对称布置。"一侧中部筋"是指该侧边除两根角筋外中部布置的纵筋。

柱中钢筋的识读如图1-6所示。

钢筋箍筋加工.mp4

如图1-7所示,箍筋类型中的4×4型箍筋实际由3个封闭的钢筋套组成。"4×4"是指柱的 b 向和 h 向均由4个箍筋"肢"组成,即所谓的四肢箍筋。

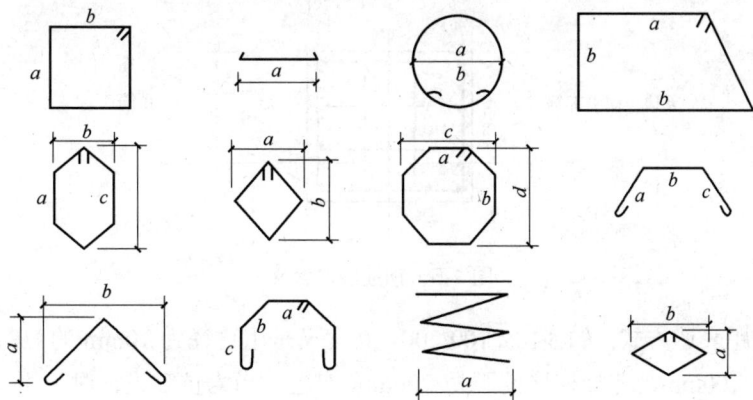

图1-3 非复合箍筋的类型

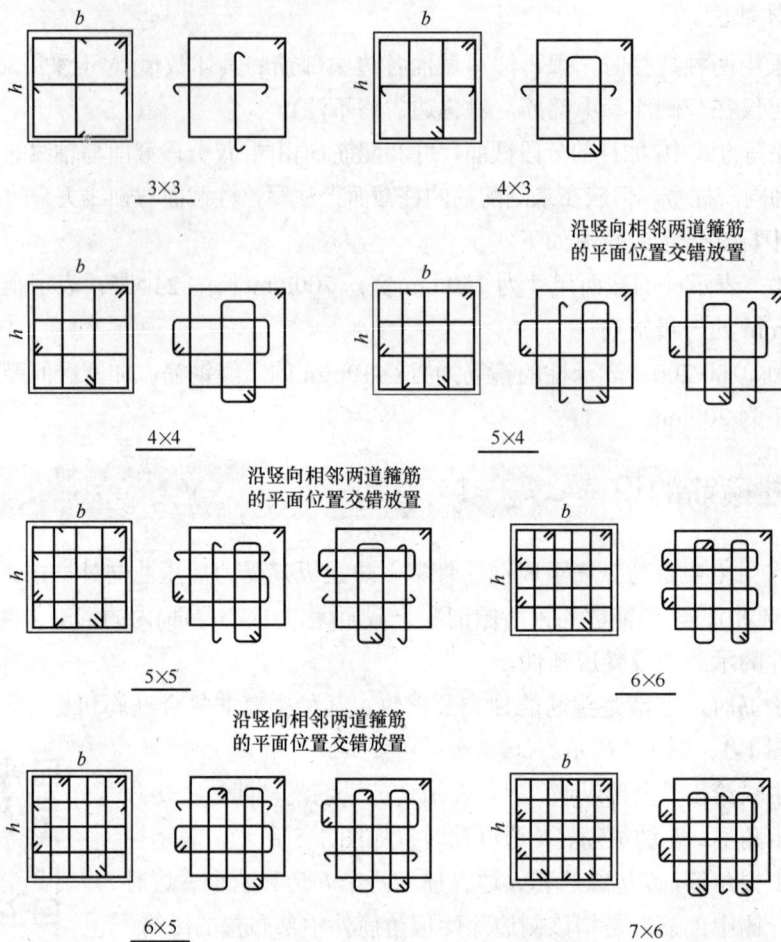

3×3　　　　　　4×3

沿竖向相邻两道箍筋
的平面位置交错放置

4×4　　　　　　5×4

沿竖向相邻两道箍筋
的平面位置交错放置

5×5　　　　　　6×6

沿竖向相邻两道箍筋
的平面位置交错放置

6×5　　　　　　7×6

图 1-4　复合箍筋的类型

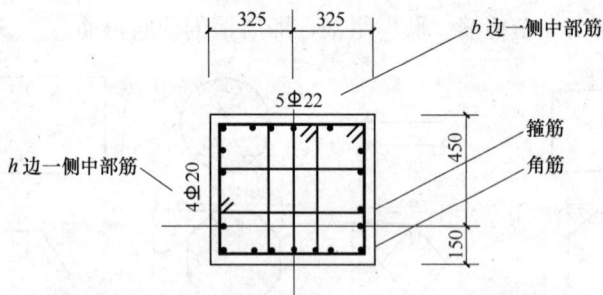

图 1-5　钢筋表述含义

　　箍筋的间距表达方式：如 φ10@100/200，其含义是用直径为 10mm 的 HRB300 级钢筋，加密区间距为 100mm，非加密区间距为 200mm 布置。当为抗震设计时，用"/"区分柱端箍筋加密区和柱身非加密区范围内箍筋间距的不同。识图时应根据标准构造详图或规范相关规定取值。

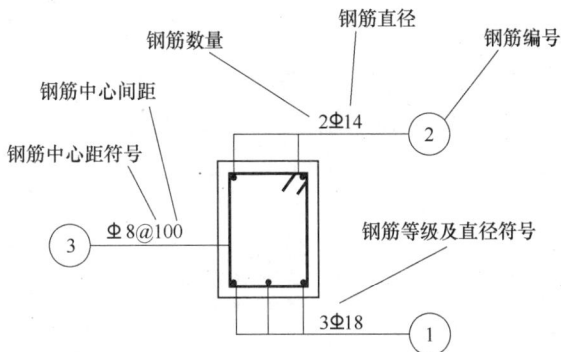

图 1-6 钢筋表示符号

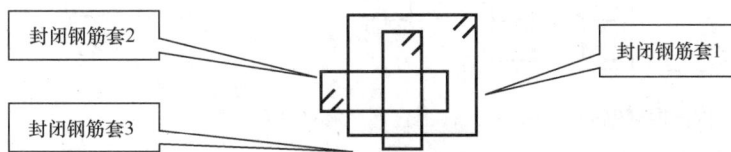

图 1-7 4×4 型箍筋分解示意图

1.2 柱的构造会审

1.2.1 柱的构造要求

1. 柱的截面要求

柱的截面要求具体如下。

(1) 柱的截面形式一般采用矩形、方形、圆形或多边形等。截面宽度和高度：无抗震要求时均不宜小于 250mm，有抗震要求时均不宜小于 300mm；圆形截面直径及多边形截面的内切直径不宜小于 350mm；错层处框架柱的截面高度不应小于 600mm，截面高度与宽度的比值不宜大于 3。

(2) 框架柱的截面宜满足 $l_0/b_c \leqslant 30$，$l_0/h_c \leqslant 25$（l_0 为柱的计算长度；b_c、h_c 分别为柱的截面宽度和高度）。框架柱的剪跨比宜大于 2。

(3) 在柱的截面中部 1/3 左右的核心部位配置附加纵向钢筋形成芯柱，如图 1-8 所示。为便于梁筋通过，芯柱边长不宜小于柱边长或直径的 1/3，且不宜小于 250mm。

2. 柱中纵向受力钢筋

柱中纵向受力钢筋的具体要求如下。

(1) 纵向受力钢筋的直径不宜小于 12mm，全部纵向钢筋的配筋率不宜大于 5%；圆柱中纵向钢筋宜沿周边均匀布置，根数不宜多于 8 根，且不应少于 6 根。

(2) 当偏心受压柱的截面高度 $h \geqslant 600mm$ 时，在柱的侧面上应设置直径为 10~16mm 的纵向构造钢筋，并相应设置复合箍筋或拉筋。

柱的形状.docx

(3) 柱中纵向受力钢筋的净间距不应小于 50mm；对水平浇筑的预制柱，其纵向钢筋的最小净间距不应小于 30mm 和 $1.5d$(d 为纵向钢筋的最大直径)。

(4) 在偏心受压柱中，垂直于弯矩作用平面的侧面上的纵向受力钢筋以及轴心受压柱中各边的纵向受力筋，其中距不宜大于 300mm。

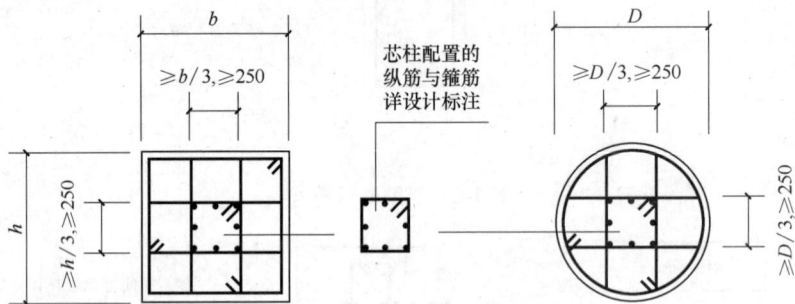

注：纵筋的连接及根部锚固同框架柱，往上直通至芯柱柱顶标高。

图 1-8　芯柱尺寸示意图

3. 柱中箍筋

柱中箍筋的具体要求如下。

(1) 柱及其他受压构件中的周边箍筋应做成封闭式；对圆柱中的箍筋，搭接长度不应小于锚固长度 l_a，且末端应做成 135° 弯钩，弯钩末端平直段长度不应小于箍筋直径的 5 倍。

柱中钢筋示意图.docx

(2) 箍筋间距不应大于 400mm，以及构件截面的短边尺寸，且不应大于 $15d$(d 为纵向受力钢筋的最小直径)。

(3) 箍筋直径不应小于 $d/4$(d 为纵向钢筋的最大直径)，且不应小于 6mm。

(4) 当柱中全部纵向受力钢筋的配筋率大于 3% 时，箍筋直径不应小于 8mm，间距不应大于纵向受力钢筋最小直径的 10 倍，且不应大于 200mm；箍筋末端应做成 135° 弯钩，且弯钩末端平直段长度不应小于箍筋直径的 10 倍；箍筋也可焊成封闭环式。

(5) 当柱截面短边尺寸大于 400mm 且各边纵向钢筋多于 3 根时，或当柱截面短边尺寸不大于 400mm 但各边纵向钢筋多于 4 根时，应设置复合箍筋。

(6) 柱中纵向受力钢筋搭接长度范围内的箍筋间距：当钢筋受拉时，箍筋间距不应大于搭接钢筋较小直径的 5 倍，且不应大于 100mm；当钢筋受压时，箍筋间距不应大于搭接钢筋较小直径的 10 倍，且不应大于 200mm。当受压钢筋直径 $d>25mm$ 时，尚应在搭接接头两个端面外 100mm 范围内各设置 2 个箍筋。

【**案例 1-1**】图纸会审是由设计、施工、监理单位以及有关部门参加的图纸审查会议，其目的有两个方面：一是使施工单位和各参建单位熟悉设计图纸，了解工程特点和设计意图，找出需要解决的技术难题，并制定解决方案；二是为了解决图纸中存在的问题，减少图纸的差错，使设计达到经济合理、符合实际，以利于施工顺利进行。试结合上下文浅析柱的构造会审的重要性及会审要点。

1.2.2 柱的技术交底的方法

1. 技术交底的方法

技术交底应以书面形式为主,召开班前会口头交底为辅。重要部位或较复杂部位,应另附翻样图纸,必要时结合实际操作进行交代。最后,填写技术交底记录表(单),由交底人及被交底人签字,并存档一份。

技术交底的方法.mp4

2. 技术交底的注意事项

技术交底应注意以下事项。

(1) 技术交底应以施工组织设计为主导内容。因为工地的各项技术活动,是以执行和实现施工组织设计的各项要求为目的。

(2) 技术交底要有针对性。要根据各方面的特点,有要点,有预见性,有预防措施。要根据各方法的特点,有针对性地提出操作要点与措施。这里所谓的特点包括工程状况、地质条件、气候情况(冬、雨季或旱季)、周围环境(如场地窄小、运输困难、周围对降噪防尘的要求等)、操作场地(如高空、深基、立体交叉作业、工序反搭接等)以及施工队伍素质特点(在哪方面技术薄弱)等。

(3) 要明确指出哪些是关键部位或关键项目。关键部位包括结构或装修重要部位、质量上易出问题的部位、施工难度较大的部位、对总进度(或创造工作面)起决定作用的部位,以及新材料、新工艺、新技术项目等。

(4) 凡是设计图纸上有变动的项目,一定要将设计变更洽商内容,及时向有关工长、班组进行交底。

3. 柱的技术交底

1) 混凝土浇筑的交底

(1) 材料要求。

① 水泥:32.5号以上矿渣硅酸盐水泥或普通硅酸盐水泥。进场时必须有质量证明书及复试试验报告。

② 砂:宜用粗砂或中砂。混凝土低于C30时含泥量不大于5%,高于C30时不大于3%。

③ 石子:粒径5~32mm。混凝土低于C30时含泥量不大于2%,高于C30时不大于1%。

④ 混合料:粉煤灰,其掺量应通过试验确定,并应符合有关标准。

⑤ 混凝土外加剂:减水剂、早强剂等应符合有关标准的规定,其掺量经试验符合要求后,方可使用。

(2) 主要机具。

主要机具有混凝土搅拌机、磅秤(或自动计量设备)、双轮手推车、小翻斗车、尖锹、平锹、混凝土吊斗、插入式振捣器、木抹子、长抹子、铁插尺、胶皮水管、铁板、串桶、塔式起重机等。

如果使用商品混凝土，技术交底时将不涉及上述两条，但会涉及混凝土泵站、管道连接、振捣器等机具的交底工作。

(3) 作业条件。

① 浇筑混凝土段的模板、钢筋、预埋铁件及管线等全部安装完毕，经检查符合设计要求，并办完隐蔽验收、预检查手续。

② 浇筑混凝土用的架子及马道已支搭完毕并经检查合格。

③ 水泥、砂、石及外加剂等经检验符合有关标准要求，试验室已下达混凝土配合比通知单。

④ 磅秤(或自动上料系统)经检验核定计量准确，振捣器(棒)经检验试运转合格。

⑤ 工长根据施工方案对操作班组已进行全面施工技术交底。混凝土浇灌申请书已被批准。

(4) 操作工艺。

工艺流程：作业准备→混凝土搅拌→混凝土运输→柱混凝土浇筑与振捣→养护。

① 作业准备：浇筑前应将模板内的垃圾、泥土等杂物及钢筋上的油污清除干净，并检查钢筋的水泥砂浆垫块是否垫好。如使用木模板时应浇水使模板湿润，柱子模板的扫除口应在清除杂物及积水后再封闭，剪力墙根部松散混凝土已被剔掉清除。

② 混凝土运输：混凝土自搅拌机中卸出后，应及时送到浇筑地点。如混凝土运到浇筑地点有离析现象，必须在浇筑前进行二次拌和。混凝土从搅拌机中卸出后到浇筑完毕的延续时间，不宜超过规范的相关规定。泵送混凝土时必须保证混凝土泵连续工作，如果发生故障，停歇时间超过 45min 或混凝土出现离析现象，应立即用压力水或其他方法冲洗管内残留的混凝土。

③ 混凝土自吊斗下落的自由倾落高度不得超过 2m，浇筑高度如超过 3m 时必须采用串桶或溜管等措施。

④ 浇筑混凝土时应分段分层连续进行；浇筑高度应根据结构特点、钢筋疏密确定，一般为振捣器作用部分长度的 1.25 倍，最大不超过 500mm。

⑤ 使用插入式振捣器应快插慢拔，插点要均匀排列，逐点移动，顺序进行，不得遗漏，做到均匀振实。移动间距不大于振捣作用半径的 1.5 倍(一般为 300~400mm)。振捣上一层时应插入下层 50mm，以清除两层间的接缝。表面振动器(或称平板振动器)的移动间距，应保证振动器的平板覆盖已振实部分边缘。

⑥ 浇筑混凝土应连续进行。如必须间歇，其间歇时间应尽量缩短，并应在前层混凝土凝结之前，将次层混凝土浇筑完毕。间歇的最长时间应根据所用水泥品种及混凝土凝结条件确定。一般超过 2h，应按施工缝处理。

⑦ 浇筑混凝土时应经常观察模板、钢筋、预埋孔洞、预埋件和插筋等有无移动、变形或堵塞情况，发现问题应立即停止浇筑，并应在已浇筑的混凝土凝结前修整完好。

⑧ 柱浇筑前底部应先填以 50~100mm 厚与混凝土同配合比的石子砂浆，柱混凝土应分层振捣，使用插入式振捣器时每层厚度不大于 500mm，振捣棒不得触动钢筋和预埋件。

除上面振捣外，下面要有人随时敲打模板。

⑨ 柱高在 3m 之内，可在柱顶直接下灰浇筑，超过 3m 时应采取措施(如串桶)或在模板侧面开门子洞安装斜溜槽分段浇筑。每段高度不得超过 2m，每段混凝土浇筑后将门子洞模板封闭严实，并用箍筋箍牢。

⑩ 柱子混凝土应一次浇筑完毕，如需留施工缝应留在主梁下面。无梁楼板应留在柱帽下面。在与梁板整体浇筑时，应在柱浇筑完毕后停歇 1～1.5h，使其获得初步沉实，再继续浇筑。梁柱节点钢筋较密时，浇筑混凝土时宜用同强度等级的小粒径石子混凝土浇筑，并用小直径振捣棒振捣。

⑪ 施工缝位置：宜沿次梁方向浇筑楼板，施工缝应留置在次梁跨中 1/3 范围内，施工缝的表面应与梁轴线或板面垂直，不得留斜槎。施工缝宜用木板或钢丝网挡牢。

⑫ 施工缝处须待已浇筑混凝土的抗压强度不小于 1.2MPa 时，才允许继续浇筑，在继续浇筑混凝土前，施工缝混凝土表面应凿毛，剔除浮动石子，并用水冲洗干净后，先刷一层水泥浆，然后继续浇筑混凝土，并应振实，使新旧混凝土紧密结合。

⑬ 混凝土浇筑完毕后，应在 12h 内加以覆盖和浇水，浇水次数应能保持混凝土有足够的润湿状态，养护期一般不少于 7 昼夜。

⑭ 冬期施工按冬期施工的技术要求实施。

(5) 质量标准。

按建筑工程质量验收统一标准和相关专业验收标准实施。

(6) 成品保护。

混凝土浇筑完毕后，应按相关规范要求并采取适当措施做好成品的保护工作。

冬期施工.mp4

(7) 应注意的质量问题。

在施工过程中要做好混凝土质量的预防和控制。

2) 柱钢筋工程的交底

(1) 原材料进场及堆放。

进场的钢筋原材料，必须有出厂合格证。收料人认真检查产地、批号、规格是否与合格证相符，经确认无误，方可收货。钢筋应按批检查检收，每批应由同炉号、同一加工方法、同一尺寸、同一交货状态的钢筋组成。每批钢筋取两根，应在外观及尺寸合格的钢筋上切取，并将试样送试验部门复检。

(2) 钢筋加工。

① 钢筋加工的形状、尺寸必须符合设计要求，钢筋端部采用砂轮机切制，保证端部平整；钢筋表面应清洁、无损伤，油渍、漆污和铁锈应在使用前清除干净，带有粒状和浮锈的钢筋不得使用；钢筋加工成半成品后，要按类别、直径、使用部位挂牌，并分类堆放整齐。

钢筋加工.mp4

② 在施工过程中出现钢筋代换时，经设计部门认可后，由项目监理工程师签发核定单，方能代换。

(3) 钢筋绑扎。

① 准备工作：核对半成品钢筋的规格、尺寸和数量等是否与料单相符，准备好绑扎的铁丝、工具、保护层等。

② 内墙柱钢筋均在绑扎承台钢筋时一次伸至底板面以上一个搭接长度，二次接头错开一个搭接长度，接头在任一截面内的数量不得超过该截面面积的 50%。墙柱钢筋保护层垫块绑扎在竖向钢筋上。

(4) 钢筋连接。

按设计及抗震规范要求，当钢筋直径小于 18mm 时采用搭接或焊接接头，当钢筋直径大于等于 20mm 时钢筋接头必须采用剥肋直螺纹连接接头。施工操作人员须持证上岗。

(5) 多肢箍的做法。

柱、梁多肢箍的做法如图 1-9 所示。

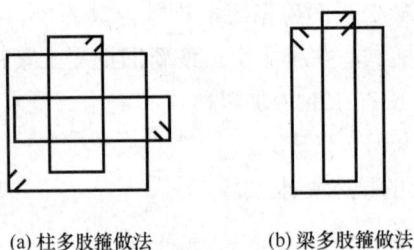

(a) 柱多肢箍做法   (b) 梁多肢箍做法

图 1-9　柱、梁多肢箍的做法

(6) 柱头钢筋位置的固定措施。

柱头钢筋位置的固定措施如图 1-10 所示。

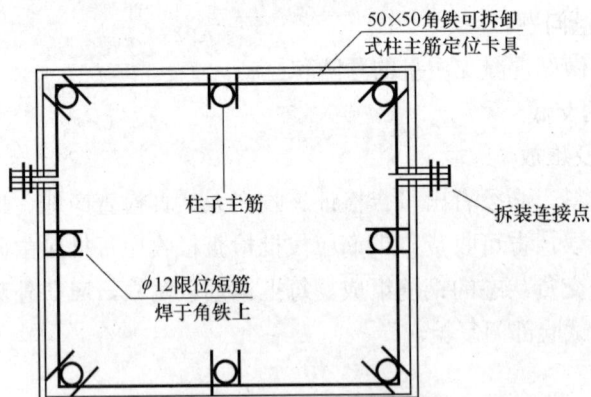

图 1-10　柱头钢筋位置的固定措施示意图

(7) 质量标准。

按建筑工程质量验收统一标准和相关专业验收标准实施。

(8) 成品保护。

钢筋扎好后，应按相关规范要求采取适当措施做好成品的保护工作。

1.3　柱的人机料计划编制

1.3.1　单位工程施工进度计划的认知

单位工程施工进度计划是在确定了施工方案的基础上，根据规定工期和各种资源供应条件，按照施工过程的合理施工顺序及组织施工的原则，用图表的形式(横道图或网络图)，对一个工程从开始施工到工程全部竣工的各个项目，确定其在时间上的安排和相互间的搭接关系。在此基础上，方可编制月、季计划及各项资源需要量计划。所以，施工进度计划是单位工程施工组织设计中一项非常重要的内容。

1. 单位工程施工进度计划的作用

单位工程施工进度计划的作用如下：

(1) 控制单位工程的施工进度，保证在规定工期内完成符合质量要求的工程任务；

(2) 确定单位工程的各个施工过程的施工顺序、施工持续时间及相互衔接和合理配合关系；

(3) 为编制季度、月度生产作业计划提供依据；

(4) 是制订各项资源需要量计划和编制施工准备工作计划的依据。

2. 单位工程施工进度计划的分类

单位工程施工进度计划根据施工项目划分的粗细程度，可分为控制性与指导性施工进度计划两类。

(1) 控制性施工进度计划按分部工程来划分施工项目，控制各分部工程的施工时间及其相互搭接配合关系。它主要适用于工程结构较复杂、规模较大、工期较长而需跨年度施工的工程(如体育场、火车站等公共建筑以及大型工业厂房等)，还适用于工程规模不大或结构不复杂但各种资源(劳动力、机械、材料等)不落实的情况，以及建筑结构、建筑规模等可能变化的情况。编制控制性施工进度计划的单位工程，当各分部工程的施工条件基本落实之后，在施工之前还应编制各分部工程的指导性施工进度计划。

(2) 指导性施工进度计划按分项工程或施工过程来划分施工项目，具体确定各分项工程或施工过程的施工时间及其相互搭接配合关系。它适用于施工任务具体而明确、施工条件基本落实、各种资源供应正常、施工工期不太长的工程。

3. 单位工程施工进度计划的编制程序和依据及其表示方法

1) 单位工程施工进度计划的编制程序

单位工程施工进度计划的编制程序如图 1-11 所示。

2) 单位工程施工进度计划的编制依据

编制单位工程施工进度计划，主要依据下列资料：

(1) 经过审批的建筑总平面图及单位工程全套施工图，以及地质图、地形图、工艺设计图、设备及其基础图，采用的各种标准图等图纸及技术资料；

(2) 施工组织总设计对本单位工程的有关规定；

(3) 施工工期要求及开、竣工日期；

(4) 施工条件、劳动力、材料、构件及机械的供应条件，分包单位的情况等；

(5) 主要分部分项工程的施工方案，包括施工程序、施工段划分、施工流程、施工顺序、施工方法、技术及组织措施等；

(6) 施工定额；

(7) 其他有关要求和资料，如工程合同。

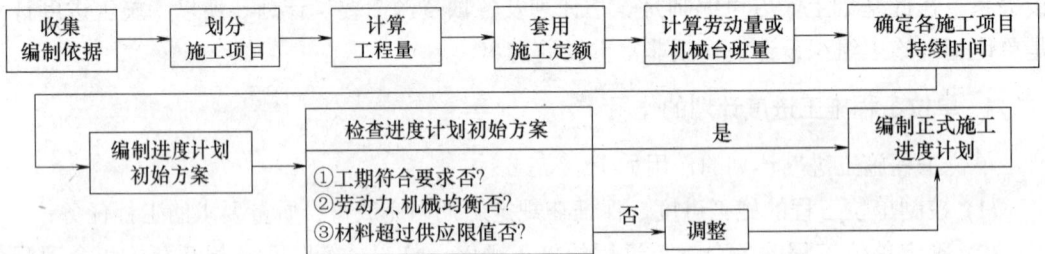

图 1-11　单位工程施工进度计划的编制程序

3) 单位工程施工进度计划的表示方法

单位工程施工进度计划一般用图表来表示，通常有两种形式的图表：横道图和网络图。横道图施工进度计划表的形式见表 1-3。

表 1-3　横道图施工进度计划表

序号	分部分项工程名称	工程量		时间定额	劳动量	需要机械		每天工作本班次	每班工人数	工作天数	施工进度	
		单位	数量		工种	机械名称	台班数量				××月	××月

从表 1-3 中可以看出，它由左、右两部分组成。左边部分列出各种计算数据，如分部分项工程名称、相应的工程量、采用的定额、需要的劳动量或机械台班量、每天工作班次、每班工人数及工作持续时间等；右边部分是从规定的开工之日起到竣工之日止的进度指示图表，用不同线条形象地表现各个分部分项工程的施工进度和相互间的搭接配合关系，有时在其下面汇总每天的资源需要量，绘出资源需要量的动态曲线，其中的格子根据需要可以是 1 格表示 1 天或表示若干天。

1.3.2 劳动力用量的计算

1. 精细劳动力计算

1) 分析工程项目，计算相关工作劳动力

要正确进行施工组织方案、进度等设计，就必须准确计算各分部、分项工程劳动力需求数量，同时所计算出的劳动力可进一步统计为单项工程、单位工程直至工程项目的劳动力总量，所以此项工作也是进行劳动力总量统计的基础工作。

2) 劳动定额的含义

劳动定额是计算完成单位合格产品或单位工程量所需人工的依据，但是它仅指直接从事建筑安装工程施工(包括附属企业)的生产工人，而不包括以下几类人员：

(1) 材料采购及保管人员；

(2) 材料到达工地以前的搬运、装卸工人等人员；

(3) 驾驶施工机械、运输工具的工人；

(4) 由管理费支付工资的人员。

3) 劳动力计算

人力施工劳动力的需要量计算公式：

$$p = (W_r \times q / T_z) \times S_1 \times S_2 \times S_3 \times S_4 \tag{1-1}$$

式中：p——相关工程劳动力；

W_r——工程数量；

q——工程劳动定额；

S_1——不同定额之间的幅度差；

S_2——不同时间的定额幅度差；

S_3——本企业当时当地与定额统一定额的幅度差；

S_4——不可预见因素修正系数；

T_z——日历施工期内的实际工作天数(按 8 小时计)。它等于日历天数 T_e 乘以工作日系数 0.7，再乘以气候影响系数 K、出勤率 c 及作业班次 n，即：

$$T_z = T_e \times 0.7 \times K \times c \times n \tag{1-2}$$

4) 绘制时标网络计划，计算基本劳动力数量

当分部分项工程劳动力求出后，便对其进行分析统计，得出相应单位或单项工程的劳动力数量，进而再分析统计为工程项目所需劳动力数量。方法是：根据施工组织设计所拟定的方案绘制时标网络计划，并按工期一定、资源均衡的原则进行优化与调整。即在工期不变的情况下，使劳动力分配尽量均衡，力求每天的劳动力需求量基本接近平均值，只有按这种方法对劳动力进行配备，才不会造成现场的劳动力短缺，也不会形成窝工现象。

5) 求算定额未包括人员

这类人员主要包括：①材料采购及保管人员；②材料到达工地以前的搬运、装卸工人

等人员；③驾驶施工机械、运输工具的工人；④由管理费支付工资的人员。

由于项目法管理的推行，以及施工队伍向知识密集型发展，其相关人员的计算可简化，具体方法如下。

(1) 因施工干扰需增加的劳动力。

因施工干扰需增加的劳动力根据有干扰的工程及不同行车对数的劳动定额增加百分比，分别计算；可以把增加的劳动定额放入单项定额内，也可以使用统一定额计算后，另计增加部分。

(2) 机械台班中的劳动力。

机械台班中的劳动力及司机人数，随着机械化程度而变，可按各种机械台班总量，乘以台班劳动定额求得，也可以按机械配备数量，根据各种机械特点，配备司机人数。根据以往经验资料，该项劳动力占基本劳动力的4%～7%。

(3) 备料、运输劳动力。

备料、运输劳动力，随坝工数量的多少而变化，并随着机械化、工厂化水平不断发展而减小。为了简化计算工作，各企业应自己统计历史上这项劳动力约占基本工程劳动力的百分比(如20%～30%)，或根据项目特点对外发包。

(4) 管理及服务人员。

管理及服务人员由项目经理组阁，也按项目定员估算，一般可按基本劳动力的15%～25%计算；项目越大，所占比例越小。

2. 粗略劳动力计算

1) 计算思路

粗略计算劳动力的思路是：根据楼层计算出模板量，根据建筑工人完成$8m^2/d$工期计算出模板工人数。根据模板工人数计算出其他人数。

2) 工种人数计算

(1) 模板工的人数。模板工人数的计算公式为：

$$模板工人数 = \frac{单层模板量}{8m^2/d \times 单层模板支设时间} \tag{1-3}$$

单层模板支设时间：主体模板支设时间按照规定(单层施工时间-1)计算，考虑1天的混凝土浇筑时间。

(2) 钢筋工的人数。

木工与钢筋工的人数比为木工：钢筋工=1.5：1。

(3) 混凝土工的人数。

混凝土工的计算思路：根据基础混凝土量(分区浇筑则确定分区混凝土量)、混凝土最长浇筑时间为3d，确定出混凝土泵的数量。每台混凝土泵需要的混凝土班组数量，如持续时间将超过8h，需要两个混凝土班组。

(4) 架子工的人数。

架子工主要根据模板量、协调模板工、钢筋工人数考虑。可按模板工的1/10～1/6考虑。

(5) 焊工的人数。

焊工人数在地下室施工阶段人数较多，主要根据施工工期考虑，协同考虑和其他工种的人数平衡，保证总人数符合实际情况。

(6) 起重工(塔吊)的人数。

起重工(塔吊)每台塔吊按 2 班 6 人考虑。

(7) 电工、机修工、机操工、试验工的人数。

电工、机修工、机操工、试验工按工程大小考虑，1～2 人即可。

(8) 普工的人数。

普工：根据工程大小，受限于总人数，竣工阶段达到最多，其他阶段酌情考虑。

1.3.3 机械台班用量的计算

确定施工方法、划分施工过程、计算工程量以后，就可以计算各个施工过程的机械台班需要量。施工过程机械台班需要量的计算，应根据现行的施工定额，并结合当地的具体情况和实际施工水平来确定，目的是根据工程实际进度，及时调配机械台班量。钢筋混凝土机械台班用量见表 1-4。

表 1-4 钢筋混凝土机械台班用量

序号	机械名称	型 号	主要性能	理论生产率		常用台班产量	
				单 位	数 量	单 位	数 量
1	混凝土搅拌机	J_1-250	装料容量 0.25m³	m³/h	3～5	m³/台班 m³/台班	
		J_1-400	装料容量 0.4m³	m³/h	6～12		
		J_4-375	装料容量 0.375m³	m³/h	12.5		
		J_4-1500	装料容量 1.5m³	m³/h	30		
2	混凝土搅拌机组		0.75m³ 双锥式搅拌机组	m³/h	20		
			1.6m³ 双锥式搅拌机组 3 台	m³/h	72～90		
3	混凝土喷射机		最大骨粒径/mm	m³/h		最大水平运距/m	最大垂直运距/m
		HP_1-4	25	m³/h	4	200	40
		HP_1-5	25	m³/h	4～5	240	
4	混凝土运输泵	ZH05HB8 型	50	m³/h	6～8	250	40
			40	m³/h	8	200	30

1. 计算方法

施工过程的机械台班用量，应根据各施工过程的工程量的现行施工定额计算。

$$P = Q/S \quad 或 \quad P = Q \times Z \tag{1-4}$$

式中：P——机械台班量；

$\quad\quad Q$——工程量；

$\quad\quad S$——产量定额；

$\quad\quad Z$——时间定额。

2. 影响机械台班用量的因素

若采用二班、三班制工作，可以大大加快施工进度，并且能够保证施工机械得到更充分的利用，但是也会引起技术监督、工人福利以及施工地点照明等方面费用的增加。因此凡是由于施工方法、施工技术和工期要求等方面的原因，非要采用二班或三班制工作外，一般来说多采用一班制工作。例如，使用滑动模板灌烟囱或烟囱筒壁，从工艺要求出发，施工必须连续不断地进行，在这种情况下，当然只能采用三班制工作。

从施工进度表中查取各分部分项工程施工的持续天数，确定各个施工过程机械台班需要量以及每天的工作班数后，就可以计算每天的施工机械需要量。

对于机械化施工过程，可先假定主导机械的台数，根据机械的生产能力(即台班产量)求出工作的持续天数。工作的持续天数与所要求天数相比较，如果太长，则可以增加机械的台数；如果太短，则可以减少机械的台数，以达到调整工作的持续时间，使之满足工期要求。但必须注意，机械(主要指起重机)的台数不仅仅取决于机械的台班生产能力，而且往往受到房屋平面轮廓形状的影响，还应当根据机械的服务范围，按上述方法求出的机械台数加以复核。

在确定了主要机械的台数以后，还要确定辅助机械的台数，以使主导机械和辅助机械的生产能力互相适应。当各种机械的台数确定之后，分别乘以每台机械所必须配备的工人人数，就得到机械化施工过程的劳动力需要量。

根据《建设工程劳动定额》中的有关规定，再利用以上计算公式，可以计算出钢筋工、模板工、混凝土工的机械台班量。根据采用的施工方案和安排的施工进度来确定施工机械的类型、数量、进场时间。施工机械需要量计划表如表1-5所示。

表1-5　施工机械需要量计划表

项次	机械名称	型号	需要量		货源	使用起止时间	备注
			单位	数量			

注：在安排机械进场时间时，对某些机械(如塔式起重机、桅杆式起重机)需考虑铺设轨道及架设起重机的时间。

1.3.4　主要材料需要量计划

1. 材料需要量计划的作用

材料需要量计划的作用是用于与加工生产单位签订加工供应协议，掌握备料情况、组织备料，确定仓库、堆场面积，组织运输。

2. 材料需要量计划的编制方法

材料需要量计划的编制方法是：将进度计划表中各施工过程的工程量，结合预算定额中各个施工过程所需材料名称、规格、数量进行计算汇总，再考虑各种材料的贮备定额，即为所需材料数量。

3. 材料需要量计划的编制

根据建筑工程进度计划表和施工图纸，计算出本周、本季或本月所需材料数量，再按要求供应时间的先后填入表 1-6 中。

表 1-6　单位工程主要材料需要量计划表

项次	材料名称	规格	需要量		供应时间	备注
			单位	数量		

4. 构件需要量计划

构件包括预制钢筋混凝土构件、钢结构构件和门窗等，构件需要量计划表见表 1-7。

表 1-7　构件需要量计划表

项次	品名	规格	图号	需要量		使用部位	加工单位	供应日期	备注
				单位	数量				

1.4　柱的抄平放线

1.4.1　高程的概念

高程指的是某点沿铅垂线方向到绝对基面的距离，称为绝对高程，简称高程。高程有绝对高程、相对高程与高差之分。同时，抄平放线时要明白建筑标高与高程之间的关系。

1. 绝对高程

绝对高程用 H 表示。如图 1-12 所示，地面点 A、B 的高程分别为 H_A、H_B。

高程示意图.docx

目前，我国采用黄海平均海水面作为高程起算面，即"1985 年国家高程基准"，在青岛建立了国家水准原点，其高程为 72.260m，全国各地的高程都以它为基准进行测算。

2. 相对高程

局部地区采用绝对高程有困难时，也可以假定一个水准面作为高程起算基准面，这个

水准面称为假定水准面。地面点到假定水准面的铅垂距离，称为相对高程，用 H' 表示。如图 1-12 所示，地面点 A、B 的相对高程分别为 H'_A、H'_B。

在建筑施工测量中，常选用底层室内地坪面为该工程任何点相对高程起算的基准面，记为±0.000。建筑物某部位的标高，是指某部位的相对高程，即某部位距室内地坪的铅垂距离。

3. 高差

地面两点间的高程之差，称为高差，用 h 表示。如图 1-12 所示，A、B 两点的高差为

$$h_{AB} = H_B - H_A = H'_B - H'_A \qquad (1-5)$$

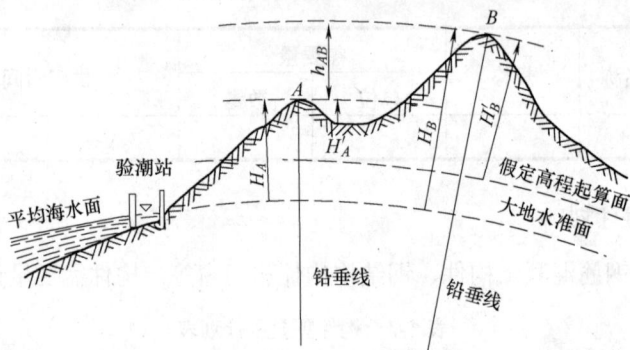

图 1-12 高程和高差

高差有正负，当 h_{AB} 为正时，B 点高于 A 点；当 h_{AB} 为负时，B 点低于 A 点；当 h_{AB} 为零时，B 点和 A 点一样高。

4. 建筑标高

在工程设计中，每一个独立的单位工程(一栋楼、一座水塔)都有它自身的高度起算面，为±0.000m(一般取建筑物首层室内地坪高度)。建筑物结构本身各部位的高度都是以±0.000m为起算面算起的相对高度，叫作建筑标高。如某楼层建筑标高为 3.000m，是指它比±0.000m高 3.000m；基础深为-6.000m，是指它比±0.000m 低 6.000m。若已知建筑物两部位的标高，就可计算出高差。已知建筑物窗过梁底部标高为 2.700m，窗台标高为 0.900m，那么窗高为2.700-0.900=1.800m。

5. 建筑标高与绝对高程的关系

工程设计者在施工图设计说明中要明确给出该单位工程的±0.000m 相当于绝对高程×××m，确定±0.000m 的绝对高程值叫设计高程，也叫设计标高。在一个建筑群中各单位工程设计高程可能相同，也可能不相同，在山区建设中甚至可能相差很大。

绝对高程是确定建筑物±0.000m 的依据，但不介入结构本身的高度计算。±0.000m 一旦建立，建筑物在施工过程中都以±0.000m 为起算面来测定各部位的标高。例如某工程中±0.000m 相当于绝对高程 68.800。窗台比±0.000m 高 1.000m，只能说窗台标高为 1.000m，而不能写成窗台标高为 69.800m。基础比±0.000m 低 2.000m，只能说基础深-2.000m，而不

能说基础深 66.800m。因此，绝对高程与建筑标高是有联系的两个概念。

1.4.2 水准仪

水准仪是进行地面点高程测量的主要仪器，其主要作用是能提供水平的视线来测定地面上各点的高差。尽管水准仪的种类较多，但它们的构造却基本相同。水准仪的基本构造如图 1-13 所示。

水准仪.docx

1. 水准点

用水准测量的方法测定的高程控制点，称为水准点。水准点有永久性水准点和临时性水准点两种。

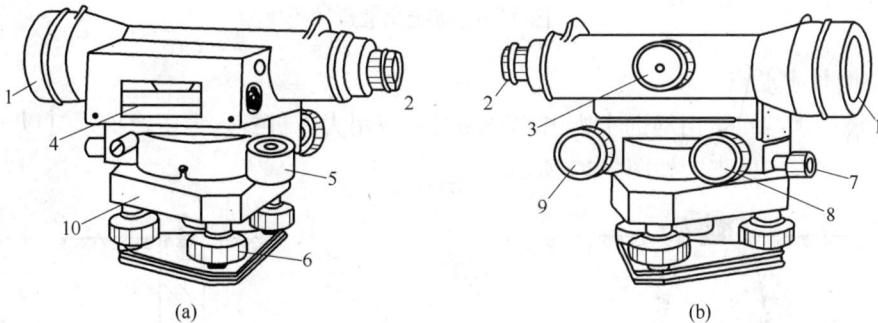

(a)   (b)

图 1-13 水准仪的基本构造

1—物镜；2—目镜；3—调焦螺旋；4—管水准器；5—圆水准器；

6—脚螺旋；7—制动螺旋；8、9—微动螺旋；10—基座

1) 永久性水准点

国家等级水准点，如图 1-14 所示。有些永久性水准点的金属标志也可镶嵌在稳定的墙角上，称为墙上水准点，如图 1-15 所示。建筑工地上的永久性水准点，其形式如图 1-16 所示。

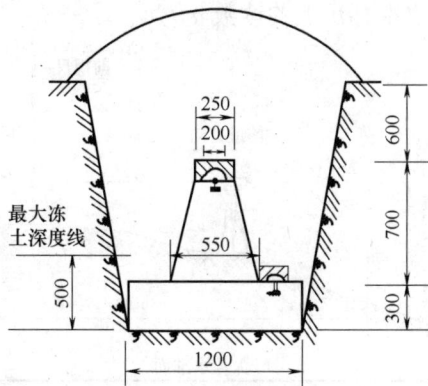

图 1-14 国家等级水准点

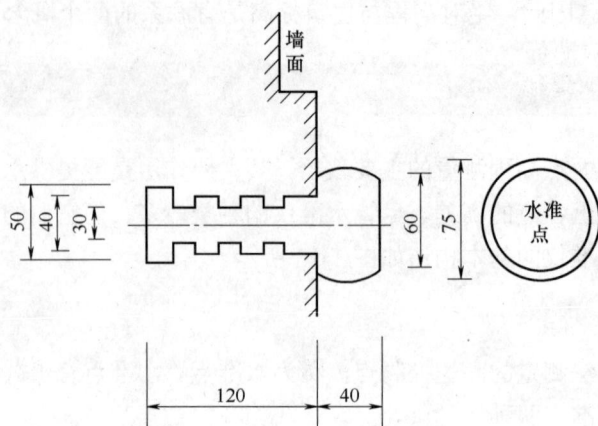

图 1-15　墙上水准点

2) 临时性水准点

临时性的水准点可用地面上突出的坚硬岩石或用大木桩打入地下，桩顶钉以半球状铁钉，作为水准点的标志，如图 1-17 所示。

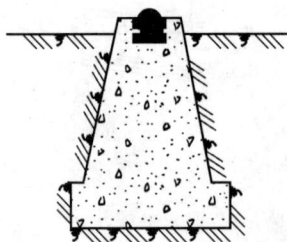

图 1-16　建筑工地上的永久性水准点

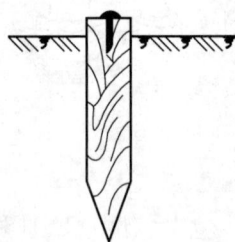

图 1-17　临时性水准点

2. 高差法

如图 1-18 所示，已知地面点 A 的高程 H_A，求未知高程点 B 的高程 H_B。可在 A、B 两点上分别垂直竖立一根水准标尺(简称水准尺)，并在两点的中间安置水准仪，利用水准仪提供的水平视线分别读出两根水准标尺上的读数 a、b。

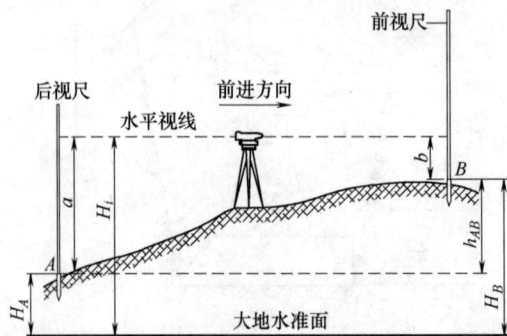

图 1-18　用高差法测高程

由图1-18可以看出，B点相对于A点的高差h_{AB}可由式(1-6)求得：

$$h_{AB} = a - b \tag{1-6}$$

从而可求出B点的高程H_B：

$$H_B = H_A + h_{AB} = H_A + (a - b) \tag{1-7}$$

由于测量是由A向B方向进行，因此称A点为后视点，a为后视读数；B点为前视点，b为前视读数；仪器到后视点的距离为后视距离，仪器到前视点的距离为前视距离。

用文字表述如式(1-6)所示，即两点间的高差等于后视读数减去前视读数。

相对来说，读数小表示地面点高，读数大表示地面点低。因此高差有正、负之分，当高差为正值时，说明前视点比后视点高；当高差为负值时，说明前视点比后视点低。在计算高程时，高差值须带符号一起进行运算。

水准测量是有方向性的。在书写高差时，必须注意使用的下标：h_{AB}表示B点相对于A点的高差，h_{BA}则表示A点相对于B点的高差。两者绝对值相等，符号相反。

3. 仪高法

用仪器的视线高减去前视读数来计算待测点的高程，称为仪高法。当安置一次仪器而要同时测很多点时，采用这种方法比较方便。从图1-19中可以看出，若A点高程为已知，则视线高

$$H_i = H_A + a \tag{1-8}$$

待测点的高程为

$$H_B = H_i - b \tag{1-9}$$

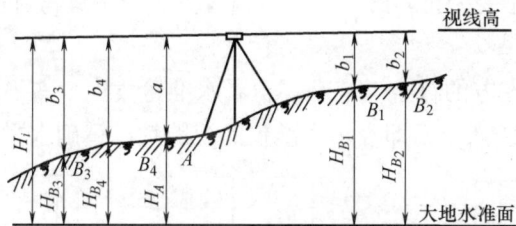

图1-19　仪高法测高程

1.4.3　水准仪的使用方法及校正方法

1. 水准仪的使用

水准仪的使用包括安置水准仪、粗略整平、瞄准水准尺、精确整平、读数、记录和计算等操作步骤。

1) 安置水准仪

安置水准仪：打开三脚架并使高度适中，目估使架头大致水平，检查脚架腿是否安置稳固，脚架伸缩螺旋是否拧紧，然后打开仪器箱取出水准仪，置于三脚架头上用连接螺旋将仪器牢固地固连在三脚架头上。

2) 粗略整平

粗略整平是借助圆水准器的气泡居中，使仪器竖轴大致铅垂，从而视准轴粗略水平。在整平的过程中，气泡的移动方向与左手大拇指运动的方向一致，如图1-20所示。

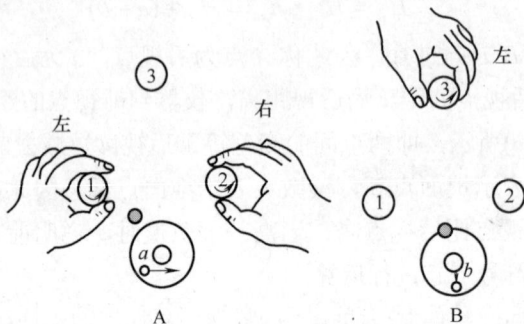

图1-20　圆水准器调平

3) 瞄准水准尺

首先进行目镜对光，即把望远镜对着明亮的背景，转动目镜对光螺旋，使十字丝清晰。再松开制动螺旋，转动望远镜，用望远镜筒上的照门和准星瞄准水准尺，拧紧制动螺旋。然后从望远镜中观察；转动物镜对光螺旋进行对光，使目标清晰，再转动微动螺旋，使竖丝对准水准尺。当眼睛在目镜端上下微微移动时，若发现十字丝与目标影像有相对运动，这种现象称为视差。产生视差的原因是目标成像的平面和十字丝平面不重合。由于视差的存在会影响到读数的正确性，必须加以消除。消除的方法是重新仔细地进行物镜对光，直到眼睛上下移动，读数不变为止。此时，从目镜端见到十字丝与目标影像都十分清晰。

4) 精确整平

眼睛通过位于目镜左方的符合气泡观察窗看水准管气泡，右手转动微倾螺旋，使气泡两端的像吻合，如图1-21所示，即表示水准仪的视准轴已精确水平。

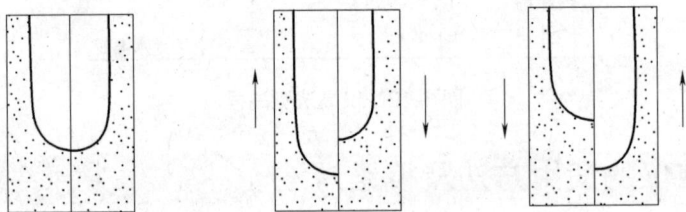

图1-21　管水准器调平

5) 读数

现在的水准仪多采用倒像望远镜，因此读数时应从小往大，即从上往下读。先估读毫米数，然后报出全部读数，如图1-22所示。精平和读数虽是两项不同的操作步骤，但在水准测量的实施过程中，却把两项操作视为一个整体，即精平后再读数，读数后还要检查管水准气泡是否完全符合。只有这样，才能取得准确的读数。

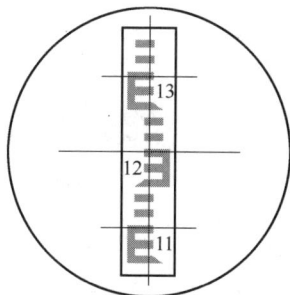

图1-22 读数

6) 记录和计算

利用水准测量应及时地将所测得的数据记录到规定的表格中，字体应端正清楚，所测得的数据真实可靠。记录表格中的内容一般包括测点、后视读数、前视读数、高差、高程、备注等。测量人员可根据表格所填入的内容进行计算。

2. 仪器校正方法

仪器校正方法为：将仪器摆在两个固定点中间，标出两点的水平线，称为 a、b 线；移动仪器到固定点一端，标出两点的水平线，称为 a'、b' 线。如果 $a-b \neq a'-b'$ 时，将望远镜横丝对准偏差一半的数值。用校针调整水准仪的上下螺钉，使管水平泡吻合为止。重复以上做法，直到相等为止。

1.4.4 全站仪和经纬仪

全站仪和经纬仪是测量用到的主要仪器，可用于测量水平角、竖直角、水平距离和高差。水平角测量用于确定地面点的平面位置，竖直角测量用于间接确定地面点的高程和点之间的距离。

全站仪和经纬仪.docx

全站仪的使用.mp4

经纬仪的使用.mp4

1. 水平角

水平角是指相交的两直线之间的夹角在水平面上的投影，如图1-23所示。角值范围：$0° \sim 360°$。β 的计算公式如下：

$$\beta = b - a \tag{1-10}$$

2. 竖直角

竖直角是指空间直线与水平面之间的夹角，如图1-24所示，其范围在 $0° \sim \pm 90°$ 之间。

当视线位于水平线之上，竖直角为正，称为仰角；反之，当视线位于水平线之下，竖直角为负，称为俯角。

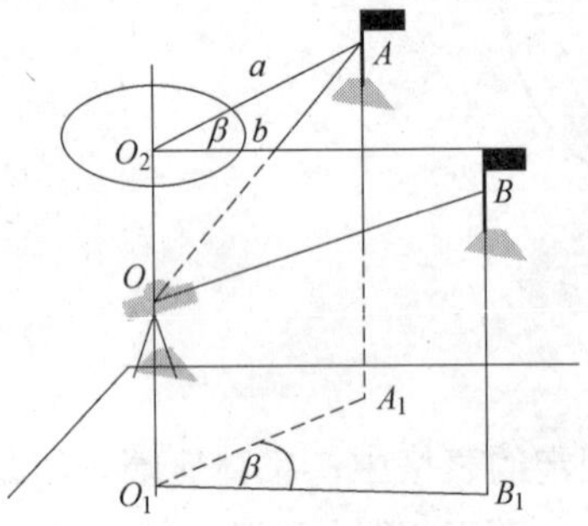

图 1-23　水平角

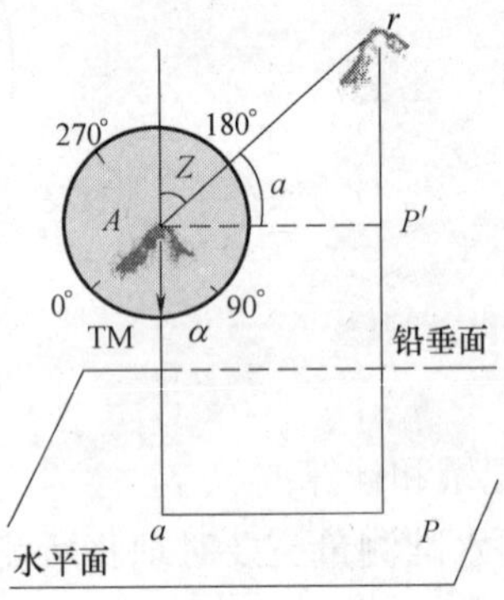

图 1-24　竖直角

1.4.5　柱的测量施工

1. 柱的测量施工工艺流程

柱的测量施工工艺流程：放柱中线→弹线→柱边线→弹线→复核。

2. 柱的测量施工步骤

利用轴线控制网和控制点，准确放出柱位。柱位测量放线的具体步骤如下。

(1) 根据设计图纸上柱位的位置与控制点的相应关系，计算出放样所需的各项数据，并将计算结果提交施工员进行复核。

(2) 施工员根据设计图纸上柱位的位置与控制点的相应关系，自行计算放样数据，并将结果与测量员提供的数据进行核对，复核无误后方可进行放样。

(3) 将全站仪或经纬仪架设在控制点上，利用前、后视点调整零度线，再利用极坐标法和已计算出的柱位数据进行准确放样。

(4) 施工员在测量员放样结束后，利用全站仪或经纬仪复核已放柱位。复核无误后方可进行施工。

(5) 放样结束后，以柱轴线交点为中心，用白灰按桩径大小画个圆圈，以方便插柱和对中。

1.5　柱的脚手架搭设

1.5.1　柱的脚手架搭设概述

脚手架是建筑施工中必不可少的辅助设施，是建筑施工中安全事故多发的部位，也是施工安全控制的重点。因此，脚手架搭设之前，应根据工程的特点和施工工艺确定脚手架专项搭设方案，经企业技术负责人审批并报监理工程师批准。脚手架施工方案应包括基础处理、搭设要求、杆件间距、连墙杆设置位置及连接方法，并绘制施工详图及大样图，还应包括脚手架的搭设时间以及拆除的时间和顺序等。

脚手架.mp4　　　　　　　脚手架.docx　　　　　音频　脚手架的分类.mp3

1. 脚手架的分类

脚手架的种类有很多，按不同的分类方式有不同的分类结果，具体如下。

盘扣式脚手架.mp4

(1) 脚手架按搭设位置的不同有外脚手架和里脚手架之分，外脚手架搭设在外墙的外围，用于外墙体的砌筑或装饰，里脚手架搭设在建筑物的内部，用于内墙体的砌筑或装饰。

(2) 脚手架按用途的不同可以分为砌筑脚手架、装饰装修脚手架和支撑用的脚手架等。

(3) 脚手架按使用材料的不同可以分为木脚手架、竹脚手架、塑料脚手架和金属脚手架等。脚手架中钢管脚手架又分成扣件式脚手架、碗扣式脚手架、门式脚手架、盘扣式脚手架等。建筑施工中扣件式脚手架应用最为普遍。

附着升降脚手架.mp4

(4) 脚手架按构造形式的不同可以分为多立杆式脚手架、框组式脚手架、桥式脚手架、吊式脚手架、悬挑式脚手架、升降式脚手架和工具式脚手架(常用作楼层之间的操作平台)等。

(5) 脚手架按支承固定形式不同，分为落地式脚手架、悬挑式脚手架、附着升降脚手架等。

2. 脚手架的基本要求

为了满足施工的要求，确保不发生安全事故，脚手架应满足如下一些基本要求。

(1) 脚手架要保证有足够的强度、刚度和稳定性，这就要求脚手架的材料和构造都要符合要求，连接要牢固，在各种荷载和气候条件下都能做到不变形、不倾斜、不摇晃。

(2) 脚手架要保证有足够的宽度(通常宽度为 1.5~2m。若只用于堆料和工人操作，宽度通常为 1~1.5m；若还用于运输，则宽度要为 2m 以上)，能满足工人操作、材料堆放和运输等的要求。

(3) 脚手架应该搭设简单，拆装方便，并能多次周转使用。

(4) 要严格控制脚手架的使用荷载，确保有较大的安全储备，均布荷载情况下不大于 2.7kN/m^2，集中荷载作用下不大于 1.50kN。

(5) 要加强对脚手架的管理和维修，严格把好质量关。

(6) 做到因地制宜、就地取材，尽量节约材料。

1.5.2 扣件式钢管脚手架的搭设技术

扣件式钢管脚手架是通过扣件将立杆、水平杆、剪刀撑、抛撑、扫地杆、连墙件以及脚手板等连接起来的。其特点是可根据施工需要灵活布置、构配件品种少、利于施工操作、装卸方便、坚固耐用。如图 1-25 所示为扣件式钢管脚手架。

图 1-25 扣件式钢管脚手架

碗扣式脚手架构造.mp4

1. 扣件式钢管脚手架的构造

1) 构配件

构配件是用于搭设脚手架的各种钢管、扣件、脚手板、安全网和可调托撑等材料的统称。

(1) 钢管。

脚手架钢管应采用现行国家标准《直缝电焊钢管》(GB/T 13793—2016)或《低压流体输送用焊接钢管》(GB/T 3091—2015)中规定的 Q235 普通钢管，钢管的钢材质量应符合现行国家标准《优质碳素结构钢》(GB/T 699—2015)中 Q235 级钢的规定。

钢管宜采用 ϕ48.3mm×3.6mm 钢管。每根钢管的最大质量不应大于 25.8kg。

(2) 扣件。

采用螺栓紧固的扣接连接件为扣件，扣件应采用可锻铸铁或铸钢制作，其质量和性能应符合现行国家标准《钢管脚手架扣件》(GB 15831—2006)的规定。采用其他材料制作的扣件，应经试验证明其质量符合该标准的规定后方可使用。

扣件在螺栓拧紧扭力矩达到 65N·m 时，不得发生破坏。扣件用于钢管之间连接的基本形式有旋转扣件、直角扣件和对接扣件三种，如图 1-26 所示。旋转扣件用于两根钢管呈任意角度交叉的连接；直角扣件用于两根钢管呈垂直交叉的连接；对接扣件用于两根钢管的对接连接。

| (a) 旋转扣件 | (b) 直角扣件 | (c) 对接扣件 |

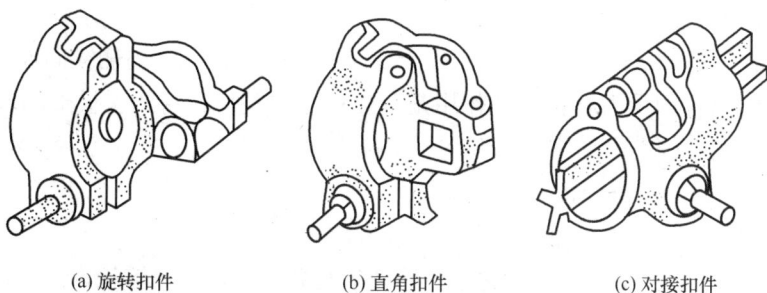

图 1-26　扣件形式

(3) 脚手板。

脚手板可采用钢、木、竹材料制作。单块脚手板的质量不宜大于 30kg。木脚手板采用杉木或松木制作，厚度不应小于 50mm，两端各设置两道镀锌钢丝箍(直径 4mm)。冲压钢脚手板应有防滑措施。

脚手板.mp4

冲压钢脚手板的材质应符合现行国家标准《优质碳素结构钢》(GB/T 699—2015)中 Q235 级钢的规定。木脚手板材质应符合现行国家标准《木结构设计规范》(GB 50005—2003)中 II_a 级材质的规定。脚手板厚度不应小于 50mm，两端宜各设置直径不小于 4mm 的镀锌钢丝箍两道。竹脚手板宜采用由毛竹或楠竹制作的竹串片板、竹笆板；竹串片脚手板应符合现行行业标准《建筑施工木脚手架安全技术规范》(JGJ 164—2008)的相关规定。

(4) 安全网。

安全网应符合现行国家标准《安全网》(GB 5725—2009)的规定。

安全网施工.mp4

(5) 可调托撑。

可调托撑是指插入立杆钢管顶部，可调节高度的顶撑。可调托撑螺杆外径不得小于 36mm。直径与螺距应符合现行国家标准《梯形螺纹 第 2 部分：直径与螺距系列》(GB/T 5796.3—2005)、《梯形螺纹 第 3 部分：基本尺寸》(GB/T 5796.3—2005)的规定。可调托撑的螺杆与支托板焊接应牢固。

可调托撑.mp4

焊缝高度不得小于 6mm；可调托撑螺杆与螺母旋合长度不得少于 5 扣，螺母厚度不得小于 30mm。可调托撑抗压承载力设计值不应小于 40kN，支托板厚度不应小于 5mm。

2) 主要组成

钢管落地脚手架主要由钢管和杆件组成。主要杆件有立杆、纵向水平杆、横向水平杆、剪刀撑、连墙件、横向斜撑、纵向扫地杆、横向扫地杆和脚手板等。

(1) 立杆。

立杆又称站杆，它平行于建筑物并垂直于地面，是把脚手架荷载传递给基础的受力杆件。其作用是将脚手架上所堆放的物件和操作人员的全部荷载，通过底座或垫板传到地基上，通常，立杆纵距 $l_a \leqslant 1.5\text{m}$ ；立杆横距 $l_b \leqslant 1.05\text{m}$ ；内立杆与墙面的距离为 0.5m；搭设高度 $H > 50\text{m}$ 时，另行计算。

(2) 纵向水平杆。

纵向水平杆又称顺水(大横杆)，它平行于建筑物并布置在立杆内侧纵向连接各杆，是承受并传递荷载给立杆的受力杆件。其作用是与立杆连成整体，将脚手板上的堆放物料和操作人员的荷载传到立杆上。通常，纵向水平杆高 $h \leqslant 1.8m$；宜根据安全网的宽度，取 1.5m 或 1.8m；搭设高度 $H > 50m$ 时，另行计算。

(3) 横向水平杆。

横向水平杆又称架拐(小横杆)，它垂直于建筑物并在横向水平连接内、外排立杆，是承受并传递荷载给纵向水平杆或立杆的受力杆件。其作用是直接承受脚手板上的荷载，并将其传到纵向水平杆或立杆上。通常，操作层横向水平杆间距 $s \leqslant 1.0m$。

(4) 剪刀撑。

剪刀撑又称十字盖，它设置在脚手架外侧面，用旋转扣件与立杆连接，形成与墙面平行的十字交叉斜杆。其作用是把脚手架连成整体，增加脚手架的纵向刚度。当脚手架高度 $H < 24m$ 时，在侧立面的两端均应设置，中间每隔 15m 设一道剪刀撑；每道剪刀撑的宽度 $\geqslant 4$ 跨且 $\geqslant 6m$，斜杆与地面呈 $45° \sim 60°$ 夹角。当双排脚手架 $H \geqslant 24m$ 时，应在外侧立面整个长度上连续设置剪刀撑。

(5) 连墙件。

连墙件是将脚手架架体与建筑主体结构连接，能够传递拉力和压力的构件。宜优先采用菱形布置，连墙件的设置应符合表 1-8 的规定。其作用是不仅防止架子外倾，同时增加立杆的纵向刚度。

表 1-8　连墙件布置最大间距

搭设方法	高 度	竖向间距 h	水平间距 l_a	每根连墙件覆盖面积/m²
双排落地	$\leqslant 50m$	$3h$	$3l_a$	$\leqslant 40$
双排悬挑	$> 50m$	$2h$	$3l_a$	$\leqslant 27$
单排	$\leqslant 24m$	$3h$	$3l_a$	$\leqslant 40$

注：h—步距；l_a—纵距。

(6) 横向斜撑。

横向斜撑在同一节间由底至顶层呈"之"字形连续布置。其作用是增强脚手架的横向刚度。脚手架高度 $H \geqslant 24m$ 的封闭型脚手架，拐角应设置横向斜撑，中间每隔 6 跨设置一道；双排脚手架 $H < 24m$ 的封闭型脚手架，可不设横向斜撑。

(7) 纵向扫地杆。

纵向扫地杆是连接立杆下端的纵向水平杆。其作用是约束立杆底端，防止纵向发生位移。通常，位于距底座下方 200mm 处。

(8) 横向扫地杆。

横向扫地杆是连接立杆下端的横向水平杆，其作用是约束立杆底端，防止横向发生位移。通常，位于纵向水平扫地杆上方。

(9) 脚手板。

脚手板又称架板，一般用厚 2mm 的钢板压制而成或厚 50mm 的松木板。通常，脚手板从横向水平杆外伸长度取 130~150mm，严防探头板倾翻；作业层脚手板铺满，离墙 150mm；中间每隔 12m 满铺一层。

2. 扣件式钢管脚手架的搭设要求

扣件式钢管脚手架搭设中应注意地基平整坚实，设置底座和垫板，并有可靠的排水措施，防止积水浸泡地基。

(1) 根据连墙杆设置情况及荷载大小，常用敞开式双排脚手架立杆，横距一般为 1.05~1.55m，砌筑脚手架步距一般为 1.20~1.35m，装饰或砌筑、装饰两用的脚手架步距一般为 1.80m，立杆纵距 1.2~2.0m，允许搭设高度为 34~50m。当为单排设置时，立杆横距 1.2~1.4m，立杆纵距 1.5~2.0m，允许搭设高度为 24m。

(2) 纵向水平杆宜设置在立杆的内侧，其长度不宜小于 3 跨，纵向水平杆可采用对接扣件，也可采用搭接。如采用对接扣件方法，则对接扣件应交错布置；如采用搭接连接，搭接长度不应小于 1m，并应等间距设置 3 个旋转扣件固定。

(3) 脚手架主节点(即立杆、纵向水平杆、横向水平杆三杆紧靠的扣接点)处必须设置一根横向水平杆用直角扣件扣接且严禁拆除。主节点处两个直角扣件的中心距不应大于 150mm。在双排脚手架中，横向水平杆靠墙一端的外伸长度不应大于立杆横距的 0.4 倍，且不应大于 500mm；作业层上非主节点处的横向水平杆，宜根据支承脚手板的需要等间距设置，最大间距不应大于纵距的 1/2。

(4) 作业层脚手板应铺满、铺稳，离开墙面 120~150mm；狭长型脚手板，如冲压钢脚手板、木脚手板、竹串片脚手板等，应设置在三根横向水平杆上。当脚手板长度小于 2m 时，可采用两根横向水平杆支撑，但应将脚手板两端与其可靠固定，严防倾翻。宽型的竹笆脚手板应按其主竹筋垂直于纵向水平杆方向铺设，且采用对接平铺，四个角应用镀锌钢丝固定在纵向水平杆上。

(5) 每根立杆底部应设置底座或垫板。脚手架必须设置纵、横向扫地杆。纵向扫地杆应采用直角扣件固定在距底座上皮不大于 200mm 处的立杆上。横向扫地杆亦应采用直角扣件固定在紧靠纵向扫地杆下方的立杆上。当立杆基础不在同一高度上时，必须将高处的纵向扫地杆向低处延长两跨与立杆固定，高低差不应大于 1m，靠边坡上方的立杆轴线到边坡的距离不应小于 50mm。纵、横向扫地杆构造如图 1-27 所示。

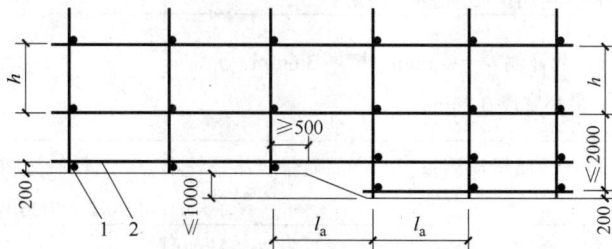

图 1-27 纵、横向扫地杆构造

1—横向扫地杆；2—纵向扫地杆

(6) 脚手架底层步距不应大于 2m。立杆必须用连墙件与建筑物可靠连接。立杆接头除顶层顶步外，其余各层接头必须采用对接扣件连接。如采用对接方式，则对接扣件应交错布置；当采用搭接方式，则搭接长度不应小于 1m，应采用不少于 2 个旋转扣件固定，端部扣件盖板的边缘至杆端距离不应小于 100mm。

(7) 连墙件的布置宜靠近主节点设置，偏离主节点的距离不应大于 300mm；应从底层第一步纵向水平杆处开始设置；"一"字型、开口型脚手架的两端必须设置连墙件，这种脚手架连墙件的垂直间距不应大于建筑物的层高，并不应大于 4m(2 步)。对高度 24m 以上的双排脚手架，必须采用刚性连墙件与建筑物可靠连接。

(8) 双排脚手架应设剪刀撑与横向斜撑，单排脚手架应设剪刀撑。

每道剪刀撑跨越立杆的根数为：当剪刀撑斜杆与地面的倾角为 45° 时，不应超过 7 根；当剪刀撑斜杆与地面的倾角为 50° 时，不应超过 6 根；当剪刀撑斜杆与地面的倾角为 60° 时，不应超过 5 根。每道剪刀撑宽度不应小于 4 跨，且不应小于 6m，斜杆与地面的倾角宜在 45°～60° 之间；高度在 24m 以下的单、双排脚手架，均必须在外侧立面的两端各设置一道剪刀撑，并应由底至顶连续设置；中间各道剪刀撑之间的净距不应大于 15m；高度在 24m 以上的双排脚手架应在外侧立面整个长度和高度上连续设置剪刀撑；横向斜撑应在同一节间，由底至顶层呈"之"字形连续布置，斜撑的固定应符合有关规定；"一"字型、开口型双排脚手架的两端均必须设置横向斜撑，中间宜每隔 6 跨设置一道。

3. 扣件式钢管脚手架的检查与验收

1) 构配件质量检查与验收

构配件质量检查与验收方法见表 1-9。

表 1-9　构配件质量检查与验收方法

项　目	要　求	抽检数量	检查方法
钢管	应有产品质量合格证、质量检验报告	750 根为一批，每批抽取 1 根	检查资料
	钢管表面应平直光滑，不应有裂缝、结疤、分层、错位、硬弯，毛刺，压痕深的划道及严重锈蚀等缺陷，严禁打孔；钢管使用前必须刷防锈漆	全数	目测
钢管外径及壁厚	外径 48.3mm，允许偏差±0.5mm；壁厚 3.6mm，允许偏差±0.36，最小壁厚 3.24mm	3%	游标卡尺测量
扣件	应有生产许可证，质量检测报告、产品质量合格证，复试报告	《钢管脚手架扣件》(GB 15831—2006)的规定	检查资料
扣件	不允许有裂缝。变形、螺栓滑丝；扣件与钢管接触部位不应有氧化皮；活动部位能灵活转动，旋转扣件两旋转面间距应小于 1mm；扣件表面应进行防锈处理	全数	目测

项 目	要 求	抽检数量	检查方法
扣件螺栓拧紧扭力矩	扣件螺栓拧紧扭力矩值不应小于 40N·m，且不应大于 65N·m	按规定	扭力扳手
可调托撑	可调托撑抗压承载力设计值不应小于 40kN。应有产品质量合格证、质量检验报告	3%	检查资料
	可调托撑螺杆外径不得小于 36mm，可调托撑螺杆与螺母旋合长度不得少于 5 扣，螺母厚度不小于 30mm，插入立杆内的长度不得小于 150mm，支托板厚不小于 5mm，变形不大于 1mm，螺杆与支托板焊接要牢固，焊缝高度不小于 6mm	3%	游标卡尺、钢板尺测量
	支托板、螺母有裂缝的严禁使用	全数	目测
脚手板	新冲压钢脚手板应有产品质量合格证	—	检查资料
	冲压钢脚手板板面挠曲≤12mm(l≤4m)或≤16mm(l≤4m)，板面扭曲≤5mm(任一角翘起)	3%	钢板尺
	不得有裂纹、开焊与硬弯；新、旧脚手板均应涂防锈漆	全数	目测
	木脚手板材质应符合现行国家标准(本结构设计规范)(GB 50005—2003)中 II_a 级材质的规定。扭曲变形、劈裂、腐朽的脚手板不得使用	全数	目测
	本脚手板的宽度不宜小于 200mm，厚度不应小于 50mm，板厚允许偏差-2mm	3%	钢板尺
脚手架	竹脚手板宜采用由毛竹或植竹制作的竹串片板、竹芭板	全数	目测
	竹串片脚手板宜采用螺栓将并列的竹片串联而成。螺栓直径宜为 3～10mm，螺栓间距宜为 500～600mm，螺栓距离板端宜为 200～250mm，板宽 250mm，板长 2000mm、2500mm、3000mn	3%	钢板尺
安全网	安全网绳不得损坏和腐朽。平支安全网宜使用锦纶安全网；密目式阻燃安全网除满足网目要求外，其锁扣间距应控制在 300mm 以内	全数	目测

2) 扣件拧紧扭力矩检查与验收

钢管扣件式脚手架搭设完后，采用扭力扳手对螺栓拧紧扭力矩进行检查。抽样应按随机分布原则进行。抽样检查数量与质量判定标准，应按表 1-10 的规定确定。不合格的必须重新拧紧，直至合格为止。

3) 扣件式钢管脚手架搭设检查与验收

脚手架搭设的技术要求、允许偏差与检验方法，应符合相关规定。

表 1-10　扣件拧紧扭力矩检查与验收

项次	检查项目	安装扣件数量/个	抽检数量/个	允许的不合格数量/个
1	连接立杆与纵(横)向水平杆或剪刀撑的扣件；接长立杆，纵向水平杆或剪刀撑的扣件	51～90	5	0
		91～150	8	1
		151～280	13	1
		281～500	20	2
		501～1200	32	3
		1201～3200	50	5
2	连接横向水平杆与纵向水平杆的扣件(非主节点处)	51～90	5	1
		91～150	8	2
		151～280	13	3
		281～500	20	5
		501～1200	32	7
		1201～3200	50	10

4) 扣件式钢管脚手架使用过程中的检查

脚手架、模板支架在使用过程中应进行下列检查：

(1) 基础是否有不均匀沉降，立杆底座与基础面的接触有无松动或悬空情况；

(2) 杆件的设置和连接，连墙杆、支撑、门洞桁架等的构造是否符合要求；

(3) 扣件螺栓是否松动；

(4) 立杆的沉降与垂直度的偏差是否符合要求；

(5) 安全防护措施是否符合要求；

(6) 是否超载。

存在下列情况应对脚手架重新进行检查验收：

(1) 遇六级以上大风、大雨、寒冷地区开冻后；

(2) 停工超过一个月恢复使用前。

4. 扣件式钢管脚手架的拆除

1) 脚手架拆除准备工作

脚手架拆除准备工作如下：

(1) 应全面检查架体的连接件、支撑体系、连墙件等是否符合构造要求；

(2) 脚手架拆除顺序和措施，经主管部门批准后方可实施；

(3) 应由单位工程负责人进行拆除安全技术交底；

(4) 应清除脚手架、模板支架上的杂物及地面障碍物。

2) 脚手架拆除安全技术要求

脚手架拆除安全技术要求如下。

(1) 拆架时应划分作业区，周围设绳绑围栏或竖立警戒标志，禁止非作业人员进入，设专人指挥。

工程施工安全技术交底.mp4

(2) 拆架作业人员应戴安全帽、系安全带、扎裹腿、穿软底防滑鞋。

(3) 拆架程序应遵守由上而下,先搭后拆的原则,严禁上下同时进行拆架作业。

(4) 连墙件应随脚手架逐层拆除,分段拆除时高差不得大于两步,否则应增设临时连墙件。

(5) 拆除时要统一指挥,上下呼应。动作协调,当解开与另一人有关的结扣时,应先通知对方。

(6) 拆除后的构配件必须妥善运至地面,分类堆放。严禁高空抛掷。

(7) 如遇强风、雨、雪等特殊气候,不应进行脚手架的拆除;严禁夜间拆除。

1.5.3 悬挑式脚手架的搭设技术

1. 悬挑式脚手架适用的情况

悬挑式脚手架是指通过水平构件将架体所受竖向荷载传递到主体结构上的施工用的外脚手架。悬挑式脚手架适用于以下三种情况。

第一种情况:±0.000m 以下结构工程不能及时回填土而主体结构必须进行的工程,否则会影响工期。

第二种情况:高层建筑主体结构四周有裙房,脚手架不能支承在地面上。

第三种情况:超高建筑施工时,脚手架搭设高度超过了容许搭设高度,将整个脚手架按允许搭设高度分成若干段,每段脚手架支承在建筑结构向外悬挑的结构上。

悬挑式脚手架1—人员要求.mp4

悬挑式脚手架2—材料要求.mp4

2. 悬挑式脚手架的构造要求

1) 悬挑梁

钢梁悬挑梁宜优先选用工字钢,是由于工字钢具有截面对称性、受力稳定性好等优点。悬挑梁工字钢型号可根据悬挑跨度和架体搭设高度,按表 1-11 选用。图 1-28 为悬挑梁的构造图。

表 1-11　悬挑梁工字钢型号

架体高度 H/m 悬挑长度 L_1/m	工字钢梁选用型号		悬挑钢梁长度 L/m	锚固端中心位置 L_2/m
	<10m	10~24m		
1.50	14#	16#	4.1	2.3
1.75	16#	18#	4.7	2.6
2.00	18#	20#	5.3	3.0
2.25	18#	22a#	6.0	3.4
2.50	20a#	22b#	6.6	3.8
2.75	20a#	25a#	7.3	4.2
3.00	22a#	28a#	7.8	4.5

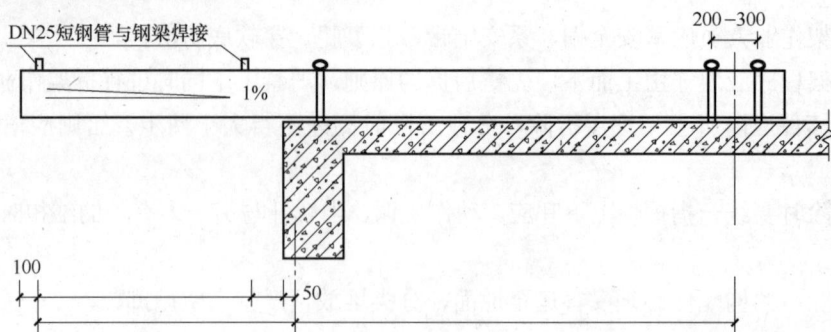

图 1-28　悬挑梁的构造

悬挑式脚手架 3—施工要求(一).mp4　　悬挑式脚手架 3—施工要求(二)　　悬挑式脚手架 3—施工要求(三)

2) 架体构造

悬挑式脚手架架体构造，可按表 1-12 选用。

表 1-12　悬挑式脚手架架体构造

架体位于地面上的高度/m	立杆步距/m	立杆横距/m	立杆纵距/m
≤60	≤1.8	≤1.05	≤1.5
61~80	≤1.7		
91~100	≤1.5		

3) 具体项目的构造要求

悬挑式脚手架的构造要求，可按表 1-13 采用。

表 1-13　悬挑式脚手架的构造要求

项　目	要　求	说　明
支承悬挑梁的主体结构	混凝土	板厚≥120mm
悬挑梁	工字钢，U 形螺栓固定	—
架体高度	≤24m	超过时应分段搭设，架体所处高度≤100m
作业层活荷载标准值	≤2kN/m³	装修用
	2~3kN/m³	结构用
作业层数量	≤3 层	装修用
	≤3 层	结构用
脚手板层数	≤3 层	作业层垂直高度大于 12m 时，应铺设隔层脚手板或隔层安全网

3. 钢梁悬挑式脚手架的搭设工艺

1) 钢梁悬挑式脚手架搭设工艺流程

钢梁悬挑式脚手架搭设工艺流程为：预埋 U 形螺栓→安装水平悬挑梁→纵向扫地杆→搭设立杆→搭设横向扫地杆→搭设小横杆、大横杆→搭设剪刀撑→搭设连墙件→铺脚手板→扎防护栏杆→扎安全网。

2) 钢梁悬挑式脚手架搭设操作要求

(1) 预埋 U 形螺栓。

预埋 U 形螺栓的直径为 20mm，宽度为 160mm，高度经计算确定；螺栓丝扣应采用机床加工并冷弯成型，不得使用板牙套丝或挤压滚丝，长度不小于 120mm；U 形螺栓宜采用冷弯成型。

悬挑梁末端应由不少于两道的预埋 U 形螺栓固定，锚固位置设置在楼板上时，楼板的厚度不得小于 120mm；楼板上应预先配置用于承受悬挑梁锚固端作用引起负弯矩的受力钢筋，平面转角处悬挑梁末端锚固位置应相互错开。

(2) 安装水平悬挑梁。

悬挑梁应按架体立杆位置对应设置，每一纵距设置一根。悬挑梁的长度应取悬挑长度的 2.5 倍，悬挑支承点应设置在结构梁上，不得设置在外伸阳台上或悬挑板上；悬挑端应按梁长度起拱 0.5%～1%。

(3) 悬挑架体搭设。

悬挑式脚手架架体的底部与悬挑构件应固定牢靠，不得滑动，如图 1-29 所示。悬挑架的外立面剪刀撑应自下而上连续设置。

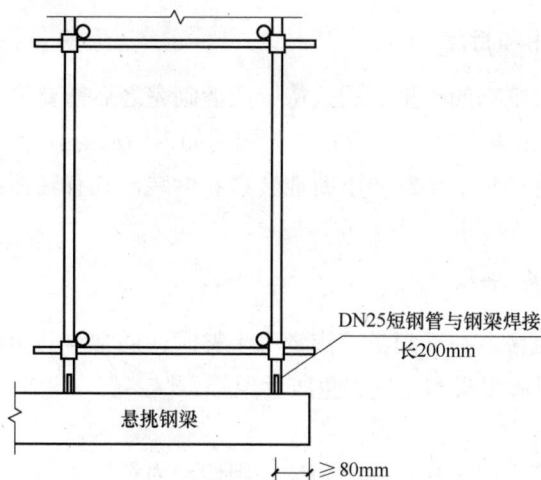

图 1-29 悬挑架体底部做法

(4) 固定钢丝绳。

悬挑架宜采取钢丝绳保险体系，按悬挑脚手架设计间距要求固定钢丝绳，如图 1-30 所示。

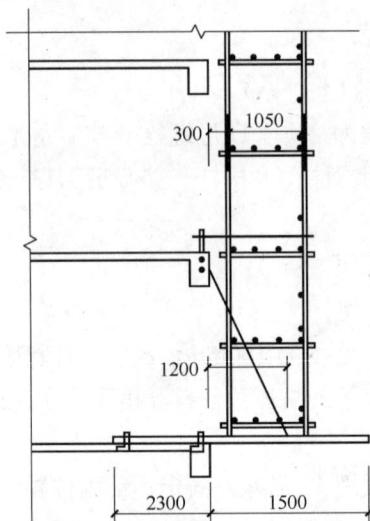

图 1-30　钢丝绳保险体系

悬挑式脚手架 4——
检查验收.mp4

悬挑式脚手架 5——
安全要求.mp4

4. 悬挑式脚手架的检查与验收

悬挑式脚手架的检查与验收同扣件式钢管脚手架的检查与验收。

5. 悬挑式脚手架的拆除

悬挑式脚手架的拆除同扣件式钢管脚手架的拆除。

1.5.4　里脚手架的搭设技术

1. 里脚手架的作用和特点

里脚手架搭设在建筑物的"里"面，待一层墙砌完之后需要将其转移到上一层楼面继续使用，通常可以用于在楼层上砌墙或室内装饰，如内粉刷等。

在使用的时候，这种脚手架需要不断地转移和拆装，具有轻便灵活、拆装方便、转移迅速、占地少和用料少等特点。

2. 里脚手架的种类

里脚手架的种类较多，在无须搭设满堂脚手架时，通常将其做成工具式的，包括折叠式里脚手架、支柱式里脚手架和马凳式里脚手架等。

1) 折叠式里脚手架

折叠式里脚手架可应用于建筑层间隔墙、围墙和内粉刷的场合，通常可由角钢、钢筋或钢管等材料制成。图 1-31 为角钢折叠式里脚手架示意图，这种脚手架是由角钢制成的，在脚手架上铺脚手板，以方便施工。

2) 支柱式里脚手架

支柱式里脚手架是由若干个支柱和横杆所组成的，在其上铺设脚手板，主要适用于砌筑工程或内粉刷工程。若用于砌筑时，其搭设间距不能超过 2.0m；若用于粉刷或装饰装修时，其搭设间距不能超过 2.5m。这种脚手架根据其组合方式的不同有套管式和承插式之分。图 1-32 为套管支柱式里脚手架的示意图，这种脚手架在搭设时将插管插入套管之中，以销孔之间的间距来调节高度，在插管顶端的凹槽内搁置方木横杆，用以铺设脚手板，通常架设高度在 1.57～2.17m，单个架质量为 14kg。

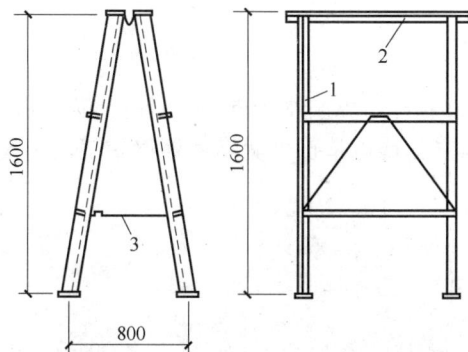

图 1-31　角钢折叠式里脚手架

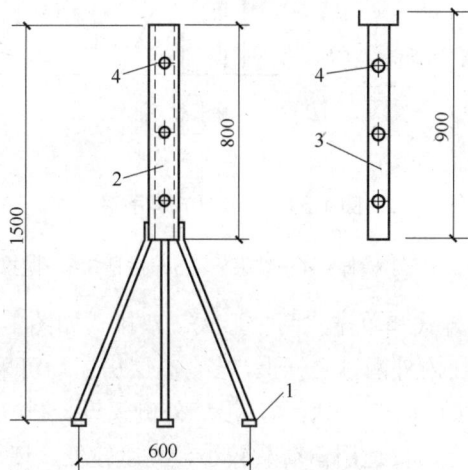

图 1-32　套管支柱式里脚手架

1—支脚；2—立管；3—插管；4—销孔

3) 马凳式里脚手架

马凳式里脚手架如图 1-33 所示。使用时在马凳与马凳之间铺上脚手板即可进行施工操作，马凳搭设间距不得超过 1.5m。

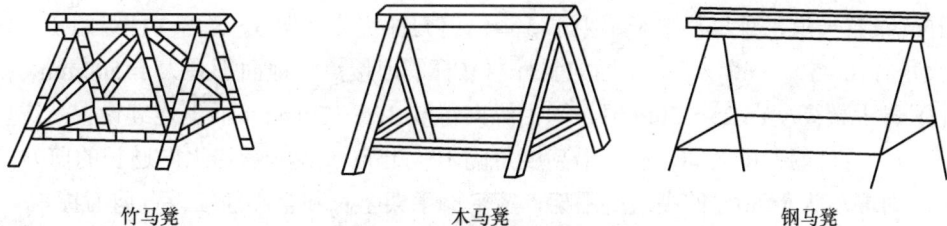

竹马凳　　　　木马凳　　　　钢马凳

图 1-33　马凳式里脚手架

1.5.5 外脚手架的搭设技术

外脚手架沿建筑物外围从地面搭起，既可用于外墙砌筑，又可用于外装饰施工。其主要形式有多立杆式、框式、桥式等。本节以多立杆式脚手架为例作简要介绍。

1. 基本组成和一般构造

多立杆式脚手架主要由立杆、纵向水平杆(大横杆)、横向水平杆(小横杆)、斜撑、脚手板等组成，如图 1-34 所示，其特点是每步架高可根据施工需要灵活布置，取材方便，钢、竹、木等均可应用。

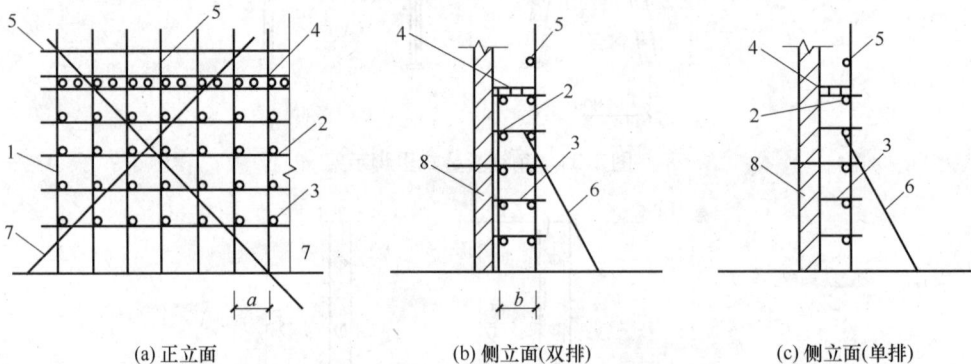

图 1-34 多立杆式脚手架

(a) 正立面   (b) 侧立面(双排)   (c) 侧立面(单排)

1—立柱；2—大横杆；3—小横杆；4—脚手板；5—栏杆；6—抛撑；7—斜撑；8—墙体

多立杆式脚手架分双排式和单排式两种形式。双排式如图 1-34(b)所示，沿墙外侧设两排立杆，小横杆两端支承在内外两排立杆上，多、高层房屋均可采用，当房屋高度超过 50m 时，需专门设计。单排式如图 1-34(c)所示，沿墙外侧仅设一排立杆，其小横杆一端与大横杆连接，另一端支承在墙上，仅适用于荷载较小，高度较低，墙体有一定强度的多层房屋。

早期的多立杆式外脚手架主要是采用竹、木杆件搭设而成，后来逐渐采用钢管和特制的扣件来搭设。这种多立杆式钢管外脚手架有扣件式和碗扣式两种。

钢管扣件式脚手架由钢管和扣件组成，如图 1-35 所示。

1) 纵向支撑(剪刀撑)

纵向支撑是指沿脚手架外侧隔一定的距离，由下而上连续设置的剪刀撑。具体布置如下。

(1) 脚手架高度在 25m 以下时，在脚手架两端和转角处必须设置纵向支撑，中间每隔 12～15m 设置一道，且每片架子不少于 3 道。剪刀撑宽度宜取 3～5 倍立杆纵距，斜杆与地面的夹角宜在 45°～60°，最下面的斜杆与立杆的连接点离地面不宜大于 500mm。

(2) 脚手架高度在 25～50m 时，除沿纵向每隔 12～15m 自下而上连续设置一道剪刀撑外，在相邻两排剪刀撑之间，尚需沿高度每隔 10～15m 加设一道沿纵向通长的剪刀撑。

(3) 对高度大于 50m 的高层脚手架，应沿脚手架全长和全高连续设置剪刀撑。

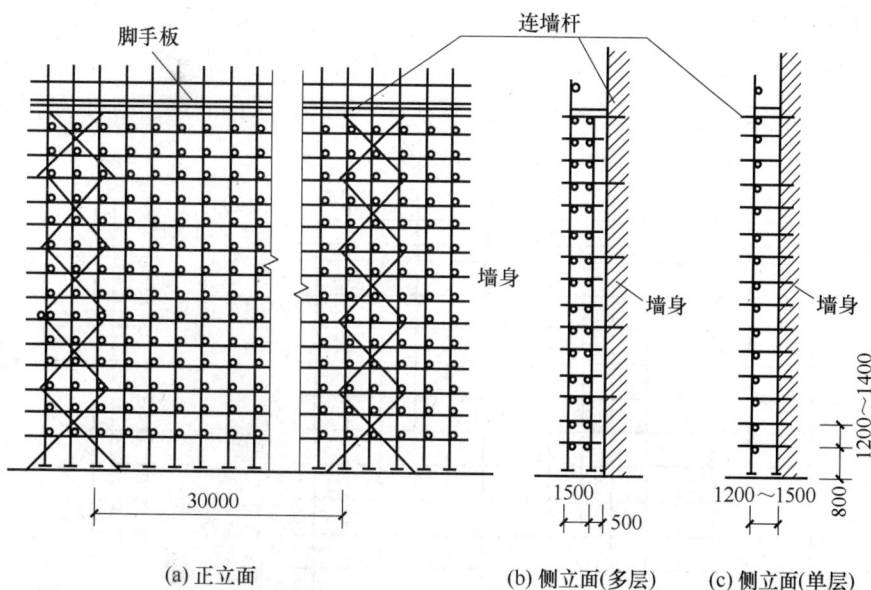

图 1-35　钢管扣件式脚手架

2) 横向支撑

横向支撑是指在横向构架内从底到顶沿全高呈"之"字形设置的连续的斜撑。具体设置要求如下。

(1) 脚手架的纵向构架因条件限制不能形成封闭形，如"一"字形、"I"形或"凹"字形的脚手架，其两端必须设置横向支撑，并于中间每隔 6 个间距加设一道横向支撑。

(2) 脚手架高度超过 25m 时，每隔 6 个间距要设置一道横向支撑。

3) 水平支撑

水平支撑是指在设置连墙拉结杆件的所在水平面内连续设置的水平斜杆。一般可根据需要设置，如在承力较大的结构脚手架中或在承受偏心荷载较大的承托架、防护棚、悬挑水平安全网等部位设置，以加强其水平刚度。

2. 抛撑和连墙杆

由于脚手架的横向构架本身是一个高跨比相差悬殊的单跨结构，仅依靠结构本身尚难以做到保持结构的整体稳定，防止倾覆和抵抗风力。对于高度低于三步的脚手架，可以采用加设抛撑来防止其倾覆，抛撑的间距不应超过 6 倍立杆间距，抛撑与地面的夹角为 45°～60°，并应在地面支点处铺设垫板。对于高度超过三步的脚手架，防止倾斜和倒塌的主要措施是将脚手架依附在整体刚度很大的主体结构上，依靠房屋结构的整体刚度来加强和保证整片脚手架的稳定性。其具体做法是在脚手架上均匀地设置足够多而牢固的连墙点，如图 1-36 所示。

连墙点应设置在与立杆和大横杆相交的节点处，离节点的间距不宜大于 300mm。设置一定数量的连接杆后，一般不会发生整片脚手架的倾覆破坏。但要求与连墙杆连接的墙体本身要有足够的刚度，所以，连墙杆在水平方向应设置在框架梁或楼板附近，垂直方向应设置在框架柱或横隔墙附近。连墙杆在房屋的每层范围均需布置一排，一般竖向间距为脚手架步高的 2~4 倍，不宜超过 4 倍，且绝对值在 3~4m 内；横向间距宜选用立杆纵距的 3~4 倍，不宜超过 4 倍，且绝对值在 4.5~6.0m 内。

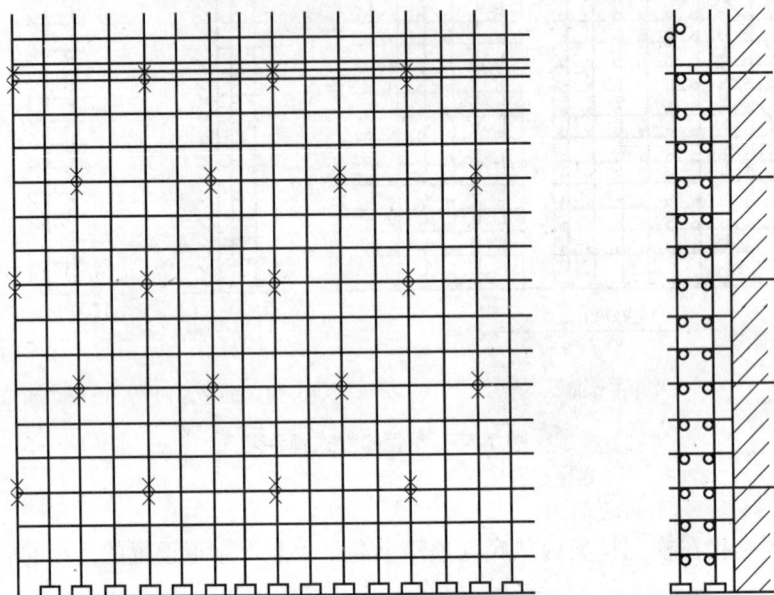

图 1-36　连墙件的布置

3. 搭设要求

脚手架搭设时应注意地基平整坚实，设置底座和垫板，并有可靠的排水措施，防止积水浸泡地基而引起不均匀沉陷。杆件应按设计方案进行搭设，并注意搭设顺序，扣件拧紧程度应适度，一般扭力矩应为 40~60kN·m。禁止使用规格和质量不合格的杆配件。相邻立柱的对接扣件不得在同一高度，应随时校正杆件的垂直和水平偏差。脚手架处于顶层连墙点之上的自由高度不得大于 6m。当作业层高出其下连墙点 2 步或 4m 以上，且其上尚无连墙件时，应采取适当的临时撑拉措施。脚手板或其他作业层铺板的铺设应符合有关规定。

1.5.6　框组式脚手架的搭设技术

1. 基本组成

框组式脚手架也称为门式脚手架，是当今国际上应用最普遍的脚手架之一。它不仅可以作为外脚手架，还可以作为内脚手架或满堂脚手架。框组式脚手架由门式框架、剪刀撑、水平梁架、螺旋基脚组成基本单元，将基本单元相互连接并增加梯子、栏杆及脚手板等即形成脚手架，如图 1-37 所示。

(a) 基本单元　　　　　　　　　　　　(b) 框组式外脚手架

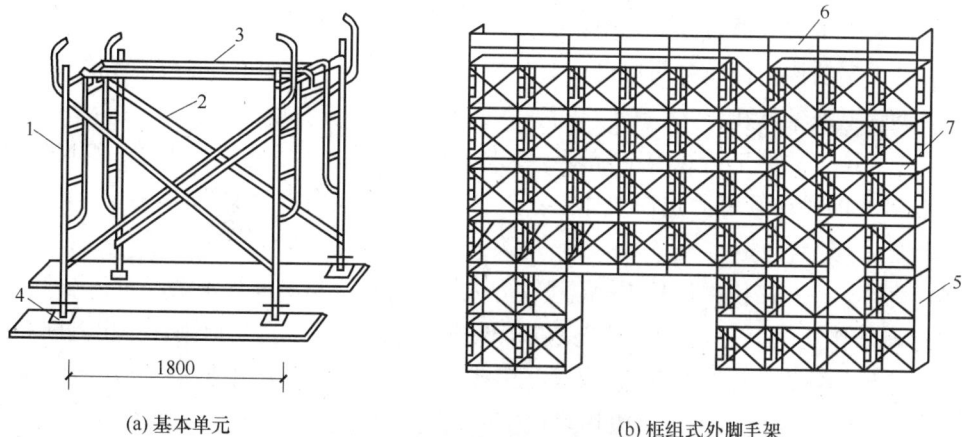

图 1-37　框组式脚手架

1—门式框架；2—剪刀撑；3—水平梁架；4—螺旋基脚；5—梯子；6—栏杆；7—脚手板

2. 搭设要求

框组式脚手架是一种工厂生产、现场搭设的脚手架，一般只要按产品目录所列的使用荷载和搭设规定进行施工，不必再进行验算。如果实际使用情况与规定有出入时，应采取相应的加固措施或进行验算。通常框组式脚手架搭设高度限制在 45m 以内，采取一定措施后达到 80m 左右。施工荷载一般为：均布荷载为 $1.8kN/m^2$，作用于脚手架板跨中的集中荷载为 2kN。

搭设框组式脚手架时，基底必须夯实找平，并铺可调底座，以免发生塌陷或不均匀沉降。要严格控制第一步门式框架的垂直度偏差不大于 2mm，门架顶部的水平偏差不大于 5mm，门架的顶部和底部用纵向水平杆和扫地杆固定。门架之间必须设置剪刀撑和水平梁架(或脚手板)，其连接应可靠，以确保脚手架的整体刚度。

门式脚手架 1.mp4

门式脚手架 2.mp4

门式脚手架 3.mp4　　　　　门式脚手架 4.mp4　　　　　门式脚手架 5.mp4

1.5.7　脚手架的使用安全技术

脚手架的使用安全技术具体如下。

(1) 扣件式钢管脚手架的安装与拆除人员必须是经考核合格的专业架子工，架子工应持证上岗。

(2) 搭拆脚手架人员必须戴安全帽、系安全带、穿防滑鞋。

(3) 脚手架的构配件质量与搭设质量，应按规定进行检查验收，并应确认合格后使用。

(4) 钢管上严禁打孔。

(5) 作业层上的施工荷载应符合设计要求，不得超载，不得将模板支架、缆风绳、泵送混凝土和砂浆的输送管等固定在架体上；严禁悬挂起重设备，严禁拆除或移动架体上的安全防护设施。

(6) 满堂支撑架在使用过程中，应设有专人监护施工。当出现异常情况时，应停止施工，并应迅速撤离作业面上的人员。应在采取确保安全的措施后，查明原因，作出判断和处理。

(7) 当有六级及六级以上强风、浓雾、雨或雪天气时应停止脚手架搭设与拆除作业。雨、雪后上架作业应有防滑措施，并应扫除积雪。夜间不宜进行脚手架搭设与拆除作业。

(8) 脚手架的安全检查与维护，应按规范规定进行。

(9) 脚手板应铺设牢靠、严实，并应用安全网双层兜底。施工层以下每隔10m应用安全网封闭。

(10) 单、双排脚手架，悬挑式脚手架沿墙体外围应用密目式安全网全封闭，密目式安全网宜设置在脚手架外立杆的内侧，并应与架体结扎牢固。

(11) 在脚手架使用期间，严禁拆除主节点处的纵、横向水平杆和纵、横向扫地杆以及连墙件。

(12) 当在脚手架使用过程中开挖脚手架基础下的设备或管沟时，必须对脚手架采取加固措施。

(13) 满堂脚手架与满堂支撑架在安装过程中，应采取防倾覆的临时固定措施。

(14) 临街搭设脚手架时，外侧应有防止坠物伤人的防护措施。

(15) 在脚手架上进行电焊、气焊作业时，应有防火措施和专人看守。

(16) 工地需安装临时用电线路的架设及脚手架接地、避雷设施等。

(17) 搭拆脚手架时，地面应设围栏和警戒标志，并应派专人看守，严禁非操作人员入内。

【案例1-2】某厂房扩建工程，轴线柱、梁及牛腿均为一期预留，一期预留的短柱，混凝土凿除至承台顶部，保留钢筋与加固混凝土钢筋采用机械连接。承台以上混凝土凿除后，地梁以及柱子都需重新施工，柱子的顶部标高为5.7m，因此新柱子在植筋、钢筋绑扎、模板的设立都需涉及脚手架。

请结合上下文分析，针对这一问题，施工方应如何进行柱的脚手架搭设及其注意事项。

1.5.8　柱的脚手架的搭设与拆除

1. 柱的脚手架的搭设

柱的脚手架分为外脚手架和内脚手架。扣件式外脚手架的搭设顺序是：做好搭设的准备工作→按房屋的平面形状放线→铺设垫板→放置纵向扫地杆→逐根拉立杆，随即与纵向扫地杆扣牢→安装横向扫地杆，并与立杆或纵向扫地杆扣牢→安装第一步大横杆(与各立杆扣牢)→安装第一步小横杆→安装第二步大横杆→安装第二步小横杆→加设临时抛撑(上端与第二步大横杆扣牢，在装设两道连墙杆后可拆除)→安装第三、四步大横杆和小横杆→设置连墙杆→接立杆→加设剪刀撑→铺脚手板→绑护身栏杆和挡脚板→立挂安全网、密目网。内脚手架主要是满堂脚手架。

2. 柱的脚手架的拆除

柱的脚手架的拆除顺序和搭设顺序相反：先搭的后拆，后搭的先拆。先从钢管脚手架顶端拆起。拆除顺序为：密目网、安全网→护身栏杆和挡脚板→脚手板→小横杆→大横杆→立杆→连墙杆→纵向支撑。

固定件应随脚手架逐层拆除，当拆至最后一节立杆时，加设临时支撑后，方可拆除固定件。拆脚手架宜一层一清，分段拆除时高差不大于 2 步。拆剪刀撑应先拆中间扣件，后拆两端扣件。拆脚手架不宜中途换人，如需换人，须将拆除情况交代清楚。拆的脚手架部件应及时运至地面，严禁从空中抛掷。

1.6 柱的钢筋施工

1.6.1 钢筋的分类及现场验收

1. 钢筋的分类

1) 按外形分类

钢筋按外形可分为光圆钢筋、带肋钢筋。光圆钢筋断面为圆形，表面无刻痕，使用时两端需做弯钩。表面有突起部分的圆形钢筋称为带肋钢筋，它的肋纹形式有月牙纹、螺旋纹、人字纹，如图 1-38 所示，可增大与混凝土的黏结力。掌握钢筋的外形分类，对施工现场区别钢筋种类很重要。

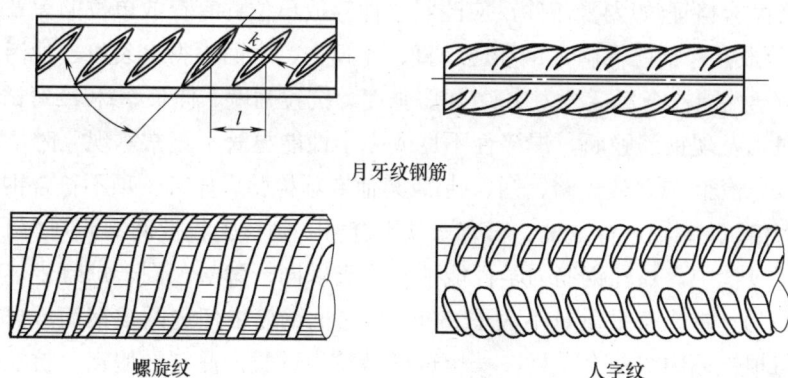

月牙纹钢筋

螺旋纹   人字纹

图 1-38 钢筋种类

2) 按直径分类

钢筋按直径可分为钢丝(3～5mm)、细钢筋(6～12mm)、粗钢筋(>12mm)。对于直径小于12mm 的钢丝或细钢筋，出厂时，一般做成盘圆状，使用时需调直。对于直径大于 12mm 的粗钢筋，为了便于运输，出厂时一般做成直条状，每根 6～12m。如需特长钢筋，可同厂方协商。

3) 按强度等级分类

钢筋按强度等级分为Ⅰ级钢筋(300/420N/mm²，即屈服点为 300N/mm²，抗拉强度为 420N/mm²)、Ⅱ级钢筋(335/455N/mm²)、Ⅲ级钢筋(400/540N/mm²)、Ⅳ级钢筋(500/630N/mm²)。级别越高，其强度及硬度越高，塑性越低。Ⅰ级钢筋(HRB300级)表面都是光圆的；Ⅱ级(HRB335)、Ⅲ级(HRB400)钢筋表面都是变形的(轧制成"人"字形)；Ⅳ级钢筋表面有一部分做成光圆的，有一部分做成变形的(轧制成螺旋纹或月牙纹)。

4) 按生产工艺分类

钢筋按生产工艺可分为热轧钢筋、冷拉钢筋、热处理钢筋等。

热轧钢筋由轧钢厂经过热轧成材供应，钢筋直径一般为 5~40mm，分直条和盘条形式。热轧钢筋按其强度高低(以屈服点表示)分为 4 个强度等级，即Ⅰ级钢筋(HRB300)、Ⅱ级钢筋(HRB335)、Ⅲ级钢筋(HRB400)和Ⅳ级钢筋(HRB500)；热轧钢筋的强度等级代号为"R"(热轧的"热"字汉语拼音字头)，如果外形是带肋的，在 R 后面加 L，而成"RL"(L 为"肋"字汉语拼音字头，外形是光圆的就不加 L)，在 R 或 RL 后面添上屈服点值(以 N/mm² 计)以区别级别，例如强度等级为 RL335 的钢筋表示热轧带肋钢筋，它的屈服点不小于 335N/mm²。

冷拉钢筋是将热轧钢筋在常温下进行强力拉伸，使其强度提高的一种钢筋。这种冷拉操作都在施工工地进行。

热处理钢筋又称调质钢筋，是采用热轧螺纹钢筋经淬火及回火的调质热处理而制成的。目前主要用于预应力混凝土轨枕，用以代替高强度钢丝。

此外，按钢筋在结构中的作用和形状还可分为受拉钢筋、受压钢筋、弯起钢筋、预应力钢筋、分布钢筋、箍筋、架立筋、吊筋等。

2. 钢筋的验收

钢筋进场使用前必须进行质量验收，进场验收分为外观检查和力学性能检查。外观检查包括检查产品合格证(如为复印件，应注明原件存放单位并有存放单位的盖章和经手人签名)，出厂检验报告，钢筋标牌，钢筋应平直、无损伤，表面不得有裂纹、油污、颗粒状或片状老锈。力学性能检查包括拉力实验(屈服强度、抗拉强度、伸长率)和冷弯试验。进行力学性能试验时当发现钢筋脆断、焊接性不良或力学性能显著不正常等现象时，应对该批钢筋进行化学成分检验(碳、硫、磷、锰、硅)或其他专项检验。如有一项不符合钢筋的技术要求，则应取双倍试件(样)进行复试。再有一项不合格，则该验收批例钢筋判为不合格。

工程施工过程中，热轧钢筋力学性能抽样检查以同一牌号、同一炉罐号、同一规格、同一交货状态为一批，每批重量不大于 60t。从每批钢筋中任选两根钢筋，去掉钢筋端头 500mm，在每根钢筋中取两个试样，一个试样做拉力试验，测定屈服点、抗拉强度和伸长率 3 项指标，另一个试样做冷弯试验。每批钢筋总计取拉力试样两个、冷弯试样两个。现场每根试样长度一般取 500mm，然后实验室工作人员根据试验项目和钢筋直径不同进行截取。取试样时，应由监理人员现场见证。

3. 钢筋的保管

为了确保质量，钢筋验收合格后还要做好保管工作，主要是防止生锈、腐蚀和混用。

钢筋的保管要注意以下几点。

(1) 堆放场地要干燥，并用方木或混凝土板等作为垫件，一般保持离地 20cm 以上。非急用钢筋，宜放在有棚盖的仓库内。

(2) 钢筋必须严格分类、分级、分牌号堆放，不合格钢筋另作标记分开堆放。

(3) 钢筋不要和酸、盐、油之类的物品放在一起，要在远离有害气体的地方堆放，以免腐蚀。

音频 钢筋的保管注意事项.mp3

1.6.2　钢筋加工

钢筋加工过程一般有冷拉、冷拔、调直、切断、弯曲等。

1. 钢筋的冷拉

钢筋的冷拉就是在常温下拉伸钢筋，使钢筋的应力超过屈服点，钢筋产生塑性变形，强度提高。

钢筋经冷拉，强度提高，塑性降低的现象，称为变形硬化。冷拉后的新屈服点并非保持不变，而是随着时间的延长而提高，这种现象称为时效硬化。由于变形硬化和时效硬化的结果，钢筋的强度提高了，但脆性也增加了。

对于普通钢筋混凝土结构的钢筋，冷拉仅是调直、除锈的手段(拉伸过程中钢筋表面锈皮会脱落)，与钢筋的力学性能没什么关系。当采用冷拉方法调直钢筋时，冷拉率 HRB235 级钢筋不宜大于 4%，HRB335、HRB400 级钢筋不宜大于 1%。冷拉的另一个目的是提高强度，但在冷拉过程中也同时完成了调直、除锈工作，此时钢筋的冷拉率为 4%～10%，强度可提高 30%左右，主要用于预应力筋。

1) 钢筋冷拉工艺

钢筋冷拉参数：钢筋的冷拉应力和冷拉率是钢筋冷拉的两个主要参数。钢筋的冷拉率是钢筋冷拉时由于弹性和塑性变形的总伸长值(称为冷拉的拉长值)与钢筋原长之比，以百分数表示。在一定的限度内，冷拉应力或冷拉率越大，钢筋强度提高得越多，但塑性降低得也越多。钢筋冷拉后仍应有一定的塑性，同时屈服点与抗拉强度之间也应保持一定的比例(称屈强比)，使钢筋有一定的强度储备。因此，规范对冷拉应力和冷拉率有一定的限制，见表 1-14。

表 1-14　冷拉控制应力及最大冷拉率

项　　次	钢筋级别		冷拉控制应力/MPa	最大冷拉率/%
1	HRB335 级	$d \leqslant 25mm$	450	5.5
		$d=28～40mm$	430	5.5
2	HRB400 级 $d=8～40mm$		500	5
3	HRB400 级 $d=10～28mm$		700	4

冷拉控制方法：钢筋的冷拉方法可采用控制冷拉率和控制冷拉应力两种方法。

(1) 控制冷拉率法。

以冷拉率来控制钢筋的冷拉的方法，叫作控制冷拉率法。冷拉率必须由试验确定，试件数量不少于 4 个。在将要冷拉的一批钢筋中切取试件，进行拉力试验，测定当其应力达到表 1-15 中规定的应力值时的冷拉率。取 4 个试件冷拉率的平均值作为该批钢筋实际采用的冷拉率，也就是说，实测的 4 个试件冷拉率的平均值必须低于表 1-14 规定的最大冷拉率。

表 1-15　测定冷拉率时钢筋的冷拉应力

项　次	钢筋级别		冷拉控制应力/MPa
1	HRB335 级	$d \leq 25\text{mm}$	480
		$d=28 \sim 40\text{mm}$	460
2	HRB400 级 $d=8 \sim 40\text{mm}$		530
3	HRB400 级 $d=10 \sim 28\text{mm}$		730

冷拉多根连接的钢筋，冷拉率可按总长计，但冷拉后每根钢筋的冷拉率应符合表 1-14 的规定。

若 4 个试件的平均冷拉率小于 1%，考虑到该批钢筋的抗拉强度必定较高，冷拉至 1% 不会影响钢筋材质，仍按 1%采用。

冷拉率确定后，根据钢筋长度，求出拉长值，作为冷拉时的依据。冷拉拉长值是按式 (1-11)计算：

$$\Delta L = \xi L \tag{1-11}$$

式中：ξ——冷拉率(由试验确定)(%)；

　　　L——钢筋冷拉前的长度(m)。

如冷拉一批长 24m 的 HRB335 钢筋，根据试验确定其冷拉率为 4%，则本批钢筋的拉长值为 24m×4%=0.96m=960mm。

控制冷拉率法施工操作简单，但当钢筋材质不均时，用经试验确定的冷拉率进行冷拉，钢筋实际达到的冷拉应力并不能完全符合表 1-15 的要求，其分散性很大，不能保证冷拉钢筋的质量。对不能分清炉批号的钢筋，不应采取控制冷拉率法。这种方法也有优点，就是冷拉后钢筋长度整齐划一，便于下料。

(2) 控制冷拉应力法。

以冷拉应力来控制钢筋的冷拉的方法，叫作控制冷拉应力法。这种方法以控制钢筋冷拉应力为主，冷拉应力按表 1-14 中相应级别钢筋的冷拉控制应力选用。冷拉时应检查钢筋的冷拉率，不得超过表 1-14 中的最大冷拉率。钢筋冷拉时，如果钢筋已达到规定的冷拉控制应力，而冷拉率未超过表 1-14 中的最大冷拉率，则认为合格。如果钢筋已达到规定的最大冷拉率而冷拉应力还小于冷拉控制应力(即钢筋应力达到冷拉控制应力时，钢筋冷拉率已超过规定的最大冷拉率)，则认为不合格，应进行机械性能试验，按其实际级别使用。

冷拉时首先计算出冷拉力 T 和冷拉拉长值 L。然后按上述冷拉控制应力与最大冷拉率的关系确定其是否合格。

如冷拉一根直径为 16mm 的 HRB400 长 30m 的钢筋，求钢筋的冷拉力和冷拉伸长值。

根据表 1-14 可知：冷拉控制应力为 500(N/mm²)，最大冷拉率为 5%。

冷拉此钢筋时冷拉力 $T=500\times 3.14\times 8^2 =100480N$。

理论伸长值 $\Delta L =30\times 5\%=1.5m$。

若实际伸长值小于或等于理论伸长值 ΔL，则合格；若实际伸长值大于理论伸长值 ΔL，则不合格。

2) 钢筋冷拉时应注意的问题

拉长值"零点"为拉力控制应力 $N=10\%$ 的点，因为在此之前钢筋没有拉直，所以无法量测。因为钢筋施焊后性能变脆，为确保质量，必须先焊后拉。冷拉速度不宜过快，一般为 0.5～1.0m/s。为使钢筋充分变形，当拉至控制应力时，停 2～3min，放松。目的是减少回缩。

3) 钢筋冷拉设备

钢筋冷拉设备主要由拉力装置、承力结构、钢筋夹具及测量装置等组成。拉力装置一般由卷扬机、张拉小车及滑轮组等组成。承力结构可采用钢筋混凝土压杆或地铺。测量装置包括标尺电子秤、附有油表的液压千斤顶或弹簧测力计。

2. 钢筋的冷拔

钢筋冷拔是将直径为 φ6～φ8 的 HRB235 级光面钢筋在常温下强力拉拔，使其通过特制的钨合金拔丝模孔，如图 1-39 所示，钢筋轴向被拉伸，径向被压缩，钢筋产生较大的塑性变形，其抗拉强度提高 50%～90%，塑性降低，硬度提高。经过多次强力拉拔的钢筋，称为冷拔低碳钢丝。甲级冷拔钢丝主要用于中、小型预应力构件中的预应力筋；乙级冷拔钢丝可用于焊接网片、焊接骨架或用作构造钢筋等。

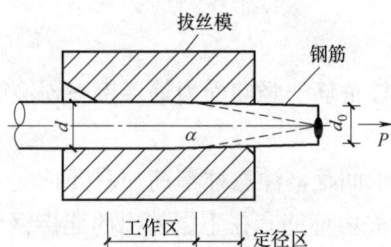

图 1-39 拔丝模构造示意图

3. 钢筋的调直

钢筋的调直就是将弯曲的钢筋弄直。钢筋调直方法可分为人工调直和机械调直两类。也可利用冷拉进行调直。

直径在 12mm 以下的钢筋可以在工作台上用小锤敲直，也可以采用绞磨拉直。直径在 12mm 以上的粗钢筋，一般仅出现一些慢弯，常用人工在工作台上调直。

4. 钢筋的切断

钢筋下料时须按长度切断。钢筋切断可采用钢筋切断机或手动切断器。手动切断器一般只用于直径小于 12mm 的钢筋，直径大于 40mm 的钢筋需用氧气乙炔火焰或电弧割切。

钢筋的切断应汇集当班所要切断的钢筋料牌(见图1-40)，将同规格(同级别、同直径)的钢筋分别统计，按不同长度进行长短搭配。一般情况下考虑先断长料，后断短料，以尽量减少短头。

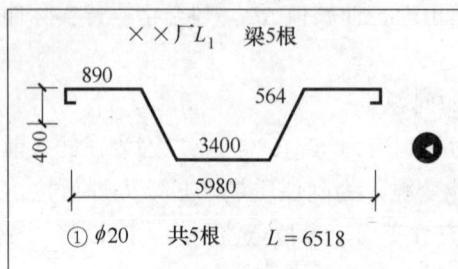

图 1-40 钢筋料牌

5. 钢筋的弯曲

钢筋下料后，应按弯曲设备特点及钢筋直径和弯曲角度进行画线，以便弯曲成设计要求的形状和尺寸。如弯曲钢筋两边对称时，画线工作宜从钢筋中线向两端进行；弯曲形状比较复杂的钢筋，可先放出实样，再进行弯曲成型。钢筋弯曲成型一般采用钢筋弯曲机或钢筋弯箍机。在缺乏机具的条件下，亦可采用手摇扳手弯制钢筋，用卡盘与扳头弯制粗钢筋。钢筋弯曲成型后，其允许偏差为：全长 ± 10mm，弯起钢筋弯起点的位置 ± 20mm，弯起钢筋的弯起高度 ± 5mm，箍筋边长 ± 5mm。

1.6.3 柱钢筋施工

1. 柱钢筋绑扎

柱钢筋绑扎工艺流程：套柱箍筋→竖向受力筋连接→画箍筋间距线→绑箍筋。操作要点如下。

(1) 套柱箍筋。按图纸要求间距，注意柱箍筋加密区长度应符合要求，计算好每根柱箍筋数量，先将箍筋套在下层伸出的连接钢筋上，然后立柱子钢筋。

柱钢筋绑扎.mp4

(2) 竖向钢筋连接后，按图纸要求用粉笔画箍筋间距线，按已量好的箍筋位置线将已套好的箍筋往上移动，由上往下绑扎，宜采用缠扣绑扎，绑扎箍筋时绑扣相互间应成"八"字形。

(3) 箍筋与主筋要垂直，箍筋转角处与主筋交点均要绑扎，主筋与箍筋非转角部分的相交点成梅花交错绑扎。箍筋的接头(弯钩叠合处)应交错布置在四角纵向钢筋上。

(4) 柱筋保护层厚度应符合规范要求，如主筋外皮为25mm，垫块应绑在柱竖筋外皮上，间距一般为1000mm(或用塑料卡卡在外竖筋上)，以保证主筋保护层厚度准确。同时，可采用钢筋定距框来保证钢筋位置的正确性。当柱截面尺寸有变化时，柱应在板内弯折，弯后的尺寸要符合设计要求。

(5) 如果采用搭接方式，下层柱的钢筋露出楼面部分，宜用工具式柱箍将其收进一个柱筋直径，以利于上层柱的钢筋搭接。当柱截面有变化时，其下层柱钢筋的露出部分必须在绑扎梁的钢筋之前先行收缩准确。

(6) 墙体拉接筋或埋件应根据墙体所用材料按有关图集留置。

(7) 注意柱有关构造要求：箍筋加密区、连接区、变截面、柱顶等构造。

2. 钢筋机械连接

钢筋机械连接是指通过连接件的机械咬合作用或钢筋端面的承压作用，将一根钢筋中的力传递至另一根钢筋的连接方法。机械连接与焊接相比具有以下优点：接头质量稳定可靠，受钢筋化学成分的影响、人为因素的影响小；操作简便，施工速度快，且不受气候条件影响；无污染，无火灾隐患，施工安全。常见的有锥螺纹连接、直螺纹连接、套筒挤压连接。

1) 锥螺纹连接

钢筋锥螺纹连接是利用锥形螺纹套筒将两根钢筋端头对接在一起，利用螺纹的机械咬合力传递拉力或压力。锥螺纹连接套是在工厂专用机床上加工制成的，钢筋套丝的加工是在钢筋套丝机上进行的。钢筋锥螺纹连接的接头形式如图 1-41 所示。

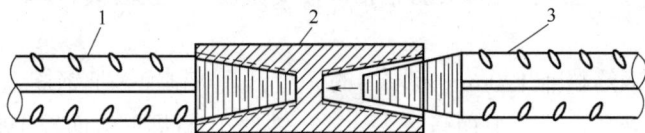

图 1-41 钢筋锥螺纹连接

1、3—钢筋；2—套筒

2) 直螺纹连接

为了提高螺纹套筒连接的质量，近年来又开发了直螺纹套筒连接。直螺纹套筒连接是将钢筋待连接的端头滚扎成规整的直螺纹，再用相配套的直螺纹套筒将两根钢筋相对拧紧，实现连接。该技术的优点在于无虚拟螺纹，力学性能好，连接安全可靠，接头强度能达到与钢筋母材等强。钢筋直螺纹连接的接头形式如图 1-42 所示。

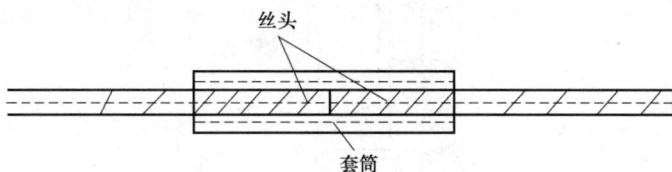

直螺纹连接.mp4

图 1-42 钢筋直螺纹连接

3) 套筒挤压连接

钢筋套筒挤压连接是一项新型钢筋连接工艺，它改变了电弧焊、电渣焊、闪光焊、气压焊等传统焊接工艺的热操作方法，是在常温下采用特别钢筋连接机，将钢套筒和两根待

接钢筋压接成一体,使套筒塑性变形后与钢筋上的横肋纹紧密地咬合在一起,从而达到连接效果的一种机械接头方式。冷压接头具有性能可靠、操作简便、施工速度快、施工不受气候影响、省电等优点。如图 1-43 所示为套筒挤压连接。

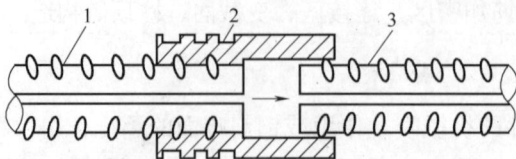

套筒挤压连接.mp4

钢筋焊接.mp4

电渣压力焊.mp4

图 1-43　套筒挤压连接

1—已挤压的钢筋;2—钢套筒;3—未挤压的钢筋

3. 钢筋的焊接

柱的焊接常用电渣压力焊。电渣压力焊是利用电流通过渣池产生的电阻热将钢筋端部熔化,然后施加压力使钢筋焊接在一起。与电弧焊相比,其工效高、成本低且容易掌握,多用于现浇钢筋混凝土结构构件中竖向钢筋的焊接接长。电渣压力焊设备包括焊接变压器、焊接夹具和焊剂盒等,如图 1-44 所示。

施焊前,先将钢筋端部 120mm 范围内的铁锈、杂质刷净,把钢筋安装于夹具钳口内夹紧,在两根钢筋接头处放一铁丝小球(钢筋端面较平整且焊机功率又较小时)或导电剂(钢筋直径较大时),在焊盒内装满焊剂。施焊时,接通电源使小球或导电剂、钢筋端部及焊剂相继熔化形成渣池;维持数秒后,用操纵压杆使上部钢筋缓缓下降,熔化量达到规定数值(可用标尺控制)后,切断电路,用力迅速顶锻,挤出金属熔渣和熔化金属,形成焊接接头。冷却一定时间后,打开焊剂盒,卸下夹具,清除焊渣。

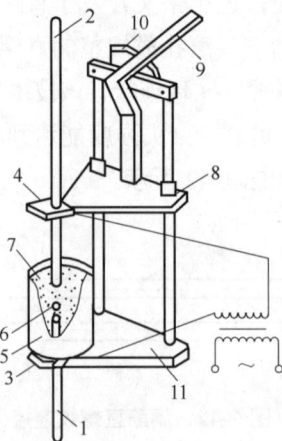

图 1-44　电渣压力焊示意图

1、2—钢筋;3—固定电极;4—活动电极;5—焊剂盒;
6—导电剂;7—焊剂;8—滑动架;9—操纵压杆;10—标尺;11—固定架

钢筋电渣压力焊接头的质量检查包括接头外观检查和力学性能试验。接头外观检查应逐个进行，要求焊包均匀，突出部分至少高出钢筋表面 4mm，不得有裂纹和明显的烧伤缺陷；接头处钢筋轴线的偏移不超过 0.1 倍的钢筋直径，同时不得大于 2mm；接头弯折不得超过 3°。凡不符合外观要求的钢筋接头，应将其切除重焊。

在现浇钢筋混凝土结构中，应以 300 个同牌号钢筋接头作为一批；在房屋结构中，应在不超过二楼层中 300 个同牌号钢筋接头作为一批；当不足 300 个接头时，仍应作为一批。每批随机切取 3 个接头做拉伸试验。

1.7　柱的模板施工

1.7.1　柱模板的类型及特点

柱的模板类型多种多样，根据不同的条件有不同的分类方法。

1. 按材料分类

模板按所用的材料不同，分为木模板、钢框木(竹)模板、钢模板、塑料模板、玻璃钢模板和铝合金模板等。

木模板的材料一般多为松木和杉木。由于木模板木材耗用量大，重复使用率低，为节约木材，在现浇钢筋混凝土结构中应尽量少用或不用木模板。

钢框木(竹)模板是以角钢为边框，以木板(或木胶合板、竹编胶合板)作面板的定型模板。这种模板刚度较大，不易变形，重量轻，操作方便且板幅大、接缝少。

钢模板是一种定型的工具式模板，可用连接构件拼装成各种形状和尺寸，适用于多种结构形式，在现浇钢筋混凝土结构施工中广泛应用。钢模板一次投资量大，但周转率高，在使用过程中应注意保护，防止生锈，延长其使用寿命。

塑料模板、玻璃钢模板、铝合金模板具有重量轻、刚度大、拼装方便、周转率高的特点，但由于造价较高，在施工中尚未普遍使用。

2. 按结构类型分类

由于现浇钢筋混凝土结构构件的形状、尺寸、构造不同，模板的构造及组装方法也不同，具有各自的特点。模板按结构的类型分为基础模板、柱模板、梁模板、楼板模板、楼梯模板、墙模板、壳模板等。

3. 按施工方法分类

柱模板按施工方法分类，可分为现场装拆式模板、固定式模板和移动式模板。

(1) 现场装拆式模板：在施工现场按照设计要求的结构形状、尺寸及空间位置现场组装的模板，当混凝土达到拆模强度后拆除模板。现场装拆式模板多用定型模板和工具式支撑。

(2) 固定式模板：制作预制构件用的模板。按照构件的形状、尺寸在现场或预制厂制作模板，涂刷隔离剂，浇筑混凝土。当混凝土达到规定的拆模强度后，脱模，清理模板，涂刷隔离剂，再制作下一批构件。各种胎模即属于固定式模板。

(3) 移动式模板：随着混凝土的浇筑，模板可以沿垂直方向或水平方向移动，称为移动式模板。如烟囱、水塔、墙柱混凝土浇筑采用的滑升模板、提升模板，筒壳浇筑混凝土采用的水平移动式模板等。

1.7.2　柱胶合板模板的配板过程

柱模板由四块大板和柱箍组成。柱箍除使四块板固定柱形状外，还要承受由模板传来的新浇混凝土的侧压力，因此柱箍的布置很重要。柱模板采用木或竹胶合板制作，厚度按实际施工需要和模板设计要求选用。模板的背面用50mm×100mm木枋，间距不大于150mm，用平头螺丝将胶合板同木枋拧紧，如图1-45所示。安装时，紧固件与支撑件按设计计算的结果选用。阳角接缝处加自黏性泡沫密封条，防止漏浆。

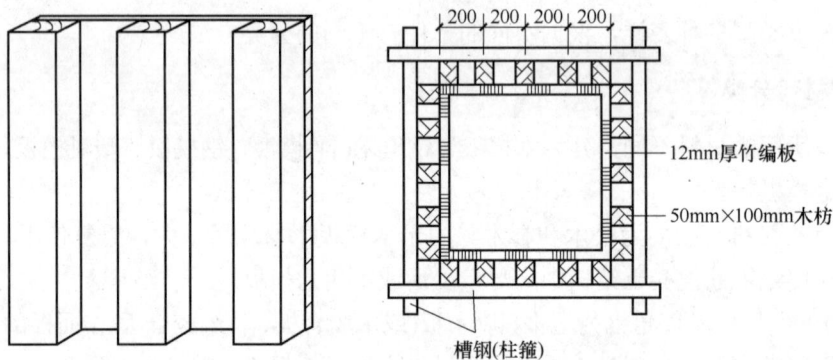

图 1-45　定型柱模板

在施工现场进行模板加工时，模板应满足表1-16的要求。

表 1-16　模板加工技术要求

检查项目	允许偏差/mm	检查方法	检查项目	允许偏差/mm	检查方法
板面平整	1	2m靠尺、塞尺检查	模板边平直	3	拉线用直尺检查
模板高度	+3，-5	用钢尺检查	模板翘曲	L/1000	放在平台上，对角拉线用直尺检查
模板宽度	+0，-1	用钢尺检查	孔眼位置	±2	用钢尺检查
对角线长	±5	对角拉线直尺检查			

1.7.3　柱模板施工方法及规范要求

1. 施工工艺

柱模板施工工艺流程如下：测量放线→定柱边线→绑立杆顺水→安装角柱模板→经纬

仪校正固定→安装校正中间柱→检查轴线尺寸及加固情况。

2. 柱模板的安装

柱模板的安装要注意以下几点。

(1) 安装要点。

① 现场拼装柱模时，应适时地安设临时支撑进行固定，斜撑与地面的倾角宜为60°，严禁将大片模板系于柱子钢筋上。

② 待四片柱模就位组拼经对角线校正无误后，应立即自下而上安装柱箍。

③ 若为整体预组合柱模，吊装时应采用卡环和柱模连接，不得用钢筋钩代替。

④ 柱模校正(用4根斜支撑或用连接在柱模顶四角带花篮螺栓的缆风绳，底端与楼板钢筋拉环固定进行校正)后，应采用斜撑或水平撑进行四周支撑，以确保整体稳定。当高度超过4m时，应群体或成列同时支模，并应将支撑连成一体，形成整体框架体系。当需单根支模时，柱宽大于500mm应每边在同一标高上设不得少于两根斜撑或水平撑。斜撑与地面的夹角宜为45°～60°，下端尚应有防滑移的措施。

柱模板安装.mp4

⑤ 角柱模板的支撑，除满足上述要求外，还应在里侧设置能承受拉、压力的斜撑。

(2) 模板的弹线及定位：先在基础面(楼面)弹出柱轴线及边线，同一柱列则先弹两端柱，再拉通线弹中间柱的轴线及边线。按照边线先把底盘固定好，然后再对准边线安装柱模板。

(3) 为防止混凝土浇筑时模板发生鼓胀变形，柱箍应根据柱模断面大小经计算确定，下部的间距应小些，往上可逐渐增大间距，但一般不超过1.0m。柱截面尺寸较大时，应考虑在柱模内设置对拉螺栓。

(4) 柱模根部要用水泥砂浆堵严，防止跑浆。当柱高大于2m时，应在柱高2m处留设混凝土浇筑孔。柱模的清渣口应留置在柱脚一侧，如果柱子断面较大，为了便于清理，也可两面留设，清理完毕，立即封闭。

(5) 柱顶与梁交接处要留出缺口，缺口尺寸即为梁的高及宽(梁高以扣除平板厚度计算)，并在缺口两侧及口底钉上衬口档，衬口档到缺口边的距离为梁侧模板及底模板的厚度。

(6) 柱模板分两次支设时，在柱子混凝土达到拆模强度时，最上一段柱模先保留不拆，以便与梁模板连接。

(7) 高大独立柱模板校正。柱模安装就位后，立即用4根支撑或有张紧器花篮螺栓的缆风绳与柱顶四角拉结，并校正其中心线和偏斜，如图1-46所示，全面检查合格后，再群体固定。

(8) 柱模安装好后，要逐个吊线，确保柱模的垂直度，然后拉通线检查柱模。

3. 柱模板的拆除

模板及其支架拆除的顺序及安全措施应按施工技术方案执行。模板拆除的原则一般是：先拆非承重模板，后拆承重模板；先支的后拆，后支的先拆；自上而下拆除。模板拆除时，不应对楼层形成冲击荷载。拆除的模板和支架宜分散堆放并及时清运。柱子模板拆除时，先拆掉柱模拉杆(或支撑)，再卸掉柱箍，把连接每片柱模的连接件拆掉，然后用撬杠轻轻撬动模板，使模板从混凝土上脱落。拆下的模板应及时清理粘结物，修理并涂刷隔离剂，分类堆放整齐。拆下的连接件及配件及时收集，集中管理。柱在混凝土强度达到 1.2MPa 以上，混凝土不掉角时开始拆除模板。混凝土的强度以同条件养护试块的抗压强度为准。

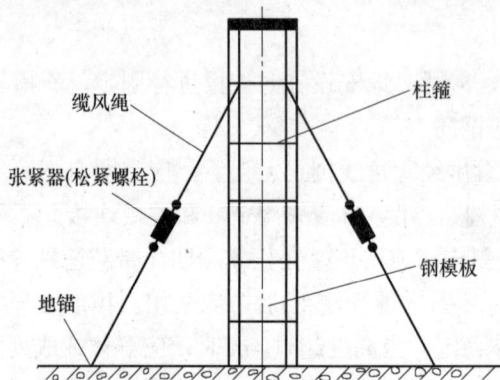

图 1-46　校正独立柱模板

1.8　柱的混凝土施工

混凝土的含义很广，凡是使用胶凝材料将集料胶结成整体的复合固体材料，都称为混凝土，简称"混凝土"。

1.8.1　混凝土的配料

1. 配合比计算

结构工程中所用的混凝土是以水泥为胶凝材料，外加粗细骨料、水，按照一定配合比拌和而成的混合材料。另外，还根据需要，向混凝土中掺加外加剂和外掺合料以改善混凝土的某些性能。因此，混凝土的原材料除了水泥、砂、石、水外，还有外加剂、外掺合料(常用的有粉煤灰、硅粉、磨细矿渣等)。

混凝土配合比一是由商品混凝土搅拌站控制，二是可查阅《建筑工程材料的检测与选择》等相关书籍。如果部分地方允许使用自拌混凝土，施工现场将进行施工配合比换算。

混凝土设计配合比是根据完全干燥的砂、石骨料制定的，但实际使用的砂、石骨料一般含有一些水分，且含水量会随着气候条件发生变化。配料时必须把这部分含水量考虑进去，才能保证混凝土配合比的准确。故在施工时应及时测定砂、石的含水率，并将混凝土的实验室配合比换算成考虑了砂石含水率条件下的施工配合比。

若混凝土的实验室配合比为水泥∶砂∶石=1∶x∶y，水灰比为 W/C，现场测得砂的含水率为 W_x，石的含水率为 W_y，则换算后的施工配合比为水泥∶砂∶石=1∶$x(1+W_x)$∶$y(1+W_y)$。

按实验室配合比 1m³ 混凝土水泥用量为 C kg，计算时确保混凝土水灰比 W/C 不变(W 为

用水量), 则换算后的材料用量为

$$水泥： C' = C \tag{1-12}$$

$$砂： G_砂 = C \cdot x(1 + W_x) \tag{1-13}$$

$$石： G_石 = C \cdot y(1 + W_y) \tag{1-14}$$

$$水： W' = W - C \cdot xW_x - C \cdot yW_y \tag{1-15}$$

2. 材料称量

施工配料是保证混凝土质量的重要环节之一。施工配料时影响混凝土质量的因素主要有两个：一是计量误差；二是未按砂、石骨料实际含水量的变化进行施工配合比的换算。

原材料的计量精度得到保证，才能使所拌制混凝土的强度、耐久性和工作性能满足设计和施工所提出的要求。试验表明：当水计量波动±1.0%时，混凝土强度将相应波动约±3%；水泥计量波动±1.0%时，混凝土强度波动约±1.7%。如计量时水和水泥误差各为+2.0%和-2.0%时，由于水灰比的变化，混凝土的强度将降低8.9%。因此，为了保证混凝土的质量，原材料的计量应以质量计。施工现场或混凝土预拌厂所使用的称料衡器应定期校验，经常保持准确。各种原材料计量的允许偏差不得超过表1-17的规定。

混凝土的强度.mp4　　音频 原材料的计量精度.mp3

表 1-17　混凝土原材料称量的允许偏差

材料名称	允许偏差/%
水泥、混合材料	±2
粗、细骨料	±3
水、外加剂	±2

注：各种衡器应定期校正，保持准确；骨料含水率应经常测定，雨天施工应增加测定次数。

1.8.2　混凝土的拌制

1. 搅拌机

搅拌是混凝土生产工艺过程中极重要的一道工序，配制混凝土的各种材料经搅拌后成为均匀的拌和料。因为混凝土配合比的设计是按细骨料恰好填满粗骨料的间隙，而水泥胶泥又均匀地分布在粗细骨料的表面。所以，搅拌得不均匀就不能获得高强度的混凝土。因此，对混凝土搅拌的均匀程度规范上都有规定。

为了适应不同混凝土的搅拌要求，搅拌机发展了许多机型，它们在结构和性能上各有特点，但按工作过程或工作原理可分别划分为两类：自落式和强制式。

1) 自落式搅拌机

自落式搅拌机是指搅拌物料由固定在搅拌筒内的叶片带至高处，靠自重下落进行搅拌的搅拌机。其工作原理如图 1-47(a)所示，搅拌机工作机构为筒体，沿内壁圆周安装着若干搅拌叶片，工作时，筒体可围绕其自身轴线(水平或倾斜)回转，利用叶片对物料进行分割、提升、撒落和冲击作用，从而使配合料的相互位置不断进行重新分布而得到拌和。这类搅拌机的优点是结构简单，磨损程度小，易损件少，对骨料径粒大小有一定的适应性，使用维护也较简单。主要缺点是靠重力自落实现搅拌，搅拌强度不大，而且转速和容量受到限制，生产效率低，一般只适于拌和塑性混凝土。

2) 强制式搅拌机

强制式搅拌机是指搅拌物料由旋转的搅拌叶片强制搅拌的搅拌机。搅拌机构是由垂直(图 1-47(b))或水平(图 1-47(c))设置在搅拌筒内壁的搅拌轴组成，轴上安装搅拌叶片，工作时，转轴带动叶片对筒内物料进行剪切、挤压和翻转推移等强制搅拌作用，使物料在剧烈的相对运动中得到均匀的拌和，因而拌和质量好，效率高，特别适于拌和干硬性混凝土和轻质骨料的混凝土，其中水平轴(即卧轴)式同时具有自落式的搅拌效果。但这种搅拌机构比较复杂，搅拌工作部件磨损快，对骨料粒径有严格限制，否则易造成卡料现象。

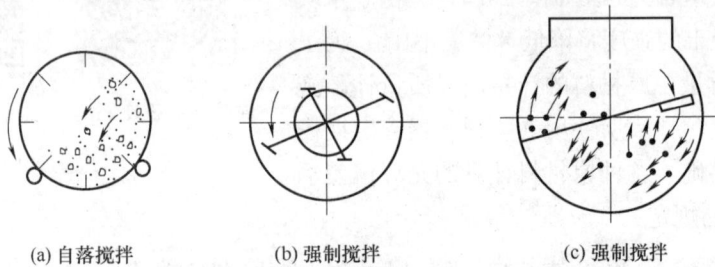

(a) 自落搅拌　　　　(b) 强制搅拌　　　　(c) 强制搅拌

图 1-47　搅拌机工作原理

2. 搅拌机的搅拌制度

1) 施工配料

施工配料就是根据施工配合比和选择的搅拌机容量来计算原材料的一次投料量。

2) 装料顺序

(1) 一次投料法：搅拌时加料顺序普遍采用一次投料法，将砂、石、水泥和水一起加入搅拌筒内进行搅拌。搅拌混凝土前，先在料斗中装入石子，再装水泥及砂，这样可使水泥夹在石子和砂中间，有效地避免上料时所发生的水泥飞扬现象，同时也可使水泥及砂子不致粘住斗底。料斗将砂、石、水泥倾入搅拌机的同时加水搅拌。

(2) 二次投料法：又分为预拌水泥砂浆法、预拌水泥净浆法和水泥裹砂石法(又称 SEC 法)三种。国内外试验资料表明，二次投料法搅拌的混凝土与一次投料法相比较，混凝土强度可提高约 15%，在强度相同的情况下，可节约水泥 15%～20%。预拌水泥砂浆法是先将水泥、砂和水加入搅拌筒内进行充分搅拌，成为均匀的水泥砂浆后，再投入石子搅拌成均匀的混凝土。预拌水泥净浆法是先将水泥和水充分搅拌成均匀的水泥净浆后，再加入砂和石搅拌成混凝土。水泥裹砂石法是先将全部砂、石和 70%的水倒入搅拌机，搅拌 10～20min，将砂和石表面湿润，再倒入水泥进行造壳搅拌 20min，最后加剩余水，进行糊化搅拌 80min。水泥裹砂石法能提高强度是因为改变投料和搅拌次序后，使水泥和砂石的接触面增大，水泥的潜力得到充分发挥。为保证搅拌质量,目前有专用的裹砂石混凝土搅拌机。多次投料搅拌混凝土的投料顺序见表1-18。

表 1-18　多次投料搅拌混凝土的投料顺序

名　　称	第一次	第二次	第三次
砂浆法	水 1、砂、水泥	粗骨料、水 2、外加剂	—
净浆法	水 1、水泥	水 2、砂	粗骨料、水 3、外加剂
裹砂法	水 1、砂	水泥	粗骨料、水 2、外加剂
裹石法	水 1、粗骨料	水泥	石、水 2、外加剂

3. 搅拌时间

从砂、石、水泥和水等全部材料装入搅拌筒至开始卸料止所经历的时间称为混凝土的搅拌时间。混凝土搅拌时间是影响混凝土质量和搅拌机生产率的一个主要因素。如果搅拌时间短,混凝土搅拌得不均匀,将直接影响混凝土的强度,如适当延长搅拌时间,可增加混凝土强度。而搅拌时间过长,混凝土的匀质性并不能显著增加,相反会使混凝土和易性降低且影响混凝土搅拌机的生产率,不坚硬的骨料会发生掉角甚至破碎,反而降低了混凝土的强度。混凝土搅拌的最短时间与搅拌机的类型和容量、骨料的品种、对混凝土流动性的要求等因素有关,应符合表1-19的规定。

表 1-19　混凝土搅拌最短时间(min)

混凝土坍落度/mm	搅拌机机型	搅拌机出料量		
		<250L	250～500L	>500L
≤30	强制式	60	90	120
>30	强制式	60	60	90

注:混凝土搅拌的最短时间系指全部材料装入搅拌筒中起;当掺有外加剂时搅拌时间应适当延长。

1.8.3　塔式起重机和泵送混凝土

高层或多层建筑所需要的材料和机具,均集中由起重设备提升。由于输送路线单一,会不可避免地出现排队等候现象。而混凝土拌和物的浇筑,关系到浇筑项目的整体性和连续性,应尽量避免时间差和留缝搭接等现象;同时,拌和物的凝结有一定的时限,超时浇筑将影响混凝土的质量。这在施工中是绝对不允许的,故混凝土的泵送一般会有辅助设施。

1. 塔式起重机

塔式起重机是一种有竖直塔身、回转吊臂的起重机。可分为固定式、轨道移动式和一机四用(轨道式、固定式、附着式、内爬式)的自升塔式起重机。

塔式起重机.mp4

塔式起重机既能完成混凝土的垂直运输，又能完成一定的水平运输，在其工作幅度内，能直接将混凝土从装料地点吊升到浇筑点送入模板内，中间不需转运。用塔式起重机运输混凝土时，应配以混凝土浇灌料斗联合使用，如图 1-48 所示。

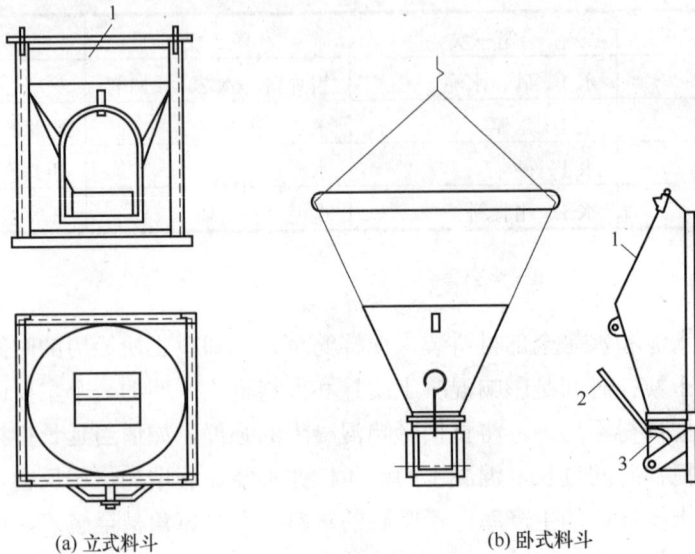

(a) 立式料斗   (b) 卧式料斗

图 1-48　混凝土浇灌料斗

1—入料口；2—手柄；3—卸料口的扇形门

2. 泵送混凝土

混凝土输送泵可一次完成水平及垂直输送，将混凝土直接输送至浇筑地点，是一种高效的混凝土运输和浇筑机具。我国目前主要采用活塞泵，液压驱动。它由料斗、液压缸和活塞、混凝土缸、分配阀、Y形输送管、冲洗系统和动力系统等组成，如图 1-49 所示。

泵送混凝土.mp4

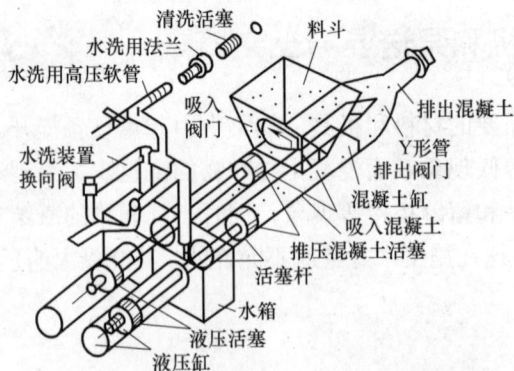

图 1-49　液压活塞式泵工作原理图

1) 输送管

混凝土输送管用钢管制成，直径一般为 110、125、150mm，标准管长 3m，也有 2m、

1m 的配管，弯头有 90°、45°、30°、15° 等不同角度的弯管。管径的选择根据混凝土骨料的最大粒径、输送距离、输送高度及其他施工条件决定。

泵送混凝土时，应保证混凝土的供应能满足混凝土泵连续工作。输送管线宜直、转弯宜缓、接头要严密；泵送前先用适量的水泥砂浆润湿管道内壁，在泵送结束或预计泵送间隙时间超过 45min 时，及时把残留在混凝土缸体和输送管内的混凝土清洗干净。

2) 布料杆

可根据现场混凝土浇注的需要将布料杆设置在合适位置，布料杆有固定式、内爬式、移动式、船用式等。HGT41 型内爬式布料机布料半径 41m，塔身高度 24m，爬升速度 0.5m/min，臂架为四节卷折全液压形式，回转角度 365°，末端软管长度 3m。布料杆如图 1-50 所示。

图 1-50 施工现场的布料杆

1.8.4 混凝土的浇筑与振捣

1. 混凝土的浇筑

混凝土浇筑指的是将混凝土浇筑入模直至壁化的过程，在土木建筑工程中把混凝土等材料浇筑到模子里制成预定形体，混凝土浇筑时，混凝土的自由高度不宜超过 2m，当超过 3m 时应采取相应措施。

浇筑前应将模板内的垃圾、泥土，钢筋上的油污等杂物清除干净，并检查钢筋的水泥砂浆垫块、塑料垫块是否垫好。如使用木模板时应浇水将模板湿润。柱子模板的扫除口应在清除杂物及积水后再封闭。

混凝土浇筑.mp4

泵送混凝土时必须保证混凝土泵连续工作，如发生故障，停歇时间超过 45min 或混凝土出现离析现象，应立即用压力水或其他方法冲洗泵内残留的混凝土。

柱的浇筑还应注意以下问题。

(1) 柱浇筑前底部应先填以 5～10cm 厚与混凝土配合比相同的减半石子混凝土，柱混凝土应分层振捣，使用插入式振捣器时每层厚度不大于 50cm，振捣棒不得触动钢筋和预埋件。

(2) 柱高在 3m 之内，可在柱顶直接下灰浇筑，柱高超过 3m 时应采取措施用串筒分段浇筑，每段的高度不得超过 2m。

(3) 柱混凝土应一次浇筑完毕，如需留施工缝时应留在主梁下面。

2. 混凝土的振捣

用混凝土拌和机拌和好的混凝土浇筑构件时，必须排除其中气泡，进行捣固，使混凝土密实结合，消除混凝土的蜂窝麻面等现象，以提高其强度，保证混凝土构件的质量。上述对混凝土消除气泡、进行捣固的过程即为混凝土振捣。

1) 振捣要求

振捣要求如下。

(1) 混凝土自料口下落的自由倾落高度不得超过 2m，如超过 2m 时必须采取措施。

(2) 浇筑混凝土时应分段分层连续进行，每层浇筑高度应根据结构特点、钢筋疏密程度确定，一般分层高度为振捣器作用部分长度的 1.25 倍，最大不超过 50cm。

(3) 使用插入式振捣器应快插慢拔，插点要均匀排列，逐点移动，顺序进行，不得遗漏，做到均匀振实。移动间距不大于振捣棒作用半径的 15 倍(一般为 30~40cm)。振捣上一层时应插入下层 5cm，以清除两层间的接隙。

(4) 浇筑混凝土应连续进行。如必须间歇，其间歇时间应尽量缩短，并应在前层混凝土初凝之前，将次层混凝土浇筑完毕。

(5) 浇筑混凝土时应经常观察模板、钢筋、预留孔洞、预埋件和插筋等有无移动、变形或堵塞情况，发现问题应立即停止浇灌，并应在已浇筑的混凝土凝结前修正完好。

2) 振捣机具

进行机械化捣实混凝土所用机具为混凝土振捣器。混凝土振捣器的种类较多，按传递振动的方法分类，有内部振捣器、外部振捣器和表面振捣器三种。

(1) 插入式内部振捣器。

如图 1-51(a)所示是一种可以插入混凝土中进行振捣的机械。目前，绝大部分采用高频振动。

(2) 附着式外部振捣器。

附着式外部振捣器利用夹具固定在施工模板上或振捣平台上，通过模板或平台传递振捣，如图 1-51(b)所示。此类振捣器过去多属低频振捣器，近年来正向高频发展。

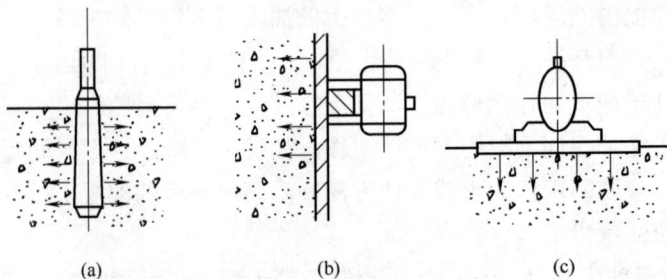

(a)   (b)   (c)

图 1-51 振捣器

(3) 平板式表面振捣器。

平板式表面振捣器实际上是外部振捣器的一种变形，它是将振捣器安装在一块平板上，工作时将平板放在混凝土表面上，并沿混凝土构件表面缓慢滑移，振捣从混凝土表面传入。图 1-51(c)所示为平板式表面振捣器。

1.8.5 混凝土的自然养护

混凝土浇捣后，之所以能逐渐凝结硬化，主要是因为水泥水化作用的结果，而水化作用需要适当的温度和湿度条件，因此为了保证混凝土有适宜的硬化条件，使其强度不断增加，必须对混凝土进行养护。

混凝土自然养护的概念是指在自然温度条件下(高于+5℃)，对混凝土采取的覆盖、浇水润湿、挡风、保温等养护措施。自然养护可以分为覆盖浇水养护和塑料薄膜养护两种。

1. 覆盖浇水养护

覆盖浇水养护是根据外界温度，一般应在混凝土浇筑完毕后 3~12h 内用草帘、芦席、麻袋、锯末、湿土和湿砂等适当的材料将混凝土覆盖，并经常浇水保持湿润。混凝土浇水养护日期：对硅酸盐水泥、普通水泥和矿渣水泥拌制的混凝土不得少于 7 昼夜；掺用缓凝性外加剂或有抗渗要求的混凝土，不得少于 14 昼夜；当用矾土水泥时，不得少于 3 昼夜。每天浇水的次数以能保持混凝土具有足够的湿润状态为宜，当气温在 15℃以上时，在混凝土浇筑过后的 3 昼夜中，白天至少每 3 小时浇水一次，夜间也应浇水两次，在以后的养护中，每天至少浇水 3 次(当然当气温干燥的时候可以适当地加大浇水的次数)。

对于较大面积(或是体积)的混凝土，应采用"蓄水养护"；对于储水池一类工程，可在拆除内模、混凝土达到一定强度后浇水养护；对于地下结构或是基础，可以在其表面涂刷沥青乳液或用土回填以代替浇水养护。

2. 塑料薄膜养护

塑料薄膜养护是指以塑料薄膜为覆盖物，使混凝土与空气相隔，水分不再被蒸发，水泥靠混凝土中的水分完成水化作用以达到凝结硬化。这种方法可以直接将塑料薄膜覆盖在混凝土的表面上，或是将塑料乳液喷洒在混凝土构件的表面上，等到乳液挥发后，在混凝土表面结合成一层塑料薄膜，以使混凝土构件与空气隔绝，使混凝土中的水分不再蒸发而完成水化作用。喷洒塑料乳液形成塑料薄膜养护的缺点是 28d 混凝土强度偏低 8%左右，又由于成膜较薄，不能完全达到绝热、隔冻的作用，所以在夏季使用此种方法时要加上防晒设施(不得少于 24h)，不然会导致混凝土产生丝状裂缝。

总的来说，自然养护成本低、效果好，但养护期长，为了缩短养护期，提高模板的周转率和场地的利用率，一般生产预制构件时适宜加热养护。

1.8.6 混凝土的质量检查

混凝土质量的检查包括施工过程中的质量检查和养护后的质量检查。施工过程中的质量检查，即在制备和浇注过程中对原材料的质量、配合比、坍落度、搅拌时间、运输振捣过程中有无分层离析、混凝土的振捣、养护等环节的检查。混凝土养护后的质量检查，主要包括检查混凝土的强度、表面外观质量和结构构件的轴线，标高、截面尺寸和垂直度的偏差。如设计上有特殊要求时，还需对其抗冻性、抗渗性等进行检查。

1. 强度检查

混凝土强度的检查，主要指抗压强度的检查。混凝土的抗压强度应以边长为 150mm 的立方体试件，在温度为 20℃±3℃和相对湿度为 90%以上的潮湿环境或水中的标准条件下，经 28d 养护后试验确定。

用于检查结构构件混凝土强度的试件，应在浇注地点随机抽样制成，不得挑选。试件留置应符合下列规定：

① 每拌制 100 盘且不超过 100m 的同配合比的混凝土，其取样不得少于一次；

② 每工作班拌制的同配合比的混凝土不足 100 盘时，其取样不得少于一次；

③ 每一现浇楼层、同配合比的混凝土，其取样不得少于一次；

④ 当一次连续浇注超过 1000m³ 时，同配合比的混凝土每 200m 取样不得少于一次；

⑤ 每次取样应至少留置一组标准试件，同条件养护试件的留置组数根据实际需要确定。

每组三个试件应在同盘混凝土中取样制作，并按下列规定确定该组试件的混凝土强度代表值：

① 取三个试件强度的平均值；

② 当三个试件强度中的最大值或最小值，与中间值之差超过中间值的 15%时，取中间值；

③ 当三个试件强度中的最大值和最小值与中间值之差均超过中间值的 15%时，该组试件不应作为强度评定的依据。

当对混凝土试块强度的代表性有怀疑时，可以从结构中钻取混凝土试样或采用非破损检验方法作为辅助手段进行检验。常用的非破损检验方法有回弹法、超声法、超声回弹综合法等。

2. 混凝土缺陷处理

现浇结构的外观质量缺陷包括露筋、蜂窝、孔洞、夹渣、疏松、裂缝、连接部位及外表外形缺陷等，根据缺陷的严重程度分为严重缺陷和一般缺陷。拆模后如果发现缺陷，应该找出原因，根据情况采取措施加以处理。

1.8.7 柱混凝土的施工技术

1. 柱混凝土施工过程

柱混凝土施工过程为：施工缝处理→钢筋隐蔽验收→模板验收→浇灌证审批→搭操作平台→润湿模板→浇筑混凝土。

2．柱施工缝的留设与处理

1) 施工缝的留设

如混凝土的浇筑不能连续进行，中间的间歇时间需超过混凝土的初凝时间，则应留设施工缝。施工缝处新旧混凝土的结合力较差，是结构中的薄弱环节，应事先确定其留设位置。施工缝宜留置在结构受剪力较小，且便于施工的部位。

留缝规定如下。

(1) 柱子施工缝宜留置在基础的顶面、梁和吊车梁牛腿的下面、吊车梁的上面、无梁楼板柱帽的下面，如图 1-52 所示。

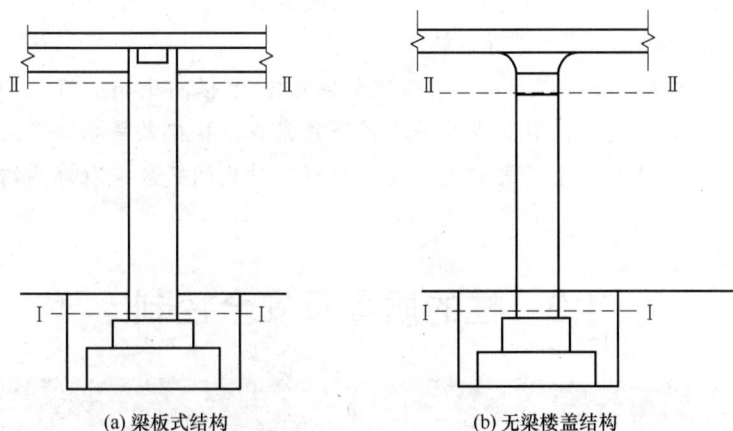

(a) 梁板式结构　　　　　　　　　　(b) 无梁楼盖结构

图 1-52　柱子施工缝位置

(2) 在浇筑与柱和墙连成整体的梁和板时，柱的施工缝可留置在楼板面，但应在柱和墙浇筑完毕后停歇 1～1.5h，使混凝土拌和物初步沉实后，再继续浇筑上面的梁板结构的混凝土。

(3) 施工缝所形成的截面应与结构所产生的轴向压力相垂直，以发挥混凝土传递压力好的特性。

(4) 柱的施工缝截面应垂直于柱的受力方向，且不得留斜槎。

2) 施工缝的处理

何时处理：在施工缝处继续浇筑混凝土前。

处理方法如下。

(1) 清除水泥薄膜和松动石子以及软弱混凝土层，凿毛，清除钢筋上的水泥砂浆、铁锈等，冲洗干净，不得有积水。

(2) 在施工缝处铺一层水泥浆，即可继续浇筑混凝土。

(3) 混凝土应细致捣实，使新旧混凝土紧密结合。

3．柱混凝土施工要求

柱混凝土施工要求如下：

(1) 检查模板、钢筋等，并填写隐蔽记录资料；

(2) 由监理、建设及质监人员检查，签混凝土浇灌证；

(3) 做好混凝土浇筑的前台、后台各项准备工作；

(4) 混凝土浇灌前应先对模板进行冲洗，保持湿润；

(5) 下料前先用 50～100mm 水泥砂浆铺底；

(6) 混凝土应分层下料，层厚宜控制在 300mm 左右；

(7) 柱混凝土振捣用插入式振捣器垂直或斜向振捣；

(8) 做到快插慢拔，振捣时应插入下一层 5cm；

(9) 振动棒不得接触钢筋及模板；

(10) 每一振点以混凝土无气泡为止，防止过度振捣。

浇高超过 3m，应使用导管进行下料。

【案例 1-3】北京经济技术开发区某工程首层包含 78 根高 7.4m、直径 700mm 的圆柱，施工难度大。由于柱高度大，混凝土需一次性浇筑完成，振捣效果难以保证，很容易出现离析、烂根等现象。请结合上下文相关知识，分析针对此问题应采取哪些措施以保证柱的施工质量。

1.9　柱的质量及安全控制

1.9.1　柱的质量控制

1. 框架柱的施工质量控制措施

框架柱的施工质量控制措施具体如下。

(1) 施工前，应做好施工组织设计，根据设计图纸上的混凝土强度等级做好混凝土配合比设计，对所用的砂、石、水泥、钢材等进行取样试验，合格的材料方可使用。

① 水泥：水泥品种、强度等级应根据设计要求确定，质量必须符合国家现行标准。水泥属双控材料，既要有合格证，又要有检验报告。

② 砂、石子：根据结构尺寸、钢筋密度、混凝土施工工艺、混凝土强度等级的要求确定石子粒径、砂子细度。砂、石质量符合国家现行标准。

③ 钢材：钢材品种、强度等级应根据设计要求确定，质量必须符合国家现行标准。钢材属双控材料，既要有合格证，又要有检验报告。

④ 水：自来水或不含有害物质的洁净水。

⑤ 外加剂：根据施工组织设计要求，确定是否采用外加剂。外加剂经试验合格后，方可在工程上使用。

⑥ 掺合料：根据施工组织设计要求，确定是否采用掺合料。质量应符合国家现行标准。

(2) 柱筋绑扎完毕后，由施工单位组织自检，检查钢筋数量、箍筋间距、柱筋搭接长度等，符合设计图纸及施工规范要求后，再经设计单位、质监站验收，做到层层落实，把好质量关。

(3) 抓好柱模板安装质量。模板要保证结构的尺寸和相互间位置的正确，且有足够的稳定性、刚度和强度，根据柱截面尺寸小而比较高的特点，柱模要解决垂直度及在施工时的侧向稳定及抵抗混凝土的侧向压力问题。

2. 质量记录资料

质量记录资料包括以下内容。

(1) 模板分项工程检验记录、质量评定资料等。

(2) 钢筋出厂质量证明或试验报告单、钢筋力学性能试验报告单、钢筋接头拉伸试验报告、钢筋隐蔽验收记录、钢筋分项工程质量检验评定资料等。

(3) 水泥出厂质量证明书及进场复试报告，石子试验报告，砂试验报告，掺合料出厂质量证明及进场试验报告，外加剂出厂质量证明及进场试验报告、产品说明书，混凝土试配记录，混凝土施工配合比通知单，混凝土试块强度试压报告，混凝土强度统计评定表，混凝土分项工程质量检验评定报告，混凝土施工日志等。

(4) 设计变更、洽商记录及其他技术资料等。

3. 质量事故的处理

常见的工程质量事故有以下两种。

1) 模板尺寸偏差

(1) 原因分析。

① 看错图样。技术管理人员的责任心不强，最常见的是把柱的中心线看作轴线，或施工放样错误，导致构件轴线偏移。

② 管理不到位。不按规范允许偏差值检查支模情况，使用旧模板时不作仔细检查；或者操作技工缺乏施工经验。

③ 其他原因。如已支撑好的模板受到意外撞击而变形。

(2) 处理方法。

对模板的错位、偏差或变形的处理首先要评估其对结构安全的影响，较严重者应对结构的承载力和稳定性做必要的验算，根据验算的结果选择处理方法。可根据具体情况采取纠偏复位或局部调整的方法处理。对于多层现浇框架柱轴线偏差不大时，可在上层施工时逐渐纠正到设计位置。

2) 钢筋材质不良

钢筋材质不良主要表现在用于建筑结构的钢筋屈服强度和极限强度达不到国家标准的规定，有裂纹，焊接性能不良，拉伸试验的伸长率达不到国家标准的规定，易脆断，钢筋冷弯试验不合格及各种有害元素含量不符合国家标准的要求。

(1) 原因分析。

钢筋材质不良的原因分析如下：管理不严格，责任心差，进入现场的钢筋无质量证明书，甚至偷工减料，采办一些小厂生产的材料质量不稳定的伪劣产品。

(2) 处理方法。

钢筋材质不良的处理方法：发现不合格钢筋必须立即清除，以确保工程质量。

1.9.2 柱的安全控制

1. 钢筋工程

1) 钢筋的制作

(1) 切断机操作人员应注意的安全技术要求。

① 工作前应仔细检查刀片是否正常，电机接地是否良好等，并应试机给油、试运转。

② 机械运转正常后方可开始工作。工作时，手与刀片距离不得少于150mm，活动刀片前进时禁止送料。切断钢筋时，人应站在活动刀片一侧，以防钢筋摆动伤人。

③ 严禁切断超过40mm粗的钢筋，只限切一般低碳钢。切长钢筋应有专人扶住，操作时须用套管或钳子夹料，不得用手直接送料。

④ 切料机旁应设置放料台，机械运转中严禁用手直接清除刀口附近的短料和杂物。

⑤ 发现机械运转不正常或有异响、刀片歪斜等情况，应立即停机检修。

⑥ 切断机工作场地做到文明施工。切下的料头应按不同类别堆码整齐，其他杂物应及时清除。下班时要拉闸断电，关箱上锁。

(2) 调直机操作人员应注意的安全技术要求。

① 工作前必须检查各主要部件的连接螺栓是否紧固，转动部分润滑是否良好。机械上下不得有其他物件和工具。安全护板和防护罩等装置，必须安装齐全和牢固。

② 工作前必须根据钢筋直径选用适当的压滚轮，以免损坏齿轮。钢筋装入滚轮，与滚筒应保持一定距离。机械运转中不得调整滚筒，严禁戴手套操作。

③ 钢筋调直到末端时，操作人员应躲开，以防钢筋甩动伤人。调直机进料口严禁非操作人员通行或停留。

④ 短于2m或直径大于9mm的钢筋调直时，应低速加工。

⑤ 调直机运转中如发现有不正常的情况或异响，或者轴承的温度超过60℃时应立即停车，并进行检查维修。

⑥ 工作场地要保持干净整洁，做到文明施工。调好的料应分类堆码整齐，下班时应断电关箱上锁。

(3) 弯曲机操作人员应注意的安全技术要求。

① 使用前须加足润滑油，并检查各部件是否良好，转盘旋转方向是否和倒吸开关方向一致，接地保护装置是否可靠有效等，经给油、试运转正常后方可开始工作。

② 操作时钢筋要紧贴挡板，注意放入插头位置和回转方向。机身销子必须安在挡住钢筋的一侧，方可开动机械。

③ 弯曲钢筋的旋转半径内和机身不设固定销子的一侧不准站人。弯好的半成品应堆放整齐，弯钩不得朝上。

④ 弯曲长钢筋时，应有专人扶住，并站在弯曲的外侧相互配合，不得推拉。钢筋调头时，防止碰撞人和物。更换插头、加油和清理时必须切断电源。

⑤ 严禁弯曲超过机械厂所规定直径的钢筋。如弯曲经过冷拉或带有锈皮的钢筋时，必

须戴好防护眼镜。弯曲低碳合金钢筋时，应按机械制造厂的规定执行。

⑥ 工作完毕，应将工作场地及机身清扫干净，坑缝中积锈禁止用手抠挖，下班时应切断电源，关箱上锁。

2) 钢筋的绑扎

(1) 在绑扎和安装钢筋时，不要将钢筋集中堆放在模板或脚手架的某部分，以确保安全。悬臂构件更要检查支撑是否稳固，有无倾覆危险。

(2) 脚手架上不要随便放置工具、箍筋或短钢筋，避免放置不稳，工具下滑砸伤人。

(3) 在安装预制钢筋骨架或绑扎钢筋时，不允许站在模板或墙上操作。操作地点应搭设脚手架。

(4) 应尽量避免在高处修整、扳弯粗钢筋。在必须操作时，要系好安全带，选好位置，人要站稳，防止脱板而人被绊倒。

(5) 绑扎筒式结构(如水池、烟囱等)时，不要踩在钢筋骨架上操作或上下。

(6) 安装钢筋时不要碰电线，在基础施工或夜间施工需要移动照明时，最好选用低压安全电源，避免发生触电事故。

(7) 不按要求戴安全帽、穿拖鞋者严禁进入施工现场。

(8) 严禁躲在外架或施工面上没有防护的阴凉处休息、抽烟。

(9) 绑扎墙、柱钢筋时，一定要搭设绑扎用临时架子，并铺上架板。在外架没有升起的情况下，严禁绑扎临边墙、柱钢筋，以防坠落。

(10) 绑扎梁钢筋时，在梁两侧铺满架板后再绑扎，以防踩空坠落，必要时应系安全带作业。

(11) 严禁从高空抛扔杂物。

(12) 施工中务必做到"三不伤害"。

(13) 有危险、没有防护的地方严禁施工。

2. 模板工程

1) 模板支撑系统

模板支撑、加固、拆除严格按施工方案及交底执行，保证其支撑安全可靠。模板堆放整齐，吊装时千万要绑扎牢固，防止滑落造成事故。

2) 模板堆放

模板存放在施工楼层上时，必须有可行的安全措施，不得沿外墙周围放置，要垂直于外墙存放。

3) 模板起吊

作业前应做好安全交底和安全教育工作，检查吊装用绳索、卡具及每块模板上的吊环是否完整有效，并设专人指挥，密切配合。模板起吊前，应将吊车的位置高度调整适当，做到稳起稳落，落位准确，禁止用人力搬动模板，严防模板大幅度摆动碰到其他模板。当风力为5级时，仅允许吊装1~2层模板，风力超过5级应停止吊装模板。

4) 模板安装

安装外墙四周模板时，必须待悬挑扁担固定，位置调整准确方可摘钩。外模安装后，要立即穿好销杆，紧固螺栓，操作人员必须系好安全带。

3. 混凝土工程

混凝土工程应注意以下安全技术要求。

(1) 泵送管线接头应严密、可靠，不漏浆，安全阀必须完好，架子牢固，输送前试送，检修时卸压。

(2) 制动器作业人员，应戴绝缘手套，穿胶鞋，振动设备应设有开关箱并装有漏电保护器。

(3) 浇筑四周框架柱混凝土时必须有可靠的挡板，以防止混凝土块落物伤人；外墙必须有防护，架子通畅，安全可靠。

✓ 本章小结

本章主要介绍了柱施工的相关内容，且内容较多。但每个知识点层次分明，只要同学们认真把握，学起来也非常轻松。本章主要介绍了柱的识读与构造要求，以及柱钢筋、模板、混凝土的施工工艺。同时，也简要介绍了柱的测量工具。同学们要抓住章节重点，学以致用。柱的施工质量深刻影响着整个建筑工程的施工质量，所以要学好用好，但也不能仅局限于课本，要结合实际、灵活运用。

✓ 实训练习

一、单选题

1. 如 φ10@100/200，其中 10、100、200 所代表的是(　　)。
   A. 10mm 的 HRB300 级钢筋；加密区 100mm；非加密区 200mm
   B. 10mm 的 HRB300 级钢筋；加密区 200mm；非加密区 100mm
   C. 10mm 的 HRB300 级钢筋；加密区 100mm；非加密区 200mm
   D. 10mm 的 HRB300 级钢筋；加密区 200mm；非加密区 100mm

2. 地面点到大地水准面的铅垂距离，称为该点的(　　)。
   A. 绝对高程　　　　B. 相对高程　　　　C. 高差　　　　　　D. 建筑标高

3. 使用电渣压力焊焊接柱钢筋时，焊接接头弯折不得超过(　　)。
   A. 2°　　　　　　　B. 3°　　　　　　　C. 4°　　　　　　　D. 5°

4. 以下对模板拆除表述错误的是(　　)。
   A. 先拆非承重模板，后拆承重模板
   B. 先支的先拆，后支的后拆
   C. 自上而下拆除
   D. 拆除的模板和支架宜分散堆放并及时清运

5. 连墙件中的连墙杆应呈(　　)设置，当不能水平设置时，应向脚手架一端(　　)

连接。

A. 水平　下斜　　　B. 竖直　下斜　　　C. 水平　上斜　　　D. 竖直　上斜

二、多选题

1. 脚手架架体结构自重包括(　　)。
   A. 立杆　　　　　　　B. 水平杆　　　　　　C. 剪刀撑
   D. 扣件　　　　　　　E. 安全网

2. 下面柱的截面要求正确的是(　　)。
   A. 在偏心受压柱中，垂直于弯矩作用平面的侧面上的纵向受力钢筋以及轴心受压柱中各边的纵向受力筋，其中距不宜大于300mm
   B. 截面宽度和高度：无抗震要求时均不宜小于250mm，有抗震要求时均不宜小于300mm
   C. 框架柱的截面宜满足 $l_0/b_c \leqslant 30$，$l_0/h_c \leqslant 25$(l_0 为柱的计算长度；b_c、h_c 分别为柱的截面宽度和高度)。框架柱的剪跨比宜大于2
   D. 在柱的截面中部 1/3 左右的核心部位配置附加纵向钢筋形成芯柱
   E. 柱中纵向受力钢筋的净间距不应小于 50mm；对水平浇筑的预制柱，其纵向钢筋的最小净间距不应小于30mm和1.5d(d 为纵向钢筋的最大直径)

3. 全站仪由(　　)组成。
   A. 电子测距仪　　　　B. 光学经纬仪　　　　C. 电子经纬仪
   D. 电子记录装置　　　E. 水准器

4. 混凝土的自然养护方法有(　　)。
   A. 覆盖浇水养护　　　B. 塑料薄膜浇水养护
   C. 碾压养护　　　　　D. 覆盖日晒养护　　　E. 塑料薄膜养护

5. 柱施工常见的工程事故是(　　)。
   A. 柱断裂　　　　　　B. 模板尺寸偏差
   C. 钢筋材质不良　　　D. 混凝土材质不良
   E. 混凝土浇筑振捣不充分

三、简答题

1. 简述柱表的注写内容都有哪些。
2. 什么叫钢筋的冷拉和冷拔？对钢筋有何影响？
3. 简述扣件式脚手架的拆除要求。

第1章习题答案.docx

实训工作单一

班级		姓名		日期	
教学项目		柱施工图识读、构造会审、脚手架搭设			
任务	学习柱施工图识读、构造会审及脚手架搭设	学习途径	课外自行查找相关书籍或者现场学习		
学习目标		掌握柱施工图识读及构造会审			
学习要点		施工图识读			
学习记录					
评语				指导教师	

实训工作单二

班级		姓名		日期	
教学项目		柱的钢筋施工、模板施工、混凝土施工及质量安全控制			
任务	学习柱的钢筋施工、模板施工、混凝土施工及柱的质量安全控制	学习途径	课外自行查找相关书籍或者现场学习		
学习目标		熟悉柱的钢筋施工、模板施工，掌握混凝土施工，了解柱的质量安全控制要点			
学习要点		钢筋施工、混凝土施工			
学习记录					
评语				指导教师	

第 2 章　梁 的 施 工

(1) 掌握梁施工图的识读。
(2) 熟悉梁的构造会审。
(3) 熟悉梁的钢筋施工。
(4) 掌握梁的模板施工。
(5) 掌握梁的混凝土施工。
(6) 熟悉梁施工的质量及安全控制。

第 2 章.pptx

【教学要求】

本章要点	掌握层次	相关知识点
梁的识读	掌握梁构造的识图	梁的原位标注
梁的构造会审	掌握钢筋混凝土梁的构造标准	梁的技术交底方法
钢筋、模板的施工	掌握钢筋、模板的加工工艺	建筑工程施工
梁混凝土的施工	熟悉梁混凝土的浇筑振捣工艺	混凝土工程

【案例导入】

　　某工程为三层砖混结构，现浇钢筋混凝土楼盖，纵墙承重、灰土基础。施工后于当年 10 月浇灌二层楼盖混凝土。全部主体结构于第二年 1 月完工。在 4 月间进行装修工程时，发现各层大梁均有斜裂缝。其现象为：裂缝多为斜向，倾角 50°～60°，且多发生在 300mm 的钢箍间距内。近梁中部为竖向裂缝，斜裂缝两端密集，中部稀少，在纵筋截断处都有斜裂缝；其沿梁高度方向的位置较多地在中和轴以下，个别贯通梁高。

【问题导入】

　　结合案例分析梁裂缝出现的原因及防治方法。

2.1 梁施工图的识读

2.1.1 梁的平面表示方法

梁的平面表示方法是在梁平面布置图上，分别在不同编号的梁中各选一根梁，在其上注写梁的截面尺寸和配筋的具体数值，如图2-1所示。

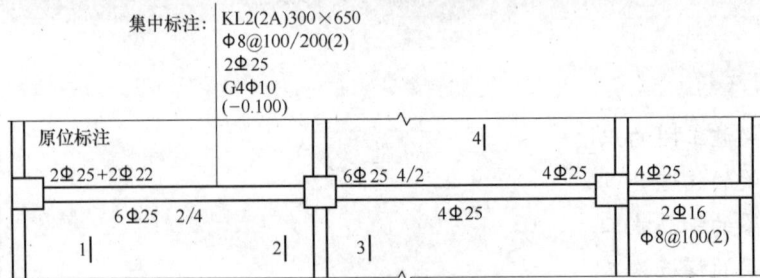

图2-1 梁平面注写方式示例图

平面注写包括集中标注和原位标注。集中标注表达梁的通用数值，包括梁的编号、截面尺寸、箍筋情况(钢筋级别、直径、加密区及非加密区间距及肢数等)、梁上下通长筋和架立筋、梁的侧面纵筋及梁顶面的标高高差等。原位标注表达梁的特殊数值，当集中标注中的某项数值不适用于梁的某部位时，则该项数值用原位标注，使用时，原位标注取值优先。原位标注包括梁支座上部纵筋、梁下部纵筋、吊筋和附加箍筋等。

架立筋.mp4

在实际工程中可能遇到各种各样的梁，平法图集将梁归类见表2-1。

表2-1 梁的分类及编号

梁 类 型	代 号	序 号	跨数几是否带有悬挑
楼层框架梁	KL	xx	(xx)、(xxA)或(xxB)
屋面框架梁	WKL	xx	(xx)、(xxA)或(xxB)
框支梁	KZL	xx	(xx)、(xxA)或(xxB)
非框架梁	L	xx	(xx)、(xxA)或(xxB)
悬挑梁	XL	xx	(xx)、(xxA)或(xxB)
井字梁	JZL	xx	(xx)、(xxA)或(xxB)

2.1.2 梁钢筋的识读

1. 楼层框架梁纵筋的识读

1) 楼层框架梁上下部贯通筋长度的计算

(1) 当梁足够宽时，上部纵筋直锚在支座里，应满足如下条件，如图2-2所示。

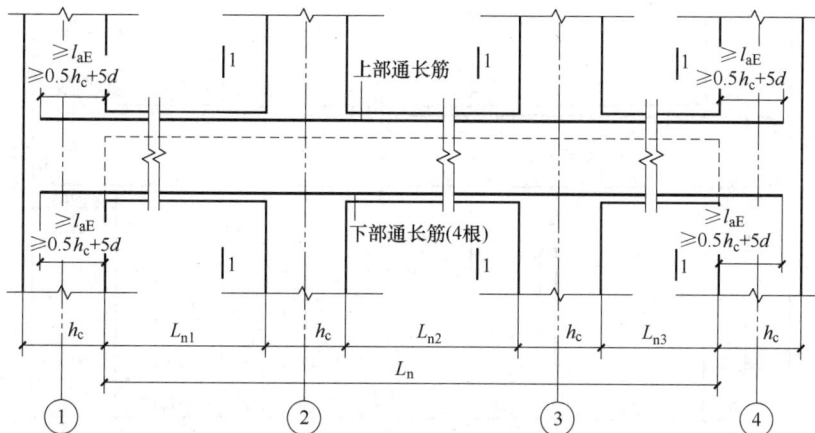

图 2-2　梁端支座直锚示例图

楼层框架梁上下部贯通筋长度=通跨净跨长 L_n

$$+左右锚入支座内长度 \max[l_{aE},(0.5h_c+5d)] \qquad (2\text{-}1)$$

式中：L_n 为通跨净跨长；h_c 为主截面沿框架梁方向的宽度；l_{aE} 为锚固长度；d 为钢筋直径。

(2) 当梁支座不能满足直锚长度时，上部纵筋弯锚在支座里，应满足如下条件，如图 2-3 所示。

楼层框架梁上下部贯通筋长度=通跨净跨长 l_n+左右锚入支座内长度

$$\max[l_{aE},(0.4l_{aE}+15d)，(支座宽-保护层+弯折\,15d)] \qquad (2\text{-}2)$$

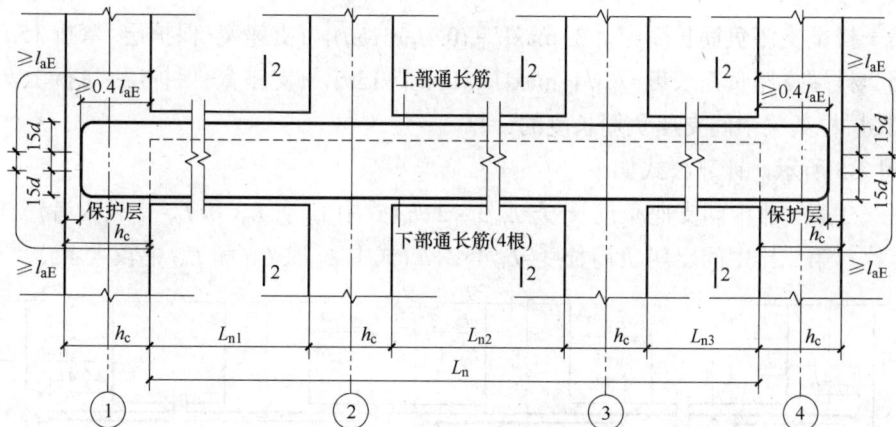

图 2-3　梁端支座弯锚示例图

2) 楼层框架梁下部非贯通筋长度的计算

楼层框架梁下部非贯通筋如图 2-4 所示。

(1) 当端支座足够宽时，端支座下部非贯通筋直锚在端支座里，下部非贯通筋长度按以下公式计算：

首尾跨下部非贯通筋长度=净跨 $L_{n1}(L_{n3})$

$$+左右锚入支座内长度 \max[l_{aE},(0.5h_c+5d)] \qquad (2\text{-}3)$$

中间跨下部非贯通筋长度=净跨 L_{n2}+左右锚入支座内长度 $\max[l_{aE},(0.5h_c+5d)]$ $\qquad (2\text{-}4)$

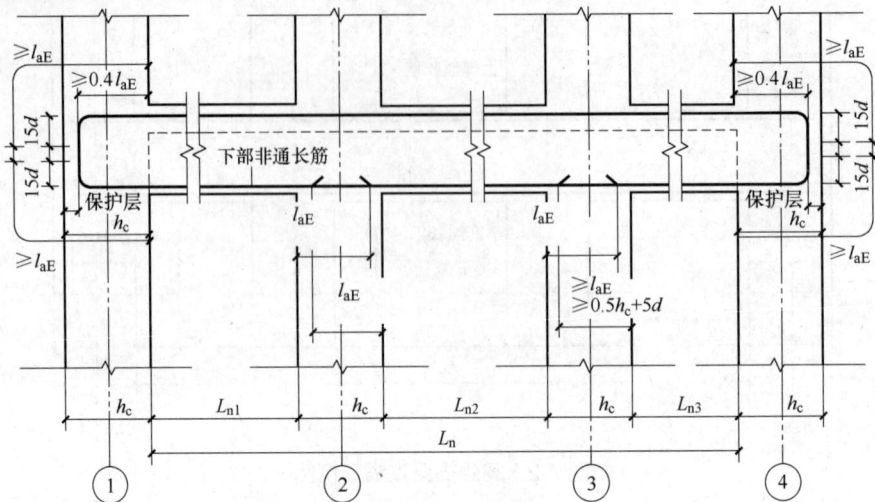

图 2-4　梁下部非贯通筋示例图

(2) 当端支座不能满足直锚长度时，必须弯锚，非贯通筋长度计算如下：

首尾跨下部非贯通筋长度=净跨 $L_{n1}(L_{n3})$+左右锚入支座内长度 $\max[l_{aE}, (0.4l_{aE}+15d),$

(支座宽-保护层+弯折 $15d$)]+中间支座 $\max[l_{aE}, (0.5h_c+5d)]$　　(2-5)

中间跨下部非贯通筋长度=净跨 L_{n2}+左右锚入支座内长度 $\max[l_{aE}, (0.5h_c+5d)]$　　(2-6)

3) 楼层框架梁端支座负筋长度的计算

如图 2-5 所示：

第一排端支座负筋长度=$L_{n1}/3$+$\max[l_{aE}, (0.4l_{aE}+15d),$ (支座宽-保护层+弯折 $15d$)]　(2-7)

第二排端支座负筋长度=$L_{n1}/4$+$\max[l_{aE}, (0.4l_{aE}+15d),$ (支座宽-保护层+弯折 $15d$)]　(2-8)

4) 楼层框架梁中间支座负筋长度的计算

如图 2-5 所示，计算公式如下：

第一排中间支座负筋长度=$L_n/3×2+h_c$(式中 L_n 取 L_{n1} 和 L_{n2} 中较大者)　　　(2-9)

第二排中间支座负筋长度=$L_n/4×2+h_c$(式中 L_n 取 L_{n1} 和 L_{n2} 中较大者)　　　(2-10)

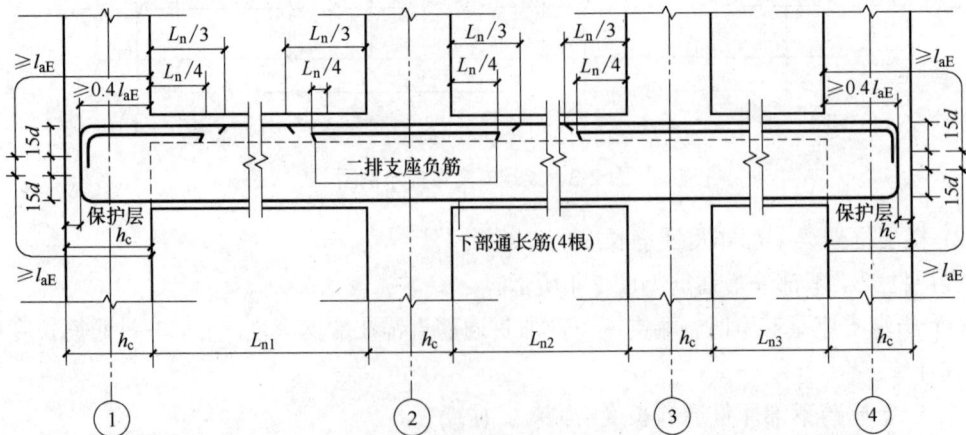

图 2-5　梁端支座负筋示例图

5) 楼层框架梁架立筋长度的计算

连接框架梁第一排支座负筋的钢筋叫架立筋，架立筋主要起固定梁中间箍筋的作用，如图 2-6 所示。

$$首尾跨架立筋长度 = L_{n1} - L_{n1}/3 - \max(L_{n1}, L_{n2})/3 + 150 \times 2 \quad (2\text{-}11)$$

$$中间跨架立筋长度 = L_{n2} - \max(L_{n1}, L_{n2})/3 - \max(L_{n2}, L_{n3})/3 + 150 \times 2 \quad (2\text{-}12)$$

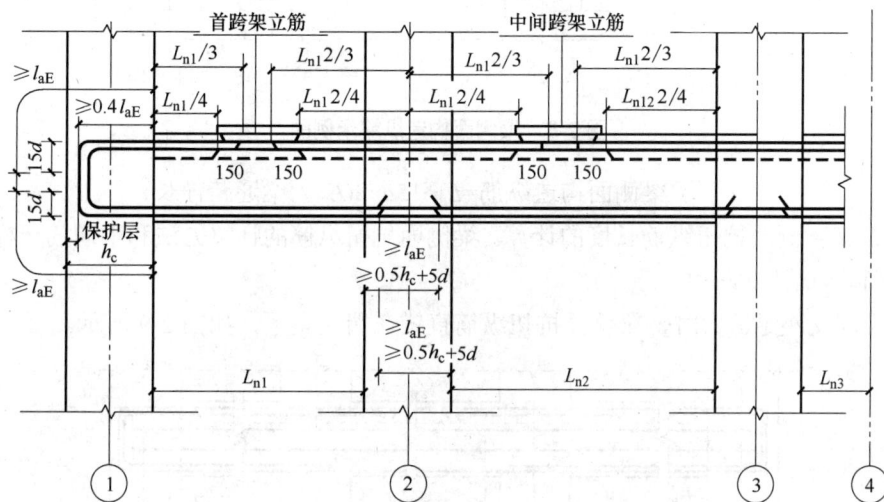

图 2-6 梁架立筋示例图

6) 框架梁侧面纵筋长度的计算

(1) 框架梁侧面构造纵筋长度的计算。梁侧面构造纵筋截面图，如图 2-7 所示。

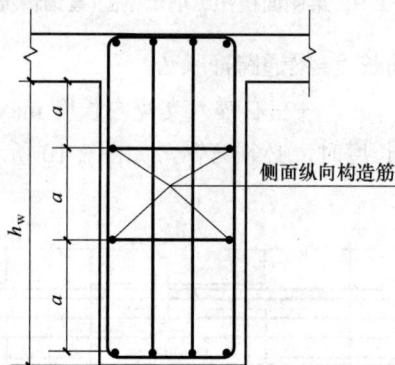

图 2-7 梁侧面构造纵筋截面图

① 当梁净高 $h_w \geqslant 450$ 时，在梁的两个侧面沿高度配置纵向构造钢筋，纵向构造钢筋间距 $a \leqslant 200$。

② 当梁宽 $\leqslant 350$ 时，拉筋直径为 6mm；当梁宽 > 350 时，拉筋直径为 8mm。拉筋间距为非加密区箍筋间距的两倍。当设有多排拉筋时，上下两排拉筋竖向错开设置。

梁侧面构造纵筋长度按图 2-8 进行计算。

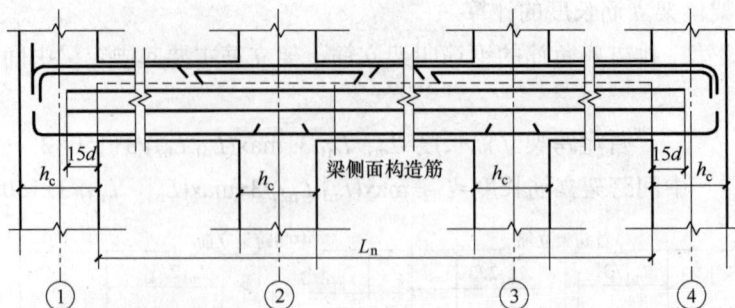

图 2-8　梁侧面构造纵筋示例图

$$梁侧面构造纵筋 = L_n + 15d \times 2 \quad (L_n \text{为梁通跨净长}) \tag{2-13}$$

(2) 框架梁侧面抗扭纵筋长度的计算。梁侧面抗扭纵筋的计算方法和下通筋一样，也分直锚情况和弯锚情况两种。

① 当端支座足够大时，梁侧面抗扭纵筋直锚在端支座里，如图 2-9 所示。

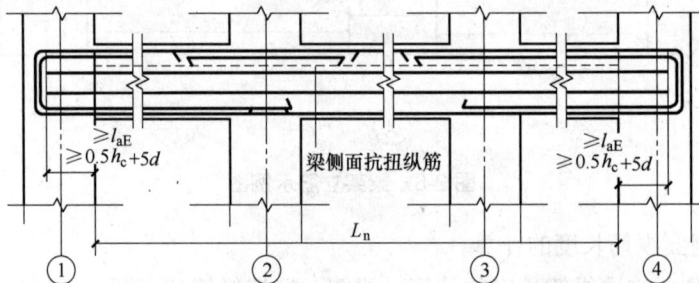

图 2-9　梁侧面抗扭纵筋示例图(直锚情况)

$$梁侧面抗扭纵筋长度 = 梁通跨净长 L_n$$
$$+ 左右锚入支座内长度 \max[l_{aE}, (0.5h_c + 5d)] \tag{2-14}$$

② 当支座不能满足直锚长度时，必须弯锚，如图 2-10 所示。

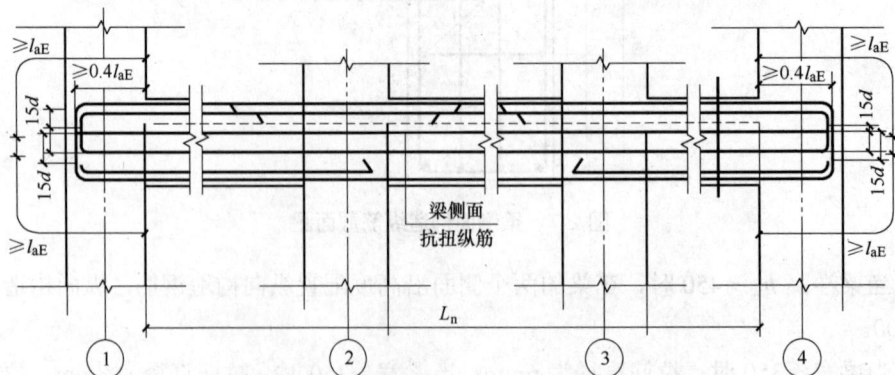

图 2-10　梁侧面抗扭纵筋示例图(弯锚情况)

$$梁侧面抗扭纵筋长度 = 梁通跨净长 L_n + 左右锚入支座内长度 \max[l_{aE}, (0.4l_{aE} + 15d),$$
$$(支座宽 - 保护层 + 弯折 15d)] \tag{2-15}$$

(3) 框架梁侧面纵筋的拉筋长度的计算。有侧面纵筋就一定有拉筋，拉筋配置如图 2-11 所示。

① 当拉筋同时勾住主筋和箍筋时：

$$拉筋长度=(梁宽\ b-保护层\times2)+4d+1.9d\times2+\max(10d,75\text{mm})\times2 \tag{2-16}$$

② 当拉筋只勾住主筋时：

$$拉筋长度=(梁宽\ b-保护层\times2)+2d+1.9d\times2+\max(10d,75\text{mm})\times2 \tag{2-17}$$

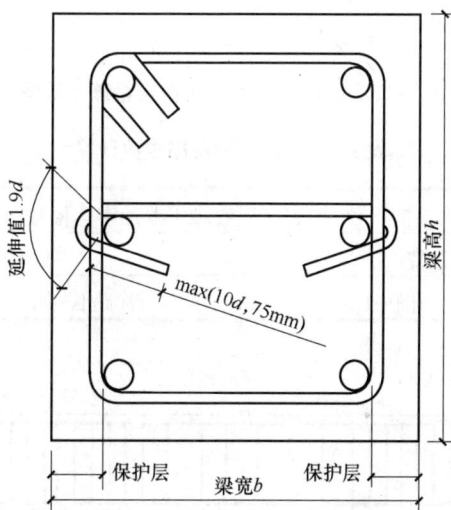

图 2-11　侧面纵筋的拉筋示例图

(4) 框架梁侧面纵筋的拉筋根数的计算。拉筋根数配置如图 2-12 所示。

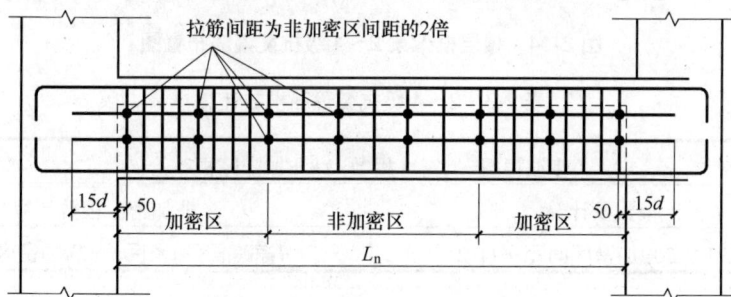

图 2-12　梁侧面纵筋的拉筋计算图

$$拉筋根数=(L_n-50)/非加密区间距的\ 2\ 倍+1 \tag{2-18}$$

2. 楼层框架梁箍筋的识读

1) 1 级抗震箍筋根数的计算

1 级抗震箍筋根数按图 2-13 计算。1 级抗震箍筋根数计算见表 2-2。

2) 2～4 级抗震箍筋根数的计算

2～4 级抗震箍筋根数按图 2-14 计算。2～4 级抗震箍筋根数计算见表 2-3。

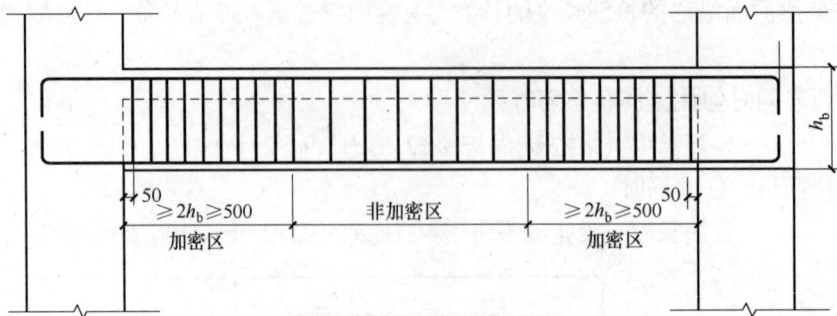

图 2-13　楼层框架梁 1 级抗震箍筋布置图

表 2-2　1 级抗震箍筋根数计算

箍筋根数=加密区根数×2＋非加密区根数	
加密区根数及计算	非加密区根数计算
[(梁高 h_b×2-50)/加密区间距+1]×2	(净跨长-加密区长×2)/加密区间距-1

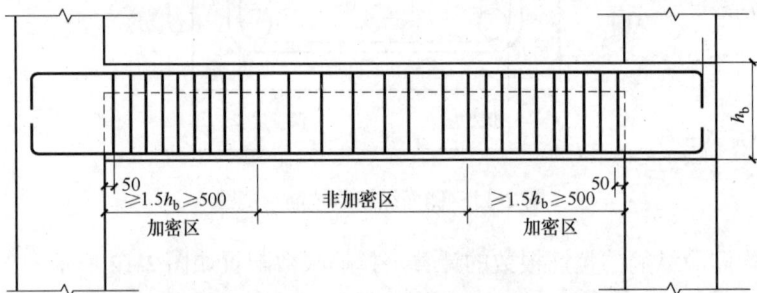

图 2-14　楼层框架梁 2~4 级抗震箍筋布置图

表 2-3　2~4 级抗震箍筋根数计算

箍筋根数=加密区根数×2+非加密区根数	
加密区根数及计算	非加密区根数计算
[(梁高 h_b×1.5-50)/加密区间距+1]×2	(净跨长-加密区长×2)/加密区间距-1

3. 吊筋的识读

当主梁为次梁的支座时，会出现吊筋，吊筋如图 2-15 所示。

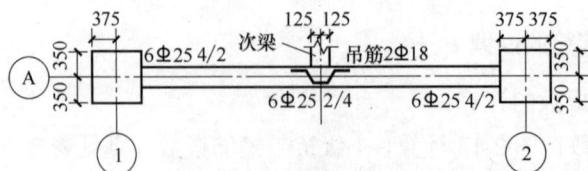

图 2-15　梁吊筋示例图

吊筋构造详图如图 2-16 所示。根据图 2-16 吊筋计算长度如下：

吊筋长度=次梁宽+2×50+2×(梁高−2×保护层)/cos45°（或 60°）+2×20d (2-19)

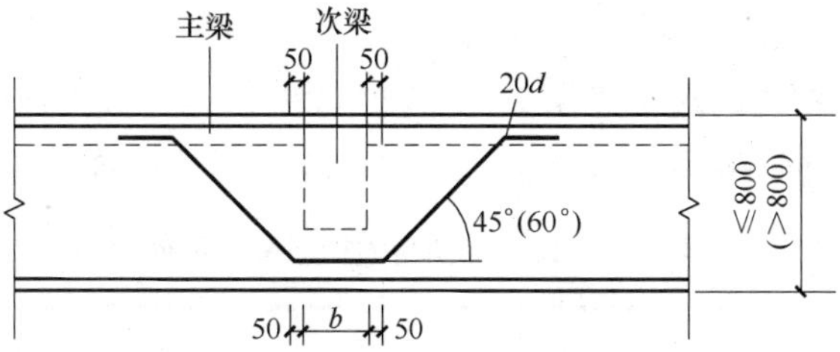

图 2-16 附加吊筋构造

4. 附加箍筋的识读

有时在次梁处配置附加箍筋，其间距为 8d 且≤100mm，附加根数按图纸标注计算。

2.2 梁的构造会审

2.2.1 钢筋混凝土梁的构造标准

1. 梁的截面高度

关于梁的截面高度，规定如下：

(1) 一般梁的截面高度 h≤800mm 时，取 50mm 的倍数；h>800mm 时，取 100mm 的倍数；

(2) 现浇结构中，一般主梁至少应比次梁高出 50mm，如主梁下部钢筋为双层配置，或附加横向钢筋采用吊筋时，应高出 100mm；

(3) 梁的跨高比 l_0/h 应满足相关规范要求；

(4) 框架梁的截面高度 h 可按(1/18～1/10)×10 确定，但 l_n/h 不宜小于 4(l_0 为框架梁的计算长度，l_n 为框架梁的净跨)；

(5) 框架梁的截面宽度 b 不宜小于 200mm，且 h/b 不宜大于 4；

(6) 框架梁受剪截面应符合相关规范要求。

梁截面图.docx

2. 梁的截面宽度

关于梁的截面宽度，规定如下：

(1) 现浇结构中，主梁的截面宽度不应小于 200mm；次梁的截面宽度不宜小于 150mm；在预制结构中，梁的宽度应满足搁置在梁上的板的支承长度的要求。

(2) 梁的截面宽度宜采用 150mm、180mm 或 200mm，如大于 200mm 时，一般应为 50mm 的倍数。圈梁的截面宽度按墙厚确定。

(3) 梁的截面高宽比 h/b 一般采用：矩形梁为 2.0～3.5，T 形梁为 2.5～4.0。

(4) 考虑薄腹梁的侧向稳定性，梁的侧向支撑间距离 l_c 应满足设计要求。

3. 纵向受力钢筋的直径和数量

关于纵向受力钢筋的直径和数量，规定如下：

(1) 梁的纵向受力钢筋的最小直径应符合表 2-4 的规定，最大直径一般不大于 28mm。梁内纵向受拉钢筋的配筋百分率(%)不应小于 20% 和 $45f_t/f_y$ 中的较大值。

表 2-4 梁的纵向受力钢筋最小直径

梁高/mm	<300	≥300	≥500
直径/mm	8	10	12

(2) 伸入梁支座范围内的受力钢筋数量：当梁宽 $b \geq 100$mm 时，不宜少于两根；当梁宽 $b < 100$mm 时，可为一根。

4. 纵向受力钢筋的排列

梁上部纵向钢筋水平方向的净间距 c(钢筋外边缘之间的最小距离)不应小于 30mm 和 $1.5d$(d 为钢筋的最大直径)，下部纵向钢筋水平方向的净间距 c 不应小于 25mm 和 d。梁的下部纵向钢筋配置多于两层时，两层以上钢筋水平方向的中距应比下面两层钢筋的中距增大一倍。各层钢筋之间的净间距 c 不应小于 25mm 和 d，如图 2-17 所示。

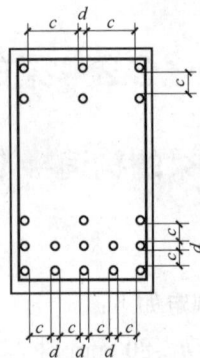

图 2-17 梁多层钢筋配置图　　梁中钢筋布置图.docx

根据梁宽和钢筋直径，单层钢筋的最多根数见表 2-5，表中分子为上部单层钢筋的最多根数，分母为下部单层钢筋的最多根数。钢筋净间距需考虑混凝土振捣施工条件合理配置。

表 2-5 梁内单层钢筋最多根数

梁宽 /mm	钢筋直径/mm								
	10	12	14	16	18	20	22	25	28
150	3	3	2/3	2/3	2	2	2	2	2
200	4/5	4	4	3/4	3/4	3	3	3	2/3
250	5/6	5/6	5	5	4/5	4	4	3/4	3
300	7	6/7	6/7	6	5/6	5/6	5	4/5	4
350	8/9	7/8	7/8	7	6/7	6/7	6	5/6	4/5
400	9/10	8/9	9/10	8/9	7/8	7/8	7	6/7	5/6

注：本表是按保护层厚度为 25mm 进行计算的，当保护层厚度>25mm 时，应调整梁内钢筋根数。

5. 纵向受力钢筋在支座锚固

关于纵向受力钢筋在支座锚固，应注意以下几点。

(1) 简支梁和连续梁简支端的下部纵向受力钢筋伸入支座范围内的锚固长度 l_{as}，应符合表 2-6 的规定。

表 2-6　受力钢筋伸入支座范围内的最小锚固长度 l_{as}

情　况	$V \leqslant 0.7f_tbh_0$	$V > 0.7f_tbh_0$	
		带肋钢筋	光面钢筋
l_{as}	$5d$	$12d$	$15d$

注：对混凝土强度等级为 C25 及以下的简支梁和连续梁的简支端，当距支座边 1.5h 范围内作用有集中荷载且 $V > 0.7f_tbh_0$ 时，带肋钢筋宜采用附加锚固措施，或取锚固长度 $l_{as} \geqslant 15d$。

支承在砌体结构上的钢筋混凝土独立梁，在纵向受力钢筋的锚固长度 l_{as} 范围内应配置不少于两个箍筋，其直径不宜小于纵向受力钢筋最大直径的 0.25 倍，间距不宜大于纵向受力钢筋最小直径的 10 倍。

(2) 简支梁下部纵向受力钢筋伸入支座范围内的锚固长度不符合上述规定时，应采取锚固措施，锚固措施按设计要求实施。

(3) 支承在砖墙或砖柱上的简支梁，支座处的弯起钢筋及构造负弯矩钢筋的锚固应满足图 2-18 的要求。

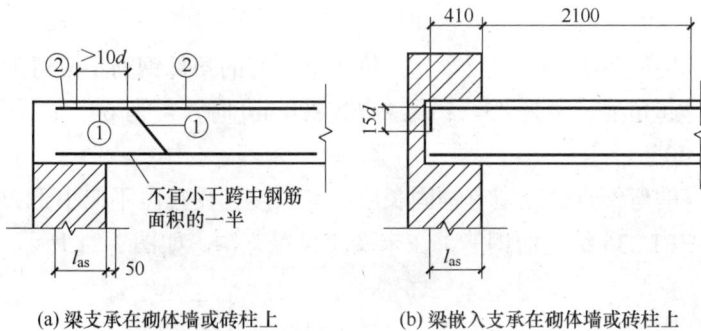

(a) 梁支承在砌体墙或砖柱上　　　　　(b) 梁嵌入支承在砌体墙或砖柱上

图 2-18　砌体墙或砖柱上梁的受力钢筋的锚固

(4) 梁与梁或梁与柱的整体连接，在计算中端支座按简支考虑时，支座处的弯起钢筋及构造负弯矩钢筋的锚固应满足图 2-19 的要求。

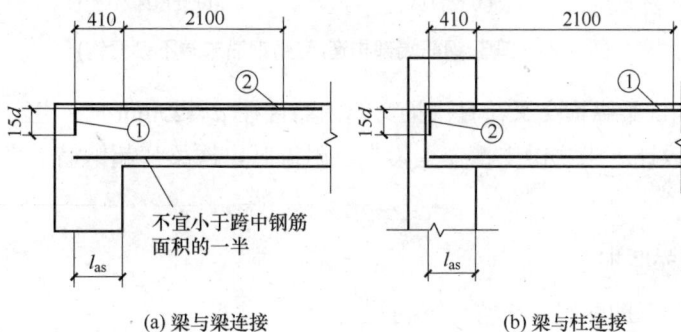

(a) 梁与梁连接　　　　　　　　(b) 梁与柱连接

图 2-19　梁柱连接的受力筋的锚固

(5) 图 2-18(b) 和图 2-19 中的①号构造负弯矩钢筋，如利用架立钢筋或另设钢筋时，其截面面积不应小于梁跨中下部纵向受力钢筋计算所需截面面积的 1/4，且不应少于两根。该附加纵向钢筋自支座边缘向跨内的伸出长度不应小于 $0.2 \times l_0$(l_0 为该跨的计算跨度)。

(6) 当梁的中间支座负弯矩承载力计算不需要设置受压钢筋，且不会出现正弯矩时，一般将下部纵向受力钢筋伸至支座中心线，且不小于表 2-6 规定的锚固长度 l_{as}，如图 2-20 所示。

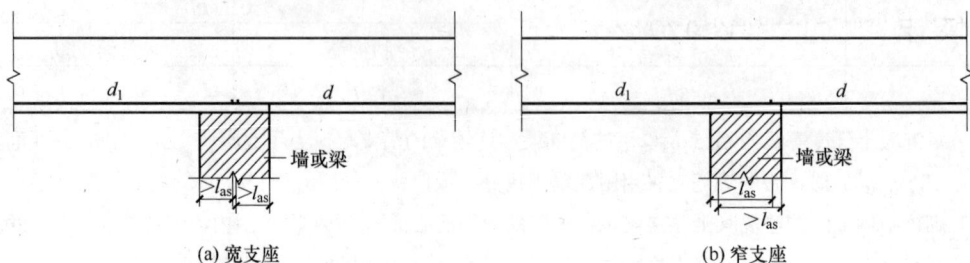

(a) 宽支座　　　　　　　　　(b) 窄支座

图 2-20　中间支座下部受力钢筋的锚固

6. 弯起钢筋的设置

关于弯起钢筋的设置，规定如下：

(1) 在绑扎骨架的钢筋混凝土梁中，承受剪力的钢筋宜采用箍筋，弯起钢筋应根据计算需要配置。

(2) 位于梁底层的角部钢筋不应弯起，位于梁顶部的角部钢筋不应弯下。

(3) 钢筋的弯起角度一般为 45°；梁高 $h>800$mm 时，可为 60°；当梁高较小且有集中荷载时，可为 30°。

(4) 弯起钢筋的弯终点处应留有锚固长度，其长度在受拉区不应小于 $20d$，在受压区不应小于 $10d$；对 HRB235 级光面钢筋，在末端应设置弯钩，如图 2-21 所示。

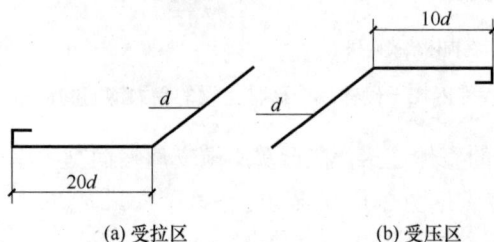

(a) 受拉区　　　　　　　　　(b) 受压区

图 2-21　弯起钢筋端部构造(带肋钢筋末端不设弯钩)

(5) 当主梁和次梁纵横交叉，且次梁弯起钢筋直径 $d \leqslant 25$mm 时，主、次梁的弯起钢筋构造按设计要求设计。当次梁支撑在主梁支座附近时，次梁弯起钢筋上表面宜布置在主梁弯起钢筋的下面。

7. 框架梁的纵向钢筋

框架梁纵向钢筋的配置，应符合下列规定：

(1) 纵向受拉钢筋的配筋率应满足设计要求。

(2) 一、二级抗震等级时贯通梁全长的上、下部纵向钢筋不应小于 2φ14；三、四级抗震等级和非抗震设计时贯通梁全长的上、下部纵向钢筋不应小于 2φ12；贯通梁全长的上部纵向钢筋不应小于梁上部纵向钢筋中较大截面面积的 1/4；贯通梁全长的下部纵向钢筋不应小于梁下部纵向钢筋中较大截面面积的 1/4。

(3) 当混凝土强度等级大于 C60 时，采用 HRB335 级钢筋的配筋率不宜大于 3%，采用 HRB400 级钢筋的配筋率不宜大于 2.6%。

(4) 有抗震要求的框架梁，纵向钢筋宜采用直钢筋，不宜采用弯起钢筋。当框架梁承受较大竖向荷载且跨中钢筋较多时，可采用弯起钢筋。锚入柱内的弯起钢筋，当能有效地承受负弯矩时，应计入受拉钢筋截面面积之内。

8. 箍筋的设置

关于箍筋的设置，规定如下：

(1) 当按计算结果不需要设置箍筋时，梁高大于 300mm，仍应按构造要求沿梁的全长设置箍筋；梁高为 150～300mm，可仅在梁的端部各 1/4 跨度范围内设置箍筋，但当梁的中部 1/2 跨度范围内有集中荷载作用时，则应沿梁的全长设置箍筋；梁高小于 150mm，可不设置箍筋。

(2) 梁支座处的箍筋从梁边(或墙、柱边)50mm 开始设置，如图 2-22 所示。

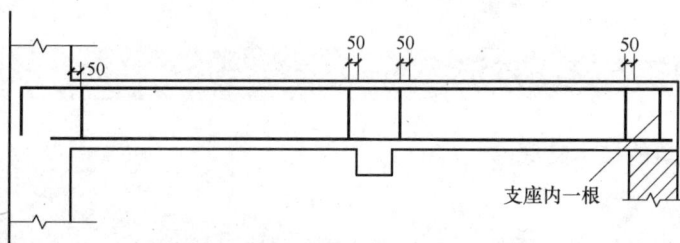

图 2-22　箍筋的设置

(3) 梁中箍筋的最大间距宜符合表 2-7 的规定。

表 2-7　梁中箍筋的最大间距

项　次	梁高 h	$V > 0.7 f_t b h_0 + 0.05 N_{p0}$ /mm	$V \leqslant 0.7 f_t b h_0 + 0.05 N_{p0}$ /mm
1	$150 < h \leqslant 300$	150	200
2	$300 < h \leqslant 500$	200	300
3	$500 < h \leqslant 800$	250	350
4	$h > 800$	300	400

(4) 梁中配有按计算需要的纵向受压钢筋时，箍筋应做成封闭式，箍筋的间距不宜大于 15d(d 为纵向受压钢筋中的最小直径)，同时不应大于 400mm，当一层内的纵向受压钢筋多于 5 根且直径大于 18mm 时，箍筋间距不应大于 10d。

(5) 在纵向受力钢筋搭接长度范围内，当搭接钢筋为受拉时，其箍筋的间距不应大于 5d(d 为搭接钢筋中的较小直径)，且不应大于 100mm；当搭接钢筋为受压时，其箍筋的间距不应大于 10d，且不应大于 200mm。当受压钢筋大于 25mm 时，应在搭接接头两个端面外 100mm 范围内各设置 2 个箍筋。

(6) 有抗震要求时，非加密区的箍筋间距不宜大于加密区箍筋间距的 2 倍。施工时，梁端箍筋的加密区长度、箍筋最大间距和箍筋最小直径，应按相关规定采用。对抗震等级为特一级的高层建筑结构，梁端加密区箍筋最小配筋率应满足设计要求。

(7) 在箍筋加密区长度内的箍筋肢距：一级抗震等级不宜大于 200mm 和 20 倍箍筋直径的较大值；二、三级抗震等级不宜大于 250mm 和 20 倍箍筋直径的较大值；四级抗震等级不宜大于 300mm。

(8) 纵向钢筋不宜与箍筋、拉筋及预埋件等焊接。

(9) 梁中箍筋的最小直径的规定见表 2-8。

表 2-8　梁中箍筋最小直径

项　次	梁高 h	最小直径/mm	一般采用直径/mm
1	h≤800	6	6～10
2	h>800	8	8～12

(10) 开口式箍筋只能用于无振动荷载且计算不需要配置纵向受压钢筋的现浇梯形梁的跨中部分。

2.2.2　梁的技术交底方法

1. 混凝土浇筑的技术交底

1) 材料要求

(1) 水泥：32.5 级以上矿渣硅酸盐水泥或普通硅酸盐水泥。进场时必须有质量证明书及复试试验报告。

(2) 砂：宜用粗砂或中砂。混凝土低于 C30 时含泥量不大于 5%，高于 C30 时不大于 3%。

(3) 石子：粒径 5～32mm，混凝土低于 C30 时含泥量不大于 2%，高于 C30 时不大于 1%。

(4) 掺合料：粉煤灰，其掺量应通过试验确定，并应符合有关标准。

(5) 混凝土外加剂：减水剂、早强剂等应符合有关标准的规定，其掺量经试验符合要求后，方可使用。

2) 主要机具

主要机具有混凝土搅拌机、磅秤(或自动计量设备)、双轮手推车、小翻斗车、尖锹、平锹、混凝土吊斗、插入式振捣器、木抹子、长抹子、铁插尺、胶皮水管、铁板、串桶和塔式起重机等。

3) 作业条件

(1) 浇筑混凝土层段的模板、钢筋、预埋铁件及管线等全部安装完毕，经检查符合设计要求，并办完隐蔽验收、预检查手续。

(2) 浇筑混凝土用的架子及马道已支搭完毕并经检查合格。

(3) 水泥、砂、石及外加剂等经检查符合有关标准要求，试验室已下达混凝土配合比通知单。

(4) 磅秤(或自动上料系统)经检查核定计量准确，振捣器(棒)经检验试运转合格。

(5) 工长根据施工方案对操作班组已进行全面施工技术交底，混凝土浇灌申请书已被批准。

4) 操作工艺

操作工艺流程如下：作业准备→混凝土搅拌→混凝土运输→梁混凝土浇筑与振捣→养护。

(1) 作业准备：浇筑前应将模板内的垃圾、泥土等杂物及钢筋上的油污清除干净，并检查钢筋的水泥砂浆垫块是否垫好。如使用木模板时应浇水使模板湿润。柱子模板的扫除口应在清除杂物及积水后再封闭。剪力墙根部松散混凝土已剔掉清除。

(2) 混凝土运输：混凝土自搅拌机中卸出后，应及时送到浇筑地点。如混凝土运到浇筑地点有离析现象时，必须在浇筑前进行二次拌和。混凝土从搅拌机中卸出后到浇筑完毕的延续时间，不宜超过规范的相关规定。泵送混凝土时必须保证混凝土泵连续工作，如果发生故障，停歇时间超过 45min 或混凝土出现离析现象，应立即用压力水或其他方法冲洗管内残留的混凝土。

(3) 混凝土自吊斗下落的自由倾落高度不得超过 2m，浇筑高度如超过 3m 时必须采取措施，或使用串桶或溜管等。

(4) 浇筑混凝土时应分段分层连续进行，浇筑高度应根据结构特点、钢筋疏密决定，一般为振捣器作用部分长度的 1.25 倍，最大不超过 500mm。

(5) 使用插入式振捣器应快插慢拔，插点要均匀排列，逐点移动，顺序进行，不得遗漏，做到均匀振实。移动间距不大于振捣作用半径的 1.5 倍(一般为 300～400mm)。振捣上一层时应插入下层 5cm，以清除两层间的接缝。表面振捣器(或称平板振捣器)的移动间距，应保证振捣器的平板覆盖已振捣部分边缘。

(6) 浇筑混凝土应连续进行。如必须间歇，其间歇时间应尽量缩短，并应在前层混凝土凝结之前，将次层混凝土浇筑完毕。间歇的最长时间应按所用水泥品种及混凝土凝结条件确定。当间歇时间超过 2h，应按施工缝处理。

(7) 浇筑混凝土时应经常观察模板、钢筋、预埋孔洞、预埋件和插筋等有无移动、变形或堵塞情况，发现问题应立即停止浇筑，并应在已浇筑的混凝土凝结前修整完好。

(8) 梁、板应同时浇筑。浇筑方法应由一端开始用"赶浆法"，即先浇筑梁，根据梁高分层浇筑成阶梯形，当达到板底位置时再与板的混凝土一起浇筑，随着阶梯形不断延伸，梁板混凝土浇筑连续向前进行。

(9) 和板连成整体高度大于 1m 的梁，允许单独浇筑，其施工缝应留在板底以下 20～30mm 处。浇捣时，浇筑与振捣必须紧密配合，第一层下料慢些，梁底充分振实后再下第二层料，用"赶浆法"保持水泥浆沿梁底包裹石子向前推进，每层均应振实后再下料，梁底及梁帮部位要注意振实。振捣时不得触动钢筋及预埋件。

(10) 梁柱节点钢筋较密时，浇筑此处混凝土宜用小粒径石子、同强度等级的混凝土浇筑，并用小直径振捣棒振捣。

(11) 施工缝位置：宜沿次梁方向浇筑楼板，施工缝应留置在次梁跨度中间 1/3 范围内，

施工缝的表面应与梁轴线或板面垂直，不得留斜茬。施工缝宜用木板或钢丝网挡牢。

(12) 施工缝处须待已浇筑混凝土的抗压强度不小于 1.2MPa 时，才允许继续浇筑。在继续浇筑混凝土前，施工缝混凝土表面应凿毛，剔除浮动石子，并用水冲洗干净后，先浇一层水泥浆，然后继续浇筑混凝土，应细致操作振实，使新旧混凝土紧密结合。

(13) 混凝土浇筑完毕后，应在 12h 以内加以覆盖和浇水，浇水次数应能保持混凝土有足够的润湿状态，养护期一般不少于 7 昼夜。

5) 质量标准

质量标准按建筑工程质量验收统一标准和相关专业验收标准实施。

6) 成品保护

混凝土浇筑完毕后，应按相关规范要求并采取适当措施做好成品的保护工作。

7) 应注意的质量问题

在施工过程中要做好混凝土质量的保证和控制工作。

2. 梁钢筋工程的交底

1) 原材料进场及堆放

进场的钢筋原材料，必须出具出厂合格证。收料人认真检查产地、批号、规格是否与合格证相符，经确认无误，方可收货。钢筋应按批检查验收，每批验收由同一炉号、同一加工方法、同一尺寸、同一交货状态的钢筋组成。每批钢筋取两根，应在外观及尺寸合格的钢筋上切取，并将试样送试验部门复检。

2) 钢筋加工

(1) 钢筋加工的形状、尺寸必须符合设计要求，钢筋端部采用砂轮机切割，保证端部平整；钢筋表面应洁净、无损伤，油渍、漆污和铁锈应在使用前清除干净，带有粒状和浮锈的钢筋不得使用；钢筋加工成半成品后，要按类别、直径、使用部位挂牌，并分类堆放整齐。

(2) 在施工过程中出现钢筋代换时，必须经设计部门认可后，由项目监理工程师签发核定单，方能代换。

3) 钢筋绑扎

(1) 准备工作：核对半成品钢筋的规格、尺寸和数量等是否与料单相符，准备好绑扎的铁丝、工具、保护层垫块或塑料卡子等。

(2) 梁钢筋：框架梁钢筋绑扎时，其主筋应放在柱立筋内侧；主梁与次梁高度相等时，次梁的下筋立于主梁的下筋之上；遇有多排钢筋交叉时，主次梁的钢筋应隔排重叠。

钢筋绑扎.mp4

为保证钢筋的位置正确，保护层垫块在绑扎钢筋前放于梁底模内，板底筋保护层用垫块垫，上筋和负弯矩筋用 ϕ 20mm 钢筋马凳支撑，以保证钢筋不移位。

4) 钢筋连接

按设计及抗震规范要求，当钢筋直径小于 18mm 时采用搭接或焊接接头；当钢筋直径大于等于 20mm 以上时，钢筋接头必须采用剥肋直螺纹连接接头；施工操作人员必须培训合格后持证上岗。

5) 质量标准

质量标准按建筑工程质量验收统一标准和相关专业验收标准实施。

6) 成品保护

钢筋扎好后，应按相关规范要求并采取适当措施做好成品的保护工作。

2.3　梁的人机料计划编制

梁的人机料计划编制方法及步骤均与柱的人机料计划编制相同，也是先计算出梁的工程量，再查取相应的定额，利用定额算出相应的人机料用量。

2.4　梁的测量施工

梁的测量施工工艺流程如下：放梁中线→弹线→梁边线→弹线→复核。

梁底标高控制：用梁底标高减去底面楼板标高及模板与道木高度所得值，用仪器放到内脚手架上，依此控制梁底标高，梁顶标高随楼板定。

2.5　梁的脚手架搭设

梁的脚手架搭设与扣件式钢管脚手架和里脚手架搭设相同。具体可参考 1.5.2 节及 1.5.4 节内容，这里不再一一赘述。

搭设脚手架的地基须平整坚实，并有可靠的排水措施，防止积水浸泡地基引起不均匀沉陷，对高层建筑应进行基础强度验算；脚手架应按其施工组织设计进行搭设，并注意搭设顺序；脚手架立杆下端应设底座或垫板(垫木)，并应准确地放在定位线上；在搭设第一节立杆时，为保持其稳定性，应每 6 跨设一根抛撑；脚手架搭设至连墙件构造层时，应马上装设连墙件，以保证所搭脚手架的安全；双排脚手架的横向水平杆内侧一端，应离开砌体至少 100mm，作为砌体装饰抹灰的操作空间；脚手架杆件相交时，外伸的长度不得小于 100mm，以防杆件变形造成的滑脱；搭设脚手架所用的各种扣件必须扣牢拧紧，不得有松动现象发生，一般扭矩为 40～60N·m；从顶层作业层的脚手板往下计，宜每隔 12m 满铺一层脚手板，以增大其整体稳定性。

梁的脚手架.docx

2.6　梁的钢筋施工

2.6.1　钢筋的配料

钢筋配料是根据构件配筋图，先绘出各种形状和规格的单根钢筋简图，并加以编号，再计算构件各规格钢筋的直线长度(下料长度)、总根数和钢筋的总质量，然后编制料表，作为备料加工的依据。

1. 钢筋下料长度的计算及规定

1) 钢筋下料长度和混凝土保护层厚度

钢筋下料长度计算是配料计算中的关键，它是指钢筋在直线状态下截断的长度。但由于结构受力的要求，大多数钢筋需在中间弯曲和两端弯成弯钩。钢筋弯曲时，其外壁伸长，内壁缩短，只有中心线长度保持不变。而设计图中注明的钢筋长度是钢筋的外轮廓尺寸(从钢筋外皮到钢筋外皮量得的尺寸且不包括端头弯钩长度，称为外包尺寸)，在钢筋验收时，也按外包尺寸验收。如果下料长度按外包尺寸的总和计算，则加工后钢筋尺寸会大于设计要求的外包尺寸，造成材料浪费，或钢筋的保护层厚度不够，甚至大于模板尺寸。

钢筋的混凝土保护层厚度是指受力钢筋外皮至构件表面的距离，其作用是保护钢筋在混凝土结构中不发生锈蚀。如设计无规定时应满足表 2-9 的要求。

表 2-9　钢筋的混凝土保护层厚度

mm

环境与条件	构件名称	混凝土强度等级		
		≤C25	C25~C30	≥C30
室内正常环境	板、墙、壳	15		
	梁和柱	25 或 30		
露天或室内高湿度环境	板、墙、壳	35	25	15
	梁和柱	45	35	25 或 30
有垫层	基础	35		
无垫层		70		

2) 钢筋弯曲直径

Ⅰ级钢筋为光圆钢筋，为了增加其与混凝土锚固的能力，一般在其两端做成 180° 弯钩。因其韧性较好，圆弧弯曲直径是钢筋直径的 2.5 倍，平直部分长度不小于钢筋直径的 3 倍；用于轻骨料混凝土结构时，其弯曲直径不应小于钢筋直径的 3.5 倍。Ⅱ、Ⅲ级钢筋因是变形钢筋，其与混凝土黏结性能较好，一般在两端不设 180° 弯钩。但由于锚固长度原因钢筋末端有时需做 90° 或 135° 弯折，此时Ⅱ级钢筋的弯曲直径不宜小于钢筋直径的 4 倍；Ⅲ级钢筋不宜小于钢筋直径的 5 倍；平直部分长度按设计要求确定。弯起钢筋中间部位弯折处的弯曲直径不宜小于钢筋直径的 5 倍。用Ⅰ级钢筋或冷拔低碳钢丝制作箍筋时，其末端也应做弯钩，其弯曲直径不小于箍筋直径的 2.5 倍，弯钩的平直部分，一般结构不小于箍筋直径的 5 倍，有抗震要求的结构不应小于箍筋直径的 10 倍。箍筋弯钩的形式，如设计无要求时，可按图 2-23(a)、(c)加工，有抗震要求的结构，应按图 2-23(c)加工。

(a) 90°/180°弯钩　　(b) 90°/90°弯钩　　(c) 135°/135°弯钩

图 2-23　箍筋示意图

3) 量度差值

钢筋的外包尺寸与钢筋的中心线长度之间的差值，称为量度差值。其大小与钢筋和弯心的直径以及弯曲的角度等因素有关。

4) 弯起钢筋的斜长

在钢筋混凝土梁、板中，因受力需要，经常采用弯起钢筋。其弯起形式有 30°、45°、60° 等三种，如图 2-24 所示。

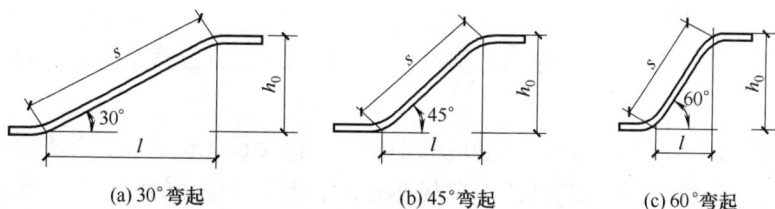

(a) 30°弯起　　　　　(b) 45°弯起　　　　　(c) 60°弯起

图 2-24　弯起钢筋斜长计算示意图

5) 梁钢筋锚固长度

梁纵向受力钢筋应伸入支座进行锚固，锚固长度与混凝土等级、钢筋种类及抗震等级有关。锚固长度在结构施工图、平法图集、结构设计规范中有相关规定。

6) 梁箍筋加密区的规定

关于梁箍筋加密区的规定如下：

(1) 一级抗震等级框架梁、屋面框架梁箍筋加密区为：从支座侧边至 $2h_b$(h_b 为梁截面高度)且≥500mm 范围。

二至四级抗震等级框架梁、屋面框架梁箍筋加密区为：从支座侧边至 $1.5h_b$ 且≥500mm 范围。加密区第一个箍筋离支座侧边间距为 50mm。

(2) 主次梁相交处，应在主梁上附加 3 个箍筋，间距为 8d 且≤正常箍筋间距，第一个箍筋离支座侧边间距为 50mm。

(3) 梁纵筋采用绑扎搭接接长时，搭接长度部分箍筋应加密。

音频　梁箍筋加密区
的规定.mp3

2. 钢筋的代换

在施工中如果遇到钢筋品种或规格与设计要求不符时，征得设计单位同意后，可按下列方法进行代换。

1) 等强度代换

构件配筋受强度控制时，按代换前后强度相等的原则进行代换，称等强度代换。代换时应满足式(2-20)的要求：

$$A_2 f_{y2} \geq A_1 f_{y1} \tag{2-20}$$

即

$$n_2 d_2^2 f_{y2} \geq n_1 d_1^2 f_{y1} \tag{2-21}$$

A_1、d_1、n_1、f_{y1} 分别为原设计钢筋的截面面积、直径、根数和设计强度；A_2、d_2、n_2、f_{y2} 分别为拟代换钢筋的截面面积、直径、根数和设计强度。

2) 等面积代换

构件按最小配筋率配筋时，按代换前后面积相等的原则进行代换，称等面积代换。代

换时应满足式(2-22)的要求：

$$A_2 \geqslant A_1 \tag{2-22}$$

即

$$n_2 d_2^2 \geqslant n_1 d_1^2 \tag{2-23}$$

3) 钢筋代换的技术要求

钢筋代换的技术要求如下：

(1) 对某些重要构件，如吊车梁、薄腹梁、桁架下弦等，不宜用Ⅰ级光面钢筋代换变形钢筋，以免裂缝开展过大。

(2) 钢筋代换后，应满足混凝土结构设计规范所规定的钢筋最小直径、间距、根数、锚固长度等要求。

(3) 梁的纵向受力钢筋与弯起钢筋应分别代换，以保证正截面与斜截面强度。

(4) 偏心受压或偏心受拉构件的钢筋代换时，不取整个截面的配筋量计算，应按受压或受拉钢筋分别代换。

(5) 当构件受裂缝宽度或挠度控制时，钢筋代换后应进行裂缝宽度或挠度验算。

(6) 对有抗震要求的框架，不宜用强度等级较高的钢筋代换原设计中的钢筋。当必须代换时，其代换钢筋所得的实际抗拉强度与实际屈服强度的比值不应小于 1.25；实际屈服强度与钢筋标准强度的比值，当按 1 级抗震设计时，不应大于 1.25；当按 2 级抗震设计时，不应大于 1.4。

(7) 预制构件的吊环，必须采用未经冷拉的Ⅰ级热轧钢筋制作，严禁用其他钢筋代换。

(8) 代换后的钢筋用量，不宜大于原设计用量的 5%，不低于 2%，同一截面钢筋直径相差不大于 5mm，以防构件受力不匀而造成的破坏。

2.6.2 梁钢筋的施工

1. 梁钢筋施工工艺流程

梁钢筋施工工艺流程如下：梁筋布料、画线→扎主梁→扎次梁→焊接→梁垫块→梁筋自检→验收。

2. 梁钢筋的连接

梁钢筋的连接方式有绑扎连接、电弧焊接和机械连接三种。绑扎连接和机械连接参见柱钢筋的施工。

钢筋的连接方式.docx

电弧焊是利用弧焊机使焊条和焊件之间产生高温电弧，使焊条和高温电弧范围内的焊件金属熔化，熔化的金属凝固后形成焊缝或焊接接头。电弧焊广泛应用于钢筋的搭接接长、钢筋骨架的焊接、钢筋与钢板的焊接、装配式结构接头的焊接及各种钢结构的焊接。

钢筋电弧焊的接头形式有搭接接头、帮条接头、坡口接头、熔槽帮条接头、钢筋与预埋铁件接头。

电弧焊.mp4

1) 搭接接头

搭接接头适用于直径 10～40mm 的Ⅰ～Ⅲ级钢筋。焊接前，先将钢筋的端部按搭接长度预弯，以保证两钢筋的轴线在一条直线上。然后两端点焊定位，焊缝宜采用双面焊，当双面施焊有困难时，也可采用单面焊。

2) 帮条接头

帮条接头适用范围同搭接接头。帮条宜采用与主筋同级别、同直径的钢筋制作。所采用帮条的总截面面积应满足：当被焊接钢筋为Ⅰ级钢筋时，应不小于被焊接钢筋截面的 1.2 倍；被焊接钢筋为Ⅱ级、Ⅲ级钢筋时，应不小于被焊接钢筋截面面积的 1.5 倍。主筋端面间的间隙应为 2～5mm，帮条和主筋间用 4 点对称定位焊加以固定。

3) 坡口接头

坡口接头多用于装配式结构现浇接头中直径 16～40mm 的Ⅰ～Ⅲ级钢筋的焊接。这种接头比上两种接头节约钢材。按焊接位置不同，坡口焊可分为平焊和横焊两种。焊接前，应先将钢筋端部切出剖口。

4) 熔槽帮条接头

熔槽帮条接头适用于钢筋直径大于 25mm 的现场安装焊接。焊接时，应加角钢作垫模，角钢同时也起帮条作用。角钢的边宽为 40～60mm，长度为 80～100mm。

5) 钢筋与预埋铁件接头

钢筋与预埋铁件接头可分为对接接头和搭接接头两种，对接接头又可分为贴角焊和穿孔塞焊。当锚固钢筋直径在 18mm 以下时，可采用贴角焊；当锚固钢筋直径为 18～22mm 时，宜采用穿孔塞焊。角焊缝焊脚对于Ⅰ级和Ⅱ级钢筋应分别不小于钢筋直径的 0.5 倍和 0.6 倍。Ⅰ级钢筋的搭接长度不小于 $4d$，Ⅱ级钢筋的搭接长度不小于 $5d$，焊缝宽度不小于 $0.5d$，焊缝厚度不小于 $0.35d$。

【案例 2-1】某煅工车间跨度 10m，屋盖梁采用双坡 T 形截面薄腹梁，共 4 榀，梁内无弯起钢筋，混凝土设计强度 C18，实际试块强度为 12～15N·m²，在检查时发现梁支座附近有斜裂缝出现，并不断增加和扩大。

原设计无弯起钢筋，箍筋断面及数量能否达到要求？如不能，试找出解决方法。

2.7 梁的模板施工

2.7.1 梁模板的类型及特点

模板按其材料不同可分为木模板、钢模板和胶合板等；按其形式不同可分为定型式模板、工具式模板、整体式模板和滑升式模板等。目前在施工现场浇筑混凝土框架梁多采用竹胶合板。

其中木模板和钢模板目前较少使用，本书不作介绍。由于梁具有跨度大、宽度小的特点，而且混凝土对梁模板既有水平侧压力，又有垂直压力，因此在搭设梁模板时，就要求梁模板及其支架能承受这些荷载而

梁模板类型.docx

不致发生超过规范允许的过大变形。

2.7.2 梁胶合板模板的配板过程

根据梁的截面尺寸，用竹或木胶合板加工定型成梁底模和梁侧模，如图 2-25 所示，阳角处粘一条自黏性泡沫密封条，以防止阳角跑浆。底模和侧模采用 $\phi48$ 钢管和管件进行加固支撑。在施工现场进行模板加工时，模板应满足表 2-10 的要求。

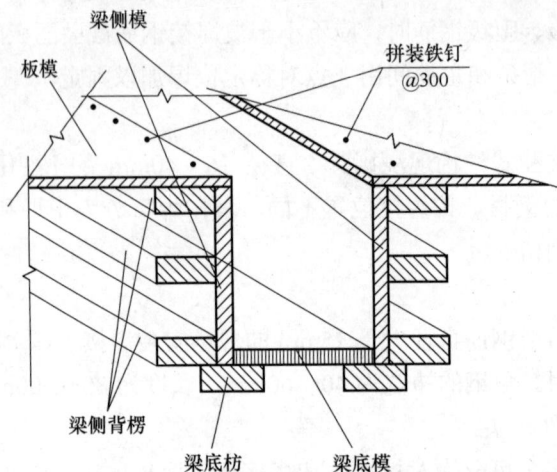

图 2-25 梁底模与侧模的配板

表 2-10 模板加工技术要求

检查项目	允许偏差/mm	检查方法	检查项目	允许偏差/mm	检查方法
板面平整	1	2m 靠尺塞尺检查	模板边平直	3	拉线用直尺检查
模板高度	+3，−5	用钢尺检查	模板翘曲	L/1000	放在平台上，对角拉线用直尺检查
模板宽度	+0，−1	用钢尺检查	孔眼位置	±2	用钢尺检查
对角线长	±5	对角拉线直尺检查			

2.7.3 梁模板的施工方法与规范要求

1. 梁模板施工工艺流程

梁模板施工工艺流程如下：弹线→支立柱→调整标高→安装梁底模→绑梁钢筋→安装侧模→办预检。

2. 框架梁模板的安装步骤

框架梁模板的安装步骤具体如下：

(1) 柱子拆模后在混凝土上弹出轴线和水平线。

(2) 安装梁的钢支柱之前(如为土地面必须夯实),支柱下垫通长脚手板。一般梁支柱采用单排,当梁截面较大时可采用双排或多排,支柱的间距应由模板设计规定,一般情况下,间距以 600～1000mm 为宜。支柱上面垫 100mm×100mm 方木,支柱加剪刀撑和水平拉杆,离地 500mm 设一道,以上每隔 2m 设一道。

(3) 按设计标高调整支柱的标高,然后安装梁底模板,并拉线找直。梁底模板应起拱,当梁跨度≥4m 时,梁底模板按设计要求起拱。如设计无要求时,起拱高度宜为梁跨度的 1/1000～3/1000。

(4) 绑扎梁钢筋,经检查合格后办理隐检,并清除杂物,安装侧模板。两侧模板与底板相连。

(5) 用梁托架或三脚架支撑固定梁侧模板。龙骨间距应由模板设计规定,一般情况下宜为 750mm,梁模板上口用定型卡子固定。当梁高超过 600mm 时,加穿梁螺栓加固。

(6) 安装后校正梁中线、标高、断面尺寸。将梁模板内杂物清理干净,检查合格后办预检。

(7) 梁模板质量检查应符合表 2-11 的要求。

表 2-11　模板安装和预埋件、预留孔洞的允许偏差

项　目		允许偏差/mm		检查方法
		单层、多层	高层框架	
柱墙、梁轴线位移		5	3	尺量检查
标高		+5	+2 −5	用水准仪或拉线和尺量检查
墙、柱、梁截面尺寸		+4 −5	+2 −5	尺量检查
每层垂直度		3	33	用 2m 托线板检查
相邻两板表面高低差		2	2	用直尺和尺量检查
表面平整度		5	5	用 2m 靠尺和楔形尺检查
预埋钢板、预埋管、预留孔中心线位移		3	3	
预埋螺栓	中心线位移	2	2	拉线和尺量检查
	外漏长度	+10 −0	+10 −0	
预留洞	中心线位移	10	10	
	截面内部尺寸	+10 −0	−0	

【案例 2-2】某工程为混合结构,屋盖采用现浇钢筋混凝土梁板,梁跨度 9m,为矩形截面,高 800mm,宽 400mm,混凝土为 C18。配筋情况为:梁跨中受力钢筋 4ϕ25,支座受力钢筋 2ϕ18,浇筑后 14d 拆模,发现梁上有 0.1～0.35mm 宽的裂缝。

请结合案例分析梁开裂的原因。

2.8 梁的混凝土施工

2.8.1 梁混凝土施工工艺流程

梁混凝土施工工艺流程如下：施工缝处理→钢筋隐蔽验收→模板验收→混凝土浇灌许可证审批→模板清洁润湿→浇筑混凝土。

2.8.2 梁施工缝的留置

与板连接成整体的大截面梁，施工缝留置在板底面以下 20～30mm 处。当板下有梁托时，留置在梁托下部。

有主次梁的楼板宜顺着次梁方向浇筑，施工缝应留置在次梁跨度的中间 1/3 范围内，如图 2-26 所示，梁的施工缝截面应垂直于结构的轴线，不得留斜茬。

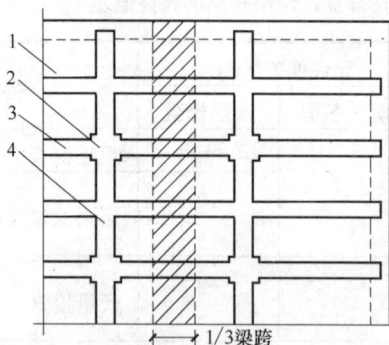

图 2-26 有主次梁楼板施工缝位置

1—梁板；2—柱子；3—次梁；4—主梁

音频 梁施工缝的留置.mp3

【案例 2-3】某会议室门厅，屋面板为预制楼板，大梁、圈梁、雨罩均为现浇 C20 钢筋混凝土构件。施工时，大梁混凝土先浇筑，圈梁、雨罩混凝土后序浇筑，但却不适当地将施工缝留在大梁梁端与圈梁交接处，而且施工缝处的混凝土没有妥善处理，又由于该处混凝土没有侧向限制而无法振捣，实际上形成松散的一堆。

结合案例分析施工缝应该设置在什么位置。

2.8.3 梁施工要求

梁板混凝土在浇筑前，施工单位首先对已制作好的模板、支撑、钢筋、预埋件进行认真的检查并填写好各项隐蔽记录资料及混凝土浇灌证，其次通知监理方、建设方及质监方的人员一起对混凝土浇灌前的模板、钢筋、预埋件、各种管线等检查确认并签署混凝土浇灌证手续后，方可进行混凝土的浇筑工作。同时施工现场做好混凝土浇筑前的前、后台的各项准备工作。每次浇筑混凝土必须有钢筋工、模板工、安装工值班。混凝土振捣人员及施工范围应有记录，在浇筑混凝土工程中，不能随意挪动钢筋，要随时检查钢筋保护层厚度及所有预埋件的牢固程度和位置准确性(同柱混凝土浇筑)。

梁板混凝土一般同时浇筑，先分层浇筑梁混凝土，待梁内混凝土标高与板底齐平后，便浇筑板混凝土，并沿着次梁方向浇筑；当梁高超过 1m 时，可先单独浇筑梁混凝土，最后浇筑楼板混凝土，水平施工缝设置在板下 20～30mm 处。

2.9 梁的质量及安全控制

2.9.1 梁的质量控制

1. 施工方案的制订

梁施工中主要涉及梁钢筋连接方式的选择、模板方案的选择、混凝土浇筑方案的选择等。施工中多采用梁板同时浇筑。因此，模板方案和混凝土浇筑方案可以一起统筹考虑。这些方案只有充分论证其可行性后，才能投入实施。

2. 施工过程的监管

梁施工的监管内容主要是梁钢筋的规格、级别、间距、接头位置、保护层厚度，模板的截面尺寸、位置、标高、支撑加固措施、起拱高度，混凝配合土的比、浇筑工艺及养护情况等。

2.9.2 梁的安全控制

梁模板支设属于高空作业，作业工人应提前搭设好满堂脚手架，脚手架上铺设好脚手板。在建筑物四周施工时，外墙脚手架的搭设高度应始终高于作业层 1.5m 以上，以保证建筑工人临边施工的安全。在脚手架上操作时应系好安全带，严禁在脚手架上堆放模板或钢筋。

本章小结

通过本章的学习，学生们应能掌握梁施工图的识读；熟悉梁的构造会审；了解梁的人机料计划编制、测量施工及脚手架搭设；掌握梁的钢筋施工及混凝土施工；熟悉梁的质量及安全控制等基本内容。为以后的学习和工作打下坚实的基础。

实训练习

一、单选题

1. 如 φ8@150/200，其中 8、150、200 所代表的是(　　)。

　　A. 8mm 的 HPB300 级钢筋；加密区 150mm；非加密区 200mm

B. 8mm 的 HPB300 级钢筋；加密区 200mm；非加密区 150mm

C. 8mm 的 HRB300 级钢筋；加密区 150mm；非加密区 200mm

D. 8mm 的 HRB300 级钢筋；加密区 200mm；非加密区 150mm

2. 一般梁的截面高度 $h \leqslant 800mm$ 时，取(　　)的倍数。

    A. 40mm   B. 50mm   C. 60mm   D. 70mm

3. 梁的截面高宽比 h/b 一般采用(　　)。

    A. 矩形梁为 1.0～2.5，T 形梁为 2.5～4.0

    B. 矩形梁为 2.0～3.5，T 形梁为 2.5～4.0

    C. 矩形梁为 2.0～3.5，T 形梁为 1.0～2.5

    D. 矩形梁为 2.0～4.0，T 形梁为 2.5～4.0

4. 梁的测量施工工艺流程如下：(　　)。

    A. 弹线→放梁中线→梁边线→弹线→复核

    B. 放梁中线→弹线→梁边线→复核→弹线

    C. 放梁中线→弹线→梁边线→弹线→复核

    D. 梁边线→放梁中线→弹线→复核→弹线

5. 与板连接成整体的大截面梁，施工缝留置在板底面(　　)以下处。

    A. 20～30mm   B. 15～25mm   C. 10～20mm   D. 5～10mm

二、多选题

1. 梁钢筋的连接方式有(　　)。

    A. 绑扎连接   B. 电弧焊接   C. 机械连接

    D. 熔化连接   E. 黏结剂连接

2. 梁混凝土施工工艺有(　　)。

    A. 施工缝处理   B. 钢筋隐蔽验收   C. 模板验收

    D. 混凝土浇灌许可证审批   E. 调整标高

3. 在钢筋混凝土梁、板中，因受力需要，经常采用弯起钢筋。其弯起形式有(　　)。

    A. 30°   B. 35°   C. 40°

    D. 45°   E. 60°

4. 梁的截面宽度宜采用(　　)。

    A. 100mm   B. 150mm   C. 180mm

    D. 190mm   E. 200mm

5. 梁施工方案确定中主要涉及(　　)。

    A. 梁钢筋连接方式的选择

    B. 模板方案的选择

    C. 钢筋材质的选择

    D. 混凝土浇筑方案的选择

    E. 混凝土搅拌场地的选择

三、简答题

1. 框架梁的上下通长筋、下部非通长筋如何计算？

2. 悬挑梁上钢筋分几种？如何计算？

3. 梁的上部通长筋、下部通长筋、非通长筋如何标注？

4. 梁的吊筋如何标注？

5. 框架梁的构造配筋有哪些规定？

第2章习题答案.docx

实训工作单

班级		姓名		日期	
教学项目		梁的施工			
任务	学习梁的施工程序	学习途径	集中讲授、观看视频、基地实训、现场观摩、拓展训练		
学习目标		掌握梁施工的各个程序			
学习要点		梁施工图的识读；梁的构造会审；梁的钢筋施工；梁的模板施工；梁的混凝土施工			
学习记录					
评语			指导教师		

第 3 章 板 的 施 工

【教学目标】

(1) 掌握板施工图的识读。

(2) 熟悉板的构造会审。

(3) 了解板的人机料计划编制、测量施工及脚手架搭设。

(4) 掌握板的钢筋施工及混凝土施工。

(5) 熟悉板的质量及安全控制。

第 3 章.pptx

【教学要求】

本章要点	掌握层次	相关知识点
板施工图的识读及构造会审	掌握板施工图的识读	识图与会审
板的人机料计划编制、测量施工及脚手架搭设	了解板的人机料计划编制、测量施工及脚手架搭设	计划编制、测量、脚手架搭设
板的钢筋施工及混凝土施工	掌握钢筋及混凝土施工	钢筋及混凝土施工
板的质量及安全控制	熟悉板的质量及安全控制	质量及安全控制

【案例导入】

某建筑为三开间二层砖混结构，开间 4m，进深 9.1m，墙体均为空斗墙。南面有 1.6m 宽走廊，走廊部位的楼面用空心板，屋面用钢筋混凝土预制平板搁置于纵墙和钢筋混凝土梁上。梁支承在 22cm×33cm 砖柱上，该房无圈梁。在施工走廊屋面时，由于屋面预制板内钢筋不足，承受不了当时的施工荷载，致使平板断裂，砖柱倒塌，并砸断楼面空心板。断塌的时间是 2015 年 12 月 2 日，幸未造成人员伤亡。

【问题导入】

试结合本章内容分析板的施工流程及注意事项，并简述如何进行质量和安全控制。

3.1 板施工图的识读

3.1.1 板的平面表示方法

1. 坐标方向的规定

关于坐标方向，规定如下：

(1) 当两向轴网正交布置时，图面从左至右为 X 方向，从下至上为 Y 方向。

(2) 当轴网转折时，局部坐标方向顺轴网转折角度作相应的转折。

(3) 当轴网向心布置时，切向为 X 方向，径向为 Y 方向。

2. 板的集中标注

板的集中标注内容为：板块编号、板厚、贯通纵筋以及当板面标高不同时的标高高差。

对于普通楼面，两向均以一跨为一块板；对于密肋楼盖，两向主梁(框架梁)均以一跨为一块板(非主梁密肋不计)。所有板块应逐一编号，相同编号的板块可择其一做集中标注，其他仅注写置于圆圈内的板编号以及当板面标高不同时的标高高差。

1) 板块编号

板块编号按表 3-1 的规定。

表 3-1 板块编号规定

板 类 型	代 号	序 号
楼面板	LB	××
屋面板	WB	××
延伸悬挑板	YXB	××
纯悬挑板	XB	××

2) 板厚

板厚注写为 $h=×××$；当悬挑板的端部改变截面厚度时，用斜线分隔根部与端部的高度值，注写为 $h=×××/×××$；当设计已在图注中统一注明板厚时，此项可不注。

板厚.mp4

3) 贯通纵筋

贯通纵筋按板块的下部和上部分别注写(当板块上部不设贯通纵筋时则不注)，并以 B 代表下部，T 代表上部；X 向贯通筋以 X 打头，Y 向贯通筋以 Y 打头，两向贯通筋配置相同时则以 X&Y 打头。当为单向板时，另一向贯通筋的分布筋可不必注写，在图中统一注明。

当在某些板内(例如在延伸悬挑板 YXB 或纯悬挑板 XB 的下部)配置有构造钢筋时，则 X 向以 X_c、Y 向以 Y_c 打头注写。

4) 板面标高高差

板面标高高差是指相对于结构层楼面标高的高差，应将其注写在括号内。有高差时注写，无高差时不注写。

当 Y 向采用放射配筋时(切向为 X 向，径向为 Y 向)，设计者应注明配筋间距的定位尺寸。

当贯通筋采用两种规格钢筋"隔一布一"方式时，表达为 φxx/yy@xxx，表示直径为 xx 的钢筋和直径为 yy 的钢筋二者之间间距为 xx，直径为 xx 的钢筋的间距为 xxx 的 2 倍，直径为 yy 的钢筋的间距为 xxx 的 2 倍。

沿两对边支承的板应按单向板计算；对于四边支承的板，当长边与短边比值大于 3 时，可按沿短边方向的单向板计算；当长边与短边比值小于 2 时，宜按双向板计算；当长边与短边比值介于 2 与 3 之间时，亦可沿短边方向的单向板计算。

【案例 3-1】有一楼面板块注写为：LB5，h=110；BΦ12@120；YΦ10@110。试结合上文分析楼面板块标注含义。

5) 重要说明

同一编号板块的类型、板厚和贯通纵筋均应相同。但板面标高、跨度、平面形式以及板支座上部的非贯通筋可以不同。

3.1.2 板钢筋的识读

1. 板受力筋

一般来说，贯穿整张板或多张板的钢筋称为受力筋，也是板中较粗的钢筋，用于底层称底筋，用于面层称面筋。贯穿一块或多块板并伸入相邻板内一部分的面层板钢筋称为跨板受力筋。

(1) 端部支座为梁。端部支座为梁时如图 3-1 所示。

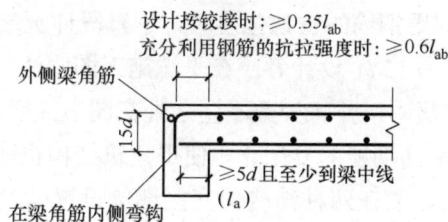

图 3-1 端部支座为梁

注：弯钩 2×6.25×d 只有一级钢筋时需要计算。

$$受力钢筋单根长度=净跨+锚固长度\times2+(弯钩：2\times6.25\times d) \tag{3-1}$$

纵筋在端支座应伸至支座(梁、圈梁或剪力墙)外侧纵筋内侧后弯折，当直段长度≥l_a 时可不弯折。面筋及底筋的锚固长度见表 3-2、表 3-3。

(2) 楼板内下部受力钢筋伸入支座的锚固长度(除图中注明者外)，边支座应不小于 5d(d 为钢筋直径)，中间支座应伸至支座中心线，且均不小于 100mm，如图 3-2 所示。

表 3-2　面筋锚固长度

面筋	条件	锚固形式	锚固长度
	锚入直段长≥l_a	直锚	直段长
	锚入直段长＜l_a	弯锚	平直段长+15d

表 3-3　底筋锚固长度

底筋	端支座	锚固长度
	梁、圈梁、剪力墙	max(支座宽/2, 5d)
	砌体墙	max(板厚,墙厚/2, 120)
	梁板转换层	l_a

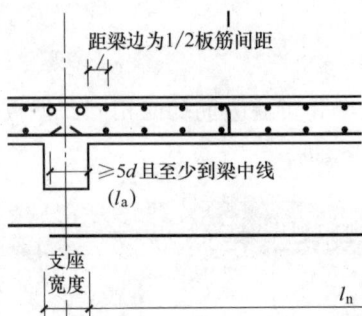

图 3-2　楼板内下部受力钢筋示意图

$$受力钢筋根数=(板净跨长-起步距离×2)/受力钢筋布置间距+1 \qquad (3-2)$$

(3) 板上部纵向钢筋在端支座(梁或圈梁)的锚固要求，图集标准构造详图中规定：当设计按铰接时，平直段伸至端支座对边后弯折，且平直段长度＞0.35l_{ab}，弯折段长度为 15d(d 为纵向钢筋直径)；当充分利用钢筋的抗拉强度时，平直段伸至端支座对边后弯折，且平直段长度＞0.6l_{ab}，弯折段长度为 15d。设计者应在平法施工图中注明采用何种构造，当多数采用同一种构造时可在图注中写明，并将少数不同之处在图中注明。

(4) 梁板转换层：由于空间功能的复杂化，使得建筑结构也随之变化。为了适应上部小空间下部大空间的功能需要，需在两种结构的交接部位设置过渡结构，也就是转换层。因高层建筑结构的多样性，转换层也呈现多种形式。比如第 1、2 层为框架式商场，第 3 及 3 层以上为剪力墙住宅，那么第 2 层就是转换层。梁板式转换层的板应该是指转换层的现浇板。

2. 板负筋计算

$$支座负筋长度=锚入长度+板内净尺寸+弯折长度 \qquad (3-3)$$

锚固长度同上。

$$中间支座负筋长度=水平长度+弯折长度×2 \qquad (3-4)$$

$$负筋根数=(与负筋垂直方向净跨长-2×起步距离)/负筋布置间距+1 \qquad (3-5)$$

起步距离同上。

3. 板分布筋计算

$$\text{分布筋长度=与板负筋垂直方向净跨长-平行方向负筋板内长度}+2\times\text{搭接} \qquad (3\text{-}6)$$

$$\text{分布钢筋根数=负筋板内净长/间距}+1 \qquad (3\text{-}7)$$

4. 板马凳筋计算

$$\text{马凳高度=板厚}-2\times\text{保护层-面层、底层钢筋直径} \qquad (3\text{-}8)$$

其余数值根据施工组织设计或图纸设计，通常马登筋的直径比主筋低一个型号。

3.2　板的构造会审

3.2.1　现浇板的构造要求

板配筋规定：钢筋混凝土板是受弯构件，按其作用分为底部受力筋、上部负筋、分布筋几种。

1. 受力筋

受力筋主要用来承受拉力。悬臂板及地下室底板等构件的受力钢筋的配置是在板的上部。当板为两端支承的简支板时，其底部受力钢筋平行跨度布置；当板为四周支承并且其长短边之比值大于 2 时，板为单向受力，叫单向板，其底部受力钢筋平行于短边方向布置；当板为四周支承并且其长短边之比值小于或等于 2 时，板为双向受力，叫双向板，其底部纵横两个方向均为受力钢筋。

板中钢筋的布置.docx

(1) 板中受力钢筋的常用直径：板厚 $h<100$mm 时为 6～8mm；$h=100～150$mm 时为 8～12mm；$h>150$mm 时为 12～16mm；采用现浇板时受力钢筋不应小于 6mm，预制板时不应小于 4mm。

分部受力筋.mp4

(2) 板中受力钢筋的间距，一般不小于 70mm，当板厚 $h\leqslant150$mm 时间距不宜大于 200mm，当 $h>150$mm 时不宜大于 1.5h 或 250mm。板中受力钢筋一般距墙边或梁边 50mm 开始配置。

(3) 单向板和双向板可采用分离式配筋或弯起式配筋。分离式配筋因施工方便，已成为工程中主要采用的配筋方式。

当多跨单向板、多跨双向板采用分离式配筋时，跨中下部钢筋宜全部伸入支座；支座负筋向跨内的延伸长度 a 应覆盖负弯矩图并满足钢筋锚固的要求。

(4) 简支板或连续板跨中下部纵向钢筋伸至支座的中心线且锚固长度不应小于 $5d(d$ 为下部钢筋直径)。当连续板内温度收缩应力较大时，伸入支座的锚固长度宜适当增加。对于边梁整浇的板，支座负弯矩钢筋的锚固长度应为 L_a。

(5) 在双向板的纵横两个方向上均需配置受力钢筋。承受弯矩较大方向的受力钢筋，布置在受力较小钢筋的外层。

2. 分布钢筋

分布钢筋主要用来使作用在板面的荷载能均匀地传递给受力钢筋；抵抗因温度变化和混凝土收缩在垂直于板跨方向所产生的拉应力；同时还与受力钢筋绑扎在一起组合成骨架，防止受力钢筋在混凝土浇捣时的位移。

(1) 单向板中单位长度上分布钢筋的截面面积不宜小于单位宽度上受力钢筋截面面积的 15%，且不宜小于该方向板截面面积的 0.15%；分布钢筋的间距不宜大于 250mm，直径不宜小于 6mm。

对集中荷载较大的情况，分布钢筋的截面面积应适当增加，其间距不宜大于 200mm。

(2) 在温度、收缩应力较大的现浇板区域内，钢筋间距宜为 150～200mm，并应在板的配筋表面布置温度收缩钢筋。板的上、下表面沿纵、横两个方向的配筋率均不宜小于 0.1%。温度收缩钢筋可利用原有钢筋贯通布置，也可另行设置构造钢筋网，并与原有钢筋按受拉钢筋的要求搭接或在周边构件中锚固。

3. 构造钢筋

为了避免板受力后，在支座上部出现裂缝，通常是在这些部位上部配置受拉钢筋，这种钢筋称为负筋。板的配筋原则如下。

(1) 对于支承结构整体浇筑或嵌固在承重砌体墙内的现浇混凝土板，应沿支承周边配置上部构造钢筋，其直径不宜小于 8mm，间距不宜大于 200mm，并应符合下列规定：

① 该构造钢筋的截面面积：沿受力方向配置时不宜小于跨中受力钢筋截面面积的 1/3，沿非受力方向配置时可根据实践经验适当减少。

② 该构造钢筋伸入板内的长度：对嵌固在承重砌体墙内的板不宜小于板短边跨度的 1/7，在两边嵌固于墙内的板角部分不宜小于板短边跨度的 1/4(双向配置)；对周边与混凝土梁或墙整体浇筑的板不宜小于受力方向板计算跨度的 1/5(单向板)、1/4(双向板)。

(2) 当现浇板的受力钢筋与梁平行时，应沿梁长度方向配置间距不大于 200mm 且与梁垂直的上部构造钢筋，其直径不宜小于 8mm，且单位长度内的总截面面积不宜小于板中单位长度内受力钢筋截面面积的 1/3。该构造钢筋伸入板内的长度不宜小于板计算跨度 L_0 的 1/4。

4. 板上开洞

关于板上开洞，规定如下：

(1) 圆洞或方洞垂直于板跨方向的边长小于 300mm 时，可将板的受力钢筋绕过洞口，不必加固。

(2) 当 300mm≤D≤1000mm 时，应沿洞边每侧配置加强钢筋，其面积不小于洞口宽度内被切断的受力钢筋面积的 1/2，且不小于 2Φ10，如图 3-3 所示。

(3) 当 D>300mm 且孔洞周边有集中荷载时或 D>1000mm 时，应在孔洞边加设边梁。

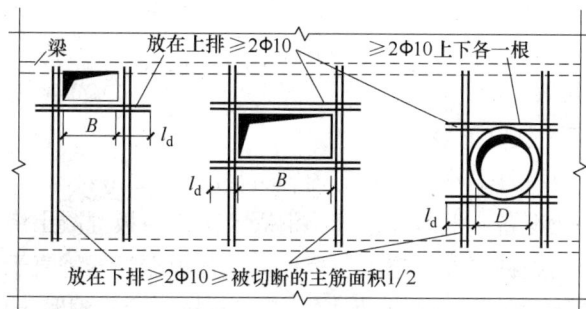

图 3-3　板上开洞处的构造钢筋

5. 板柱节点

在板柱节点处，为提高板的冲切强度，可配置箍筋或弯起钢筋。板的厚度不应小于 150mm。箍筋应配置在柱边以外不小于 $1.5h_0$ 范围内，其间距不应大于 $h_0/3$，箍筋外形宜为封闭式。箍筋直径不应小于 6mm。弯起钢筋可由一组或二组组成。其倾斜度应与冲切破坏斜截面相交，其交点应在柱周边以外 $h/2 \sim 2/3h$ 的范围内。弯起钢筋直径不应小于 12mm，且每一方向不应少于 3 根。

3.2.2　板的技术交底的方法

1. 技术交底的方法

技术交底应以书面形式交底为主，班前会口头交底为辅。重要部位或较复杂部位，应另附翻样图纸，必要时结合实际操作进行交代。最后，填写技术交底记录表(单)，由交底人及被交底人签字，并存档一份。

2. 技术交底注意事项

技术交底注意事项如下：

(1) 因为工地的各项技术活动，均是以执行和实现施工组织设计的各项要求为目的，所以，技术交底也应以施工组织设计为主导内容。

(2) 对技术交底要有针对性，即要根据各方面的特点，有要点、有预见性、有预防措施。

(3) 交底要有针对性，即要根据各方面的特点，有针对性地提出操作要点与措施。这里所谓的特点包括工程状况、地质条件、气候情况(冬、雨季或旱季)、周围环境(如场地窄小、运输困难、周围对降噪防尘的要求等)、操作场地(如高空、深基、立体交叉作业、工序反搭接等)以及施工队伍素质特点(在哪方面技术薄弱)等。

(4) 要明确指出哪些是关键部位或关键项目。关键部位包括结构或装修重要部位、质量上易出问题部位、施工难度较大的部位、对总进度(或创造工作面)起决定作用的部位以及新材料、新工艺、新技术项目等。

(5) 此外，凡是设计图纸上有变动的项目，一定要将设计变更洽商内容及时向有关工长班组进行交底。

3. 板的技术交底

1) 混凝土浇筑的交底

混凝土浇筑交底应注意以下事项：

(1) 材料要求、主要机具、作业条件等内容可参考 1.2.2 节。

(2) 操作工艺：作业准备→混凝土搅拌→混凝土运输→板混凝土浇筑与振捣→养护。

(3) 浇筑板混凝土的虚铺厚度应略大于板厚，用平板振捣器垂直于浇筑方向来回振捣，厚板可用插入式振捣器顺浇筑方向拖拉振捣，并用铁插尺检查混凝土厚度，振捣完毕后用长木抹子抹平。施工缝处或有预埋件及插筋处用木抹子找平。浇筑板混凝土时不允许用振捣棒铺摊混凝土。

(4) 养护要求、冬期施工、质量标准、成品保护等可参考第 1 章。

2) 板钢筋工程的交底

板钢筋工程交底应注意以下事项：

(1) 原材料进场及堆放、钢筋加工、质量标准、成品保护等可参考第 1 章。

(2) 钢筋绑扎。

① 准备工作：核对半成品钢筋的规格、尺寸和数量等是否与料单相符，准备好绑扎的铁丝、工具保护层等。

② 底板钢筋。绑扎顺序：电梯井→承台→梁筋→板筋。地基梁按受力关系，确定好梁筋的绑扎顺序，基础梁纵筋伸入承台内的长度必须符合图纸要求。底板钢筋绑扎前，在混凝土垫层上弹出钢筋位。

③ 为保证钢筋的位置正确，板底筋保护层用垫块垫，上筋和负弯矩筋用 $\phi20$ 钢筋马凳支撑，以保证钢筋不移位。

④ 钢筋连接：按设计及抗震规范要求，当钢筋直径小于 18mm 时采用搭接或焊接接头，当钢筋直径大于等于 20mm 时钢筋接头必须采用剥肋直螺纹连接接头。施工操作人员必须培训合格后持证上岗。

⑤ 对于现浇板，上层钢筋网的下筋与交叉梁的上层纵筋在一个平面，现浇板上层钢筋网上筋与交叉梁上层箍筋在同一个层面。只有这样才能确保板面上层钢筋标高不超高。

⑥ 盖筋(扒锯筋)交叉处，稍不注意即会形成三层或四层筋，从而导致板面混凝土超厚。现规定为双向布置方法，与上层板筋相同。

3.3　板的人机料计划编制

板的人机料计划编制方法及步骤均与柱的人机料计划编制相同，也是先计算出板的工程量，再查取相应的定额，利用定额计算出相应的人机料用量。

注意：施工现场在进行板的施工时，通常是先支脚手架→铺梁底模→扎梁钢筋→支梁侧模→铺板底模→扎板钢筋→浇梁板混凝土。因此，在计算板的人机料用量时，板与梁常合并计算。

3.4　板的测量施工

通常主体结构中板的边线即是梁的边线，一般情况下均不用单独测量板的边线。楼板的高度分为顶面及底面，顶面标高控制通常用仪器将高程放到该楼面层柱筋上，以便控制在楼板上现浇混凝土的高度。楼板底层标高控制与梁底标高控制相同。

3.5　板的脚手架搭设

板的脚手架搭设基本包括以下内容：
(1) 施工方案；
(2) 立杆基；
(3) 架体与建筑结构拉结；
(4) 杆件间距与剪刀撑；
(5) 脚手板与防护栏杆；
(6) 交底与验收；
(7) 小横杆设置；
(8) 杆件搭接；
(9) 架体内封闭；
(10) 脚手架材质；
(11) 通道；
(12) 卸料平台。

3.6　板的钢筋施工

3.6.1　板钢筋施工的工艺流程

板钢筋施工的工艺流程如下：
清理模板→板底筋画线、板筋布料→板底筋绑扎→安装预埋及吊模(板底垫块)→板面筋→马凳安装(混凝土垫座)→校正→自检→验收→混凝土浇筑养护。

3.6.2　板钢筋施工的质量要求

板、次梁受拉钢筋绑扎搭接长度如表 3-4 所示。

楼层板负筋应等配管安装完毕后，再进行绑扎，楼板负筋绑扎应加 $\phi 12$ 或以上钢筋马凳(如图 3-4 所示)或加混凝土垫座，纵横间距宜不大于 0.8m；负筋绑扎好后，严禁在上面踩踏，以保证负筋位置的正确。板钢筋除靠近外围两行相交点全部扎牢外，中间部分的相交点可间隔交错扎牢，但必须保证受力钢筋不移位，双向受力的钢筋须全部扎牢。

表 3-4　绑扎搭接长度

钢筋类型	混凝土强度等级	
	C20	≥C30
Ⅰ级钢筋	36d	25d
Ⅱ级钢筋(d≤25mm)	42d	36d

注：在任何情况下，受拉钢筋搭接长度均不应小于300mm，当受力钢筋直径≥22mm时，应采用焊接接头。

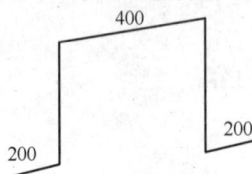

图 3-4　钢筋马凳示意图

3.7　板的混凝土施工

3.7.1　板混凝土施工工艺流程

板混凝土施工工艺流程如下：

施工缝处理→钢筋隐蔽验收→模板验收→混凝土浇灌许可证审批→标高控制→模板清洁润湿→浇筑、养护混凝土。

3.7.2　板施工缝的留置

单向板的施工缝可留置在平行于板的短边的任何位置。

双向受力板、大体积混凝土结构、拱、穹拱、薄壳、蓄水池、斗仓、多层钢架及其他结构复杂的工程，施工缝的位置应按设计要求留置。板的施工缝应与板面垂直，不得留斜茬。

板的类别.docx　　板混凝土施工.mp4

3.7.3　板混凝土施工

混凝土板的施工工艺为：安装模板、安设传力杆、混凝土拌和与运输、混凝土摊铺和振捣、表面修整、接缝处理、混凝土养护和填缝。

1.安装模板

模板宜采用钢模板，弯道等非标准部位以及小型工程也可采用木模板。模板应无损伤，有足够的强度，内侧和顶、底面均应光洁、平整、顺直，局部变形不得大于 3mm，振捣时模板横向最大挠曲应小于 4mm，高度应与混凝土路面板厚度一致，误差不超过±2mm，纵缝模板平缝的拉杆穿孔眼位应准确，企口缝则其企口舌部或凹槽的长度误差为钢模板±1mm，木模板±2mm。

2. 安设传力杆

当侧模安装完毕后，即在需要安装传力杆位置安装传力杆。

当混凝土板连续浇筑时，可采用钢筋支架法安设传力杆。即在嵌缝板上预留圆孔，以便传力杆穿过，嵌缝板上面设木制或铁制压缝板条，按传力杆位置和间距，在接缝模板下部做成倒 U 形槽，使传力杆由此通过，传力杆的两端固定在支架上，支架脚插入基层内。

当混凝土板不连续浇筑时，可采用顶头木模固定法安设传力杆。即在端模板外侧增加一块定位模板，板上按照传力杆的间距及杆径、钻孔眼，将传力杆穿过端模板孔眼，并直至外侧定位模板孔眼。两模板之间可用传力杆一半长度的横木固定。继续浇筑邻板混凝土时，拆除挡板、横木及定位模板，设置接缝板、木制压缝板条和传力杆套管。

3. 摊铺和振捣

对于半干硬性现场拌制的混凝土一次摊铺容许达到的混凝土路面板最大板厚度为 22～24cm；塑性的商品混凝土一次摊铺的最大厚度为 26cm。超过一次摊铺的最大厚度时，应分两次摊铺和振捣，两层铺筑的间隔时间不得超过 30min，下层厚度约大于上层，且下层厚度为总厚 3/5。每次混凝土的摊铺、振捣、整平、抹面应连续施工，如需中断，应设施工缝，其位置应在设计规定的接缝位置。振捣时，可用平板式振捣器或插入式振捣器。

施工时，可采用真空吸水法施工。其特点是混凝土拌和物的水灰比比常用的增大 5%～10%，可易于摊铺、振捣，减轻劳动强度，加快施工进度，缩短混凝土抹面工序，改善混凝土的抗干缩性、抗渗性和抗冻性。施工中应注意以下几点：

(1) 真空吸水深度不可超过 30cm。

(2) 真空吸水时间宜为混凝土路面板厚度的 1.5 倍(吸水时间以 min 计，板厚以 cm 计)。

音频 真空吸水法的特点.mp3

(3) 吸垫铺设，特别是周边应紧贴密致。开泵吸水一般控制真空表 1min 内逐步升高到 400～500mmHg，最高值不宜大于 650～700mmHg，计量出水量达到要求。关泵时，亦逐渐减少真空度，并略提起吸垫四角，继续抽吸 10～15s，以脱尽作业表面及管路中残余水。

(4) 真空吸水后，可用滚杠或振动梁以及抹石机进行复平，以保证表面平整和进一步增强板面强度的均匀性。

4. 接缝施工

纵缝应根据设计文件的规定施工，一般纵缝为纵向施工缝。拉杆在立模后浇筑混凝土之前安设，纵向施工缝的拉杆则穿过模板的拉杆孔安设，纵缝槽宜在混凝土硬化后用锯缝机锯切；也可以在浇筑过程中埋入接缝板，待混凝土初凝后拔出即形成缝槽。锯缝时，混凝土达到 5～10Mpa 强度后才可进行，也可由现场试锯确定。

横缩缝宜在混凝土硬结后锯成，在条件不具备的情况下，也可在新浇混凝土中压缝而成。锯缝必须及时，在夏季施工时，宜每隔 3～4 块板先锯一条，然后补齐；也允许每隔 3～4 块板先压一条缩缝，以防止混凝土板未锯先裂。

横胀缝应与路中心线成 90°，缝壁必须竖直，缝隙宽度一致，缝中不得连浆，缝隙下部设胀缝板，上部灌封缝料。胀缝板应事先预制，常用的有油浸纤维板(或软木板)、海绵橡胶泡沫板等。预制胀缝板嵌入前，应使缝壁洁净干燥，胀缝板与缝壁紧密结合。

5. 表面修整和防滑措施

水泥混凝土路面面层混凝土浇筑后，当混凝土终凝前必须用人工或机械将其表面抹平。当采用人工抹光时，其劳动强度大，还会把水分、水泥和细砂带到混凝土表面，以致表面比下部混凝土或砂浆有较高的干缩性和较低的强度。当采用机械抹光时，其机械上安装圆盘，即可进行粗光；安装细抹叶片，即可进行精光。

为了保证行车安全，混凝土表面应具有粗糙抗滑的表面。而抗滑标准，据国际道路会议路面防滑委员会建议，新铺混凝土路面当车速为 45km/h 时，摩擦系数最低值为 0.45；车速为 50km/h 时，摩擦系数最低值为 0.40。其施工时，可用棕刷顺横向在抹平后的表面轻轻刷毛，也可用金属丝梳子梳成深 1～2mm 的横槽；目前，常用在已硬结的路面上，用锯槽机将路面锯成深 5～6mm、宽 2～3mm、间距 20mm 的小横槽。

6. 养护和填缝

混凝土板做面完毕应及时进行养护，使混凝土中的拌和料有良好的水化、水解强度发育条件以及防止收缩裂缝的产生。养护时间一般为 14～21d。混凝土宜达到设计要求，且在养护期间和封缝前，禁止车辆通行，在达到设计强度的 40%后，方可允许行人通行。其养护方法一般有两种。

(1) 湿治养生法，这是最为常用的一种养护方法。即是在混凝土抹面 2h 后，表面有一定强度，用湿麻袋或草垫，或者 20～30mm 厚的湿砂覆盖于混凝土表面以及混凝土板边侧。覆盖物还兼有隔温作用，保证混凝土少受剧烈的天气变化影响。在规定的养生期间，每天应均匀洒水数次，使其保持潮湿状态。

音频　湿治养生法.mp3

(2) 塑料薄膜养生法，即在混凝土板做面完毕后，均匀喷洒过氯乙烯等成膜液(由过氯乙烯树脂、溶剂油和苯二甲酸二丁脂，按 10%、88%和 3%的重量比配制而成)，形成不透气的薄膜保持膜内混凝土的水分，保湿养生。但注意过氯乙烯树脂是有毒、易燃品，应妥善防护。

封(填)缝工作宜在混凝土初凝后进行，封缝时，应先清除干净缝隙内泥沙等杂物。如封缝为胀缝时，应在缝壁内涂一薄层冷底子油，封填料要填充实，夏天应与混凝土板表面齐平，冬天宜稍低于板面。常用的封缝料有如下两大类。

① 加热施工式封缝料：常用的是沥青橡胶封缝料，也可采用聚氯乙烯胶泥和沥青玛蹄脂等。

② 常温施工式封缝料：主要有聚氨酯封缝胶、聚硫脂封缝胶以及氯丁橡胶类、乳化沥青橡胶类等常温施工式封缝料。

目前已广泛使用滑动模板摊辅机建筑混凝土路面。这种机械尾部两侧装有模板随机前进，能兼做摊辅、振捣、压入杆件、切缝、整面和刻划防滑小槽等作业，可铺筑不同厚度和宽度的混凝土路面，对无筋或配筋的混凝土路面均可使用。这种机械工序紧凑、施工质量高，行驶速度一般为 1.2～3.0m/min，每天能铺筑 1600m 双车道路面。

【案例 3-2】某学校为 3 层混合结构，纵墙承重，外墙厚 37cm，内墙厚 24cm，灰土基础，楼盖为现浇钢筋混凝土肋形楼盖，在装饰工程时发现大梁两侧的混凝土楼板上部普遍开裂，裂缝方向与大梁平行，凿开后发现负钢筋被踩下。

试从施工和设计方面分析楼板开裂原因。

3.8　板的质量及安全控制

3.8.1　板的质量控制

1. 板的质量控制要点

1) 施工方案的制订

板施工中主要涉及模板方案的选择、混凝土浇筑方案的选择等。模板方案中主要是模板材料的选定、支撑系统的搭设方式。混凝土浇筑方案中主要是浇筑顺序的确定、浇筑作业平台的搭设、成品保护的措施等。这些方案的制订是板施工质量的重要保证。

2) 施工过程的监管

板施工过程的监管内容主要是板钢筋的规格、级别、间距、负弯矩筋位置等，模板的底面标高、平整度、支撑加固措施、起拱高度，混凝土的配合比、浇筑工艺及养护情况等。

2. 常见质量事故的处理

1) 支架系统失稳

模板的支架材料质量不合格，刚度不够，支柱太细或支木接头过多，且连接不牢固，有的支撑系统缺少必要的斜撑和剪刀撑，会因支撑系统失稳造成结构倒塌或产生严重变形。

(1) 原因分析。

支撑前不进行设计，无切实可行的技术方案。模板上的荷载大小、支架用料粗细、支架高低长短及其间距大小，直接决定着支架构件截面所受应力的情况，如果该应力值超过支架所能承担的极限应力值，则支架就会发生变形失稳而倒塌。

(2) 处理方法。

设计模板的支撑系统时，要根据模板的荷载大小、钢筋的荷载大小、板面混凝土的荷载大小、施工荷载大小和板面施工中临时堆放物的截面大小来进行受力计算，根据受力情况选择支柱及支撑系统，选择合理的间距和加固体系。钢筋支架体系一般宜扣成整体排架式，其立柱纵横间距控制在 1m 左右，同时应加设斜撑及剪刀撑。问题出现后，视其大小进行加固或拆除重新搭设模板及支撑体系。

2）模板拆除过早

提前拆除板的底模，会造成结构因强度不足而产生裂缝或坍塌。

（1）原因分析。

施工人员不懂规范、不熟悉操作规程，盲目地为了周转模板降低成本，赶工期进度。尤其在冬季施工时，气温较低，混凝土强度增长速度缓慢，提前拆模会使梁、板产生变形、开裂，严重时坍塌。

（2）处理方法。

根据具体情况进行补强处理或拆除重做。底模拆除时混凝土强度必须符合设计要求，当无具体设计要求时，应按照《混凝土结构工程施工质量验收规范》(GB 50204—2002)中底模拆除时的混凝土强度要求进行操作。

3.8.2　板裂缝类型、原因及控制措施

1. 钢筋混凝土现浇板裂缝的类型

根据钢筋混凝土现浇板裂缝的特点，具体可以分为以下几种类型。

（1）现浇板四周板角部位的板角裂缝：该类裂缝各类楼层均常出现，裂缝与房屋开间方向成45°角，中部宽两端窄，裂缝多出现在楼板上部。

（2）现浇板横向裂缝：基本均出现在板跨中受弯应力最大位置，裂缝多出现在楼板下部，甚至会横向贯通整个房间。

板裂缝类型.docx

（3）穿线管位置裂缝：该类裂缝沿穿线管布设位置产生，由于线管斜向布设较多，因此裂缝以斜裂缝居多，此类裂缝产生的原因主要是线管放置位置太靠板底。

（4）现浇不规则裂缝：分布及走向均无规则的裂缝。

（5）根部的横向裂缝：距支座在30cm内产生的裂缝，位于板上皮。

（6）顺着预埋管线方向产生的裂缝。

钢筋混凝土现浇板
裂缝的类型.mp4

2. 钢筋混凝土现浇板裂缝的原因

1）材料自身因素

现浇板所用的材料是钢筋和混凝土，它们的质量不合格，势必会造成现浇板出现裂缝，如钢筋方面：为节省成本，现浇板所用钢筋为一些小厂家生产的钢筋，质量严重不合格，钢筋的延性、韧性和可焊性都较差，抗拉强度低，很容易产生裂缝；混凝土方面：骨料(砂石)质量不好，级配不好，含泥量大，含粉量大，使用细石和细砂。水灰比大，水泥用量越大，含水量越高，坍落度越大，收缩越大。采用活性高的水泥，水泥活性越高，颗粒越细，比表面积越大，收缩越大。

2）设计方面

（1）伸缩缝设置间距较大。设计规范规定现浇混凝土框架结构伸缩缝最大间距为55m，

顶层楼板外露构件伸缩缝不超过 35mm。但实际上大多数建筑设计在长度超过 35m 时并未设置伸缩缝，因此不能有效地减少建筑收缩应力，导致裂缝的产生。

(2) 板底有效高度不足。一般板厚度在板跨度 L_0 的 1/35～1/40 之间，如果板厚不足，则容易引起裂缝。

(3) 现浇板分布筋间距过大。楼板分布筋对克服温度应力影响较大，如果数量不足会导致温度裂缝的产生。

3) 施工方面

(1) 支模质量不符合施工要求会产生现浇板裂缝。板缝拼接不严将造成漏浆，板模中横楞截面过小，间距太大，顶撑截面及间距亦过小及太大，会造成板模支架刚度不足挠度过大，尤其是现浇板搁置构件的梁模及梁支架刚度不足，均会使现浇板混凝土产生过早过大的初始应力，使现浇板在终凝前就出现裂缝。

(2) 钢筋工程安装质量不符合设计、施工要求容易导致现浇板裂缝的产生。板筋的搭接位置、搭接长度、搭接百分比不符合设计要求，钢筋锚固，尤其是板筋在梁内和墙内的锚固长度不足，钢筋的间距误差超过规范，等等。

(3) 混凝土的振捣不符合施工要求导致现浇板开裂。现浇板在振捣时存在的操作不当，影响现浇板混凝土质量。混凝土振捣程序不对，施工缝留置不当，混凝土凝结时间未掌握，会产生冷缝振捣不密实或漏振；混凝土振捣时，只管振捣，把其中的钢筋踩坏、踩乱未经及时修复，将混凝土覆盖，将造成质量隐患。

(4) 后浇带施工不慎而造成的板面裂缝。

3. 钢筋混凝土现浇板裂缝的控制措施

1) 材料的保证措施

正确选用水泥，要控制水灰比，使之不大于 0.4，为保证混凝土拌和物有一定的流动性，可掺入优质粉煤灰和高效减水剂，来确保混凝土的可泵性。使用减水剂时，一定要做与水泥相容性试验，选择与水泥结合后流动性好的减水剂；选用级配良好的骨料，粗细骨料的用量占混凝土总体积的 65%～75%，是影响混凝土质量的重要因素，要重视砂石的质量，石子应选用连续级配的碎石，最大粒径控制在 15～20mm；选择好运输路线，保证道路平整，缩短运输时间，避免混凝土拌和物发生分层、离析。同时，要经常检查运输工具，尽量减少混凝土拌和物运输过程中水泥浆的流失。

2) 设计方面的控制措施

设计方面的控制措施如下。

(1) 在结构设计时，对于钢筋混凝土现浇板应尽量避免过大的跨度，可以通过增加次梁根数来减小现浇板的跨度，以避免现浇板的厚度过大，现浇板的跨中挠度过大，现浇板的跨中裂缝、支座裂缝过大，从而提高现浇板的可靠度与安全性。

(2) 在工程设计中，经常会出现梁板下口平齐，此时，为了现浇板下部钢筋在支座内锚固更加可靠，板底钢筋在梁处应放在梁下部钢筋的上面，设计图还应有大样图表示。

(3) 对于跨度达 200～300mm 的梯板，为了保证梯板负筋的架立，同时为了梯板支座处截面的抗剪，宜采用梁式配筋，加设箍筋，箍筋最少设 4 肢箍。

3) 施工方面的控制措施

施工方面的控制措施如下。

(1) 在施工过程中，要防止工人在负筋上随意踩踏而引起负筋变形，并安排人员及时进行纠正。在板底受力筋下一般可用 12~15mm 厚砂浆垫块垫起板底钢筋网，保证支撑负筋位置的马凳钢筋间距不大于 1000mm。浇筑混凝土之前应设置马道。为防止预埋线管处出现裂缝，应在较粗的管线或多根线管的集中处，增设垂直于线管的短钢筋网片来加强该部位。增设的抗裂短钢筋采用 φ6~φ8，间距小于 150mm，两端的锚固长度应不小于 300mm。在楼板的大体积混凝土施工中，采用切实可行的降温措施。如在炎热天气浇筑时，采用冰水拌制混凝土，并掺加缓凝减水剂和磨细粉煤灰，延缓凝结时间，减少坍落度损失，改善混凝土和易性和可泵性，浇筑后混凝土内外温差不超过 25℃。

(2) 在混凝土浇筑至设计标高时，混凝土采用平板振捣器振捣密实。为确保混凝土密实，宜实施二次振捣；表面出现浮浆时，随即用刮尺刮平；待混凝土终凝硬化前，用木抹子连续搓平，防止泌水收缩裂缝的产生。控制施工速度，确保混凝土强度达到设计强度标准值的 30%前不受振动。拆下的模板及其他周转材料要及时转运。只有混凝土强度达到设计强度后才能在上面堆放材料，材料必须分散堆放并且必须轻放、慢放。

(3) 在施工后浇带的施工之前应按设计意图，先制定施工方案。杜绝在后浇带处出现混凝土浇筑不密实、不按图纸要求留缝的现象。加强早期养护，确保养护时间。可通过及时用塑料薄膜和浇水草袋覆盖，避免混凝土受风吹日晒，加强保温保湿养护来减少或消除干缩裂缝。在一般气候条件下，混凝土浇筑后最初三天中，白天应每隔 2h 浇水一次，夜间至少两次；在以后的养护中，每昼夜至少浇水四次。干燥和阴雨天气应适当增减浇水次数。浇水养护时间：普通混凝土应不少于 7 昼夜；对抗渗混凝土及掺缓凝剂的混凝土，应不少于 14 昼夜；对掺加粉煤灰的混凝土应不少于 21 昼夜。注重拆模的顺序：楼板变形由中央逐渐向支座变化，荷载支承也由中央渐渐向支座转移，拆除模板支撑应从跨中开始，这是为了减小楼板的挠曲变形，避免因荷载和变形突变，造成板挠曲过大而形成裂缝。

3.8.3 板的安全控制

板模支设应进行专项模板方案设计，搭设的支撑脚手架应具有足够的强度及刚度。操作工人在满堂脚手架上进行模板铺设操作时要站稳扶好。混凝土入模高度不宜太高，防止混凝土的冲击力对模板产生较大的动荷载。浇筑时及时将混凝土摊铺均匀，防止局部荷载超过模板支撑系统的承载能力。施工过程中，要派专人对模板系统的稳定情况进行监控，发现问题立即停止施工并采取措施进行加固。泵送混凝土施工时，应有让混凝土泵管自由活动的滚杠，不能将泵管与模板系统固定在一起，以防止泵管的冲击力对模板系统产生不利影响。

【案例 3-3】某商厦建筑面积 1480 平方米，钢筋混凝土框架结构，地上 5 层，地下 2 层，由市建筑设计院设计，江北区建筑工程公司施工。2016 年 4 月 8 日开工。在主体结构施工到地上 2 层时，柱混凝土施工完毕，为使楼梯能跟上主体施工进度，施工单位在地下室楼梯未施工的情况下直接支模施工第一层楼梯混凝土。

支模方法是：在±0.000m 处的地下室楼梯间侧壁混凝土墙板上放置四块预应力混凝土空心楼板，在楼板上面进行一楼楼梯支模。

7 月 30 日中午开始浇筑第一层楼梯混凝土，当混凝土浇筑即将完工时，楼梯整体突然坍塌，致使 7 名现场工作人员坠落并被砸入地下室楼梯间内。造成 4 人死亡，3 人轻伤，直接经济损失 10.5 万元的重大事故。经事后调查发现，第一层楼梯混凝土浇筑的技术交底和安全交底均为施工单位为逃避责任而后补。

试结合上文分析如何进行质量和安全控制。

本章小结

通过对本章内容的学习，学生们应能掌握板施工图的识读；熟悉板的构造会审；了解板的人机料计划编制、测量施工及脚手架搭设；掌握板的钢筋施工及混凝土施工；熟悉板的质量及安全控制等基本内容。为以后的学习和工作打下坚实的基础。

实训练习

一、单选题

1. 板的集中标注内容不包括下面的(　　)。
   A. 板块编号　　　　B. 板厚　　　　　C. 贯通纵筋　　　D. 纵筋
2. 钢筋混凝土板是受弯构件，按其作用分不包括(　　)。
   A. 底部受力筋　　B. 纵筋　　　　　C. 上部负筋　　　D. 分布筋
3. 真空吸水时间(吸水时间以 min 计，板厚以 cm 计)宜为混凝土路面板厚度的(　　)。
   A. 1.5　　　　　　B. 1.0　　　　　　C. 2.0　　　　　　D. 0.5
4. 单向板的施工缝可留置在平行于板的短边的(　　)。
   A. 两端　　　　　B. 顶部　　　　　C. 任何位置　　　D. 中间
5. 抗渗混凝土及掺缓凝剂的混凝土养护时间，应不少于(　　)昼夜。
   A. 7　　　　　　　B. 28　　　　　　C. 21　　　　　　D. 14

二、多选题

1. 钢筋混凝土现浇板裂缝的原因包括(　　)的因素。
   A. 材料自身　　　　　B. 设计方面　　　　　C. 施工方面
   D. 管理方面　　　　　E. 监理方面
2. 板的集中标注内容包括(　　)。
   A. 板块编号　　　　　B. 板厚　　　　　　　C. 贯通纵筋
   D. 板面标高不同时的标高高差　　　　　　　E. 支座负筋

3. 下列关于面筋及底筋锚固长度的说法正确的是( )。

    A. 面筋锚入直段长 $\geqslant l_a$ 时，锚固长度为直线长

    B. 面筋锚入直段长 $< l_a$ 时，锚固长度为平直段长+15d

    C. 底筋端支座为梁、圈梁、剪力墙时，锚固长度为 max(支座宽/2，15d)

    D. 底筋端支座为砌体墙时，锚固长度为 max(板厚，墙厚/2，120)

    E. 底筋端支座为梁板转换层时，锚固长度为 l_a

4. 板的混凝土浇筑工艺包括( )。

    A. 作业准备   B. 混凝土配比   C. 混凝土搅拌

    D. 板混凝土浇筑与振捣   E. 养护

5. 下列关于钢筋混凝土现浇板裂缝的控制措施的说法正确的是( )。

    A. 在混凝土浇筑至设计标高时，混凝土采用平板振捣器振捣密实，为确保混凝土密实，宜实施二次振捣，以表面不出现浮浆为准

    B. 控制施工速度，确保混凝土强度达到设计强度标准值的30%前不受振动

    C. 在一般气候条件下，混凝土浇筑后最初三天中，白天应每隔6h浇水一次，夜间至少两次

    D. 干燥和阴雨天气应适当增减浇水次数。浇水养护时间：普通混凝土应不少于 7 昼夜；对抗渗混凝土及掺缓凝剂的混凝土，应不少于14昼夜

    E. 注重拆模顺序：楼板变形由中央逐渐向支座变化，荷载支承也由中央渐渐向支座转移，拆除模板支撑应从两边向跨中顺序进行

三、简答题

1. 现浇板钢筋的构造规定有哪些？

2. 板与柱、梁的技术交底内容有何异同点？

3. 简述现浇楼板模板施工工艺流程。

第 3 章习题答案.docx

实训工作单一

班级		姓名		日期	
教学项目		现场学习板的钢筋施工			
任务	掌握钢筋的工艺流程	学习途径	在现场观摩学习板钢筋施工的工艺流程,并熟悉每道工艺的操作及注意事项		
学习目标		掌握钢筋施工工艺			
学习要点		板钢筋施工的工艺流程及板钢筋施工的质量要求			
学习记录					
评语				指导教师	

实训工作单二

班级		姓名		日期	
教学项目		板的混凝土施工及质量、安全控制措施			
任务	掌握板的混凝土施工，熟悉板的质量、安全控制措施	学习途径	通过现场具体施工工序学习		
学习目标		掌握板的混凝土施工，同时应熟悉板的质量、安全控制措施			
学习要点		板混凝土施工工艺流程,板施工缝的留置及板混凝土施工			
学习记录					
评语				指导教师	

第4章 剪力墙的施工

第4章.pptx

【教学目标】

(1) 掌握剪力墙施工图的识读。
(2) 掌握剪力墙的钢筋施工方法。
(3) 掌握剪力墙脚手架的搭设方式。
(4) 熟悉剪力墙施工的质量安全监控。

【教学要求】

本章要点	掌握层次	相关知识点
剪力墙施工图的识读	掌握剪力墙施工图的识读	工程识图与测量
剪力墙脚手架的应用	掌握剪力墙施工脚手架的搭设要求	脚手架工程
钢筋、模板的加工	掌握剪力墙钢筋、模板的施工工艺	建筑工程施工
剪力墙混凝土的施工	熟悉剪力墙混凝土的浇筑振捣工艺	混凝土工程

【案例导入】

某建筑公司通过投标承接了本市某房地产开发企业的一栋钢筋混凝土剪力墙结构住宅楼，承包商在完成室外装修后，发现该建筑物向西北方向倾斜，该建筑公司采取了在倾斜一侧减载与在对应一侧加载、注浆、高压粉喷、增加锚杆静压桩等抢救措施，但无济于事，该房地产开发企业为确保工程质量和施工人员的人身安全，主动要求并报政府同意，采取上层结构第6~18层定向爆破拆除的措施，从根本上消除了该栋楼的质量隐患。

【问题导入】

结合自身所学，综合分析发生倾斜的原因有哪些？为什么会出现补救不了的现象？

4.1 剪力墙施工图的识读

利用建筑物的墙体作为竖向承重和抵抗侧力的结构称为剪力墙结构体系。所谓剪力墙，实质上是固结于基础的钢筋混凝土墙片，具有很高的抗侧移能力。因其既承担竖向荷载，又承担水平荷载——剪力,故名剪力墙,如图 4-1 所示。

图 4-1 剪力墙

4.1.1 剪力墙的平面表示方法

1. 列表注写方式

为了表达清楚、简便,剪力墙可视为由剪力墙柱、剪力墙身和剪力墙梁三类构件构成。列表注写方式,是分别在剪力墙柱表、剪力墙梁表和剪力墙身配筋表中,对应剪力墙布置平面图上的编号,用绘制截面配筋图并注写几何尺寸及配筋的具体数值,来表达剪力墙平法施工图。

编号规定:将剪力墙柱、剪力墙身和剪力墙梁(简称为墙柱、墙身和墙梁)三类构件分别编号。

(1) 墙柱编号,由墙柱类型代号和序号组成,表达形式应符合表 4-1 的规定。

表 4-1 墙柱编号

暗柱类型	代 号	序 号
约束边缘暗柱	YAZ	××
约束边缘端柱	YDZ	××
约束边缘翼墙(柱)	YYZ	××
约束边缘转角墙(柱)	YJZ	××
构造边缘暗柱	GAZ	××
构造边缘端柱	GDZ	××
构造边缘翼墙(柱)	GYZ	××
构造边缘转角墙(柱)	GJZ	××
非边缘暗柱	AZ	××
扶壁柱	FBZ	××

(2) 墙身编号，由墙身代号、序号及墙身配置的水平与整向分布钢筋的排数组成，其中排数注写在括号内。表达形式为：Q××(X 排)。

(3) 墙梁编号，由墙梁类型代号和序号组成，表达形式应符合表 4-2 的规定。

表 4-2 墙梁编号

墙梁类型	代 号	序 号
连梁(无交叉暗撑及无交叉钢筋)	LL	××
连梁(有交叉暗撑)	LL(JC)	××
连梁(有交叉钢筋)	LL(JG)	××
暗梁	AL	××
边框梁	BKL	××

2. 截面注写方式

截面注写方式，是指在标准层绘制的剪力墙平面布置图上，用直接在墙柱、墙身、墙梁上注写截面尺寸和配筋具体数值的方式来表达剪力墙平法施工图。

绘图时选择适当比例原位放大绘制剪力墙平面布置图，其中对墙柱绘制配筋截面图；对所有墙柱、墙身和墙梁分别编号，编号原则同列表注写方式，并分别在相同编号的墙柱、墙身、墙梁中选择一根墙柱、一道墙身、一根墙梁进行注写。

3. 剪力墙洞口的表示方法

在图中或列表中，洞口的中心位置应引注：洞口编号、洞口几何尺寸、洞口中心相对标高、洞口每边补强钢筋。

矩形洞口编号为 JD××，矩形洞口几何尺寸为 $b×h$；圆形洞口为 YD××，圆形洞口几何尺寸为 D。洞口中心相对标高是相对于结构楼层面标高的洞口中心标高。

如：JD 2400×300+3.100　3Φ14，表示 2 号矩形洞口，洞宽为 400mm，洞高为 300mm，洞口中心距本结构层楼面 3100mm，洞口每边补强钢筋为 3Φ14。

当墙身水平分部钢筋不能满足连梁、暗梁及边框梁的梁侧边纵向构造钢筋的要求时，应补充注明梁侧面纵筋的具体数值；注写时，以大写字母 N 打头，接续注写直径与间距，其在支座内的锚固要求同连梁中受力筋。

4.1.2 剪力墙钢筋的识读

1. 基础层剪力墙钢筋的识读

1) 基础层剪力墙插筋的识读

(1) 插筋长度的计算。

剪力墙插筋长度根据图 4-2 计算，剪力墙插筋长度按式(4-1)计算：

剪力墙插筋长度=弯折长度 a+锚固竖直长度 h_1+搭接长度 $1.2 l_{aE}$

$$(4-1)$$

剪力墙钢筋.mp4

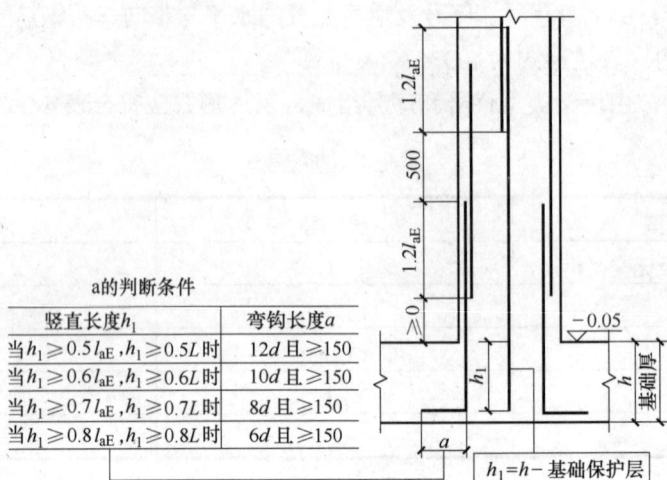

a的判断条件	
竖直长度h_1	弯钩长度a
当$h_1 \geqslant 0.5 l_{aE}$，$h_1 \geqslant 0.5L$时	$12d$且$\geqslant 150$
当$h_1 \geqslant 0.6 l_{aE}$，$h_1 \geqslant 0.6L$时	$10d$且$\geqslant 150$
当$h_1 \geqslant 0.7 l_{aE}$，$h_1 \geqslant 0.7L$时	$8d$且$\geqslant 150$
当$h_1 \geqslant 0.8 l_{aE}$，$h_1 \geqslant 0.8L$时	$6d$且$\geqslant 150$

图 4-2　剪力墙插筋连接构造

(2) 插筋根数的计算。

插筋根数根据图 4-3 计算，剪力墙插筋根数根据式(4-2)计算：

$$剪力墙插筋根数=[(剪力墙净长-插筋间距)/插筋间距+1] \times 排数 \quad (4-2)$$

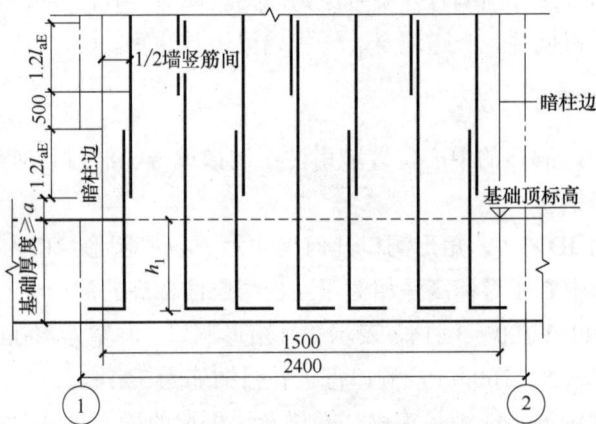

图 4-3　剪力墙插筋根数计算图

2) 基础层剪力墙水平筋的识读

(1) 水平筋长度的计算。

① 剪力墙水平外侧筋连续通过的情况：剪力墙水平外侧筋连续通过时，按图 4-4 计算。

$$外侧水平筋长度=墙外侧长度(A_1+L_1+L_2+A_4)-保护层 \times 2 \quad (4-3)$$

$$内侧水平筋长度=墙外侧长度(A_1+L_1+L_2+A_4)-保护层 \times 2+弯折 15d \times 2 \quad (4-4)$$

② 剪力墙水平外侧筋相互搭接的情况：剪力墙水平外侧筋相互搭接时，按图 4-5 计算。

$$外侧水平筋长度=墙外侧长度(A_1+L_1+L_2+A_4)-保护层 \times 2+0.65 l_{aE} \times 2 \quad (4-5)$$

$$内侧水平筋长度=墙外侧长度(A_1+L_1+L_2+A_4)-保护层 \times 2+弯折 15d \times 2 \quad (4-6)$$

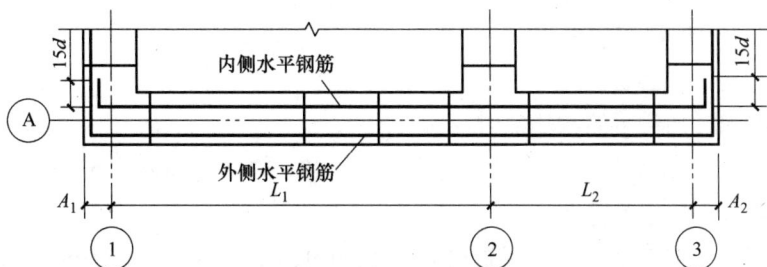

图 4-4 基础层剪力墙水平筋长度计算图(外侧筋连续通过)

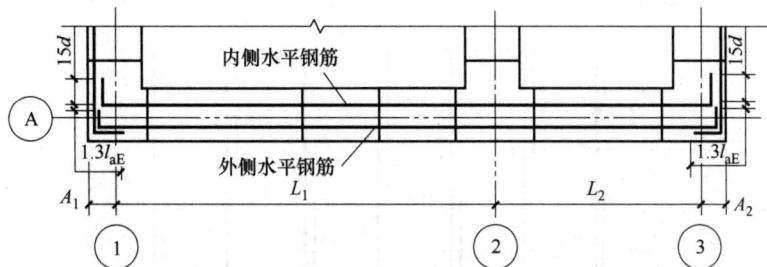

图 4-5 基础层剪力墙水平筋长度计算图(外侧筋相互搭接)

(2) 水平筋根数的计算。

基础层水平筋根数按图 4-6 计算。

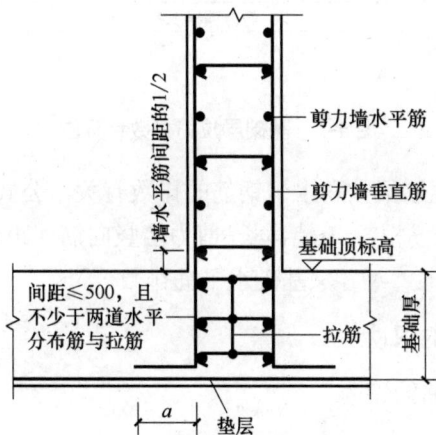

图 4-6 基础层剪力墙水平筋根数计算图

根据图 4-6,基础层水平筋根数有以下三种算法。

第一种算法:基础上下两端不布置水平筋。

$$基础层水平筋根数 1=[(基础高度-基础保护层)/间距-1]×排数 \qquad (4-7)$$

第二种算法:基础上或下一端布置水平筋。

$$基础层水平筋根数 2=[(基础高度-基础保护层)/间距]×排数 \qquad (4-8)$$

第三种算法:基础上下两端均布置水平筋。

$$基础层水平筋根数 3=[(基础高度-基础保护层)/间距+1]×排数 \qquad (4-9)$$

3) 基础层剪力墙拉筋的识读

(1) 拉筋长度的计算。

① 当拉筋同时钩住主筋和箍筋时：

$$拉筋长度=(h-保护层×2)+4d+1.9d×2+\max(10d，75mm)×2 \tag{4-10}$$

② 当拉筋只钩住主筋时：

$$拉筋长度=(h-保护层×2)+2d+1.9d×2+\max(10d，75mm)×2 \tag{4-11}$$

(2) 拉筋根数的计算。

基础层拉筋根数根据图 4-7 计算。

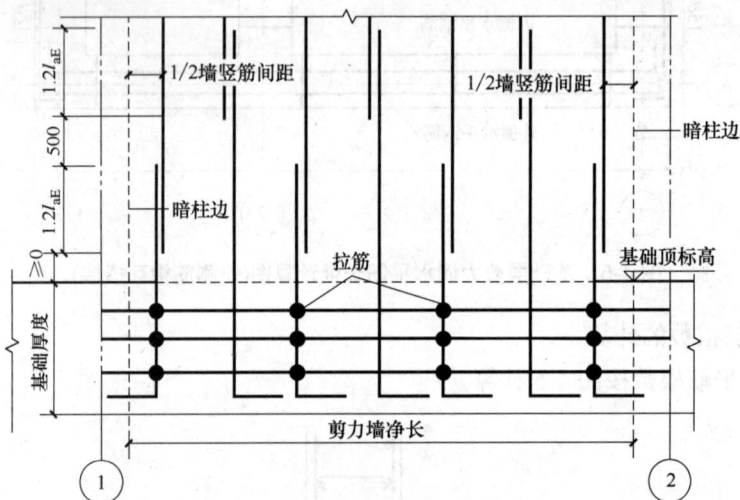

图 4-7 基础层拉筋根数计算图

由上图可知，基础层拉筋根数和水平钢筋的排数有关，公式如下：

$$基础层拉筋根数=[(墙净长-剪力墙竖向筋间距)/拉筋间距+1]$$
$$×基础水平筋排数 \tag{4-12}$$

2. 中间层剪力墙钢筋的识读

1) 中间层剪力墙垂直筋的识读

(1) 垂直筋长度的计算。

① 纯剪力墙中间层垂直筋长度按图 4-8 计算。

根据图 4-8 推导出剪力墙垂直筋长度计算公式如下：

$$中间层垂直筋长度=中间层层高+1.2\,l_{aE} \tag{4-13}$$

② 剪力墙垂直筋遇到洞口，在洞口边垂直筋弯折 15d，如图 4-9 所示。

(2) 垂直筋根数的计算

中间层垂直筋根数计算公式如下：

$$中间层垂直筋根数=[(剪力墙净长-垂直筋间距)/垂直筋间距+1]×垂直筋排数 \tag{4-14}$$

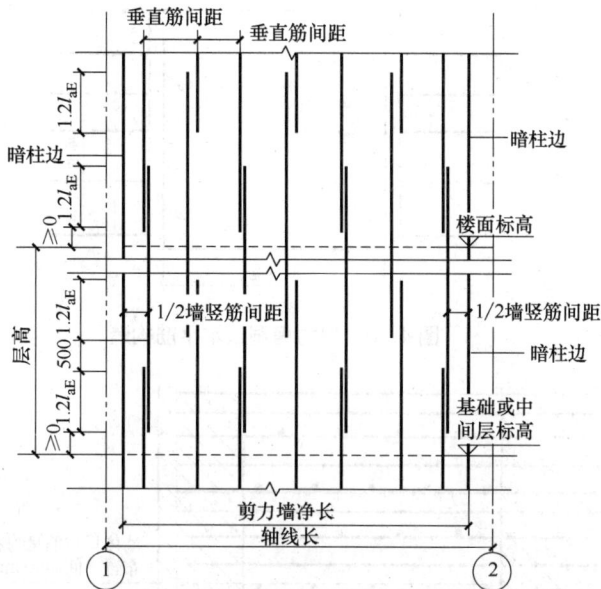

图 4-8　中间层剪力墙垂直筋布置图

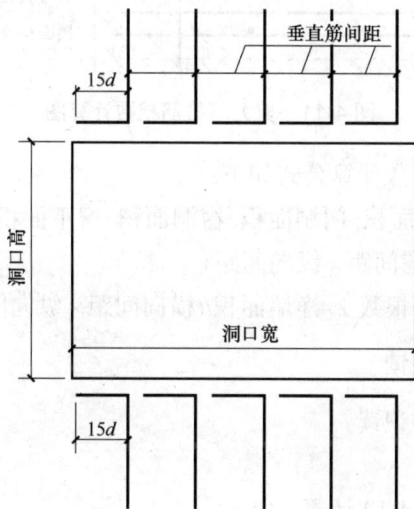

图 4-9　剪力墙洞口垂直筋构造

2) 中间层剪力墙水平筋的识读

水平筋长度的计算。

① 剪力墙无洞口时，剪力墙水平筋长度计算与基础层一样。

② 剪力墙水平筋遇到洞口时，按图 4-10 处理。

3) 中间层剪力墙拉筋的识读

(1) 拉筋长度的计算。

与前面一样，这里不再说明。

(2) 拉筋根数的计算。

剪力墙拉筋根数根据图 4-11 计算。

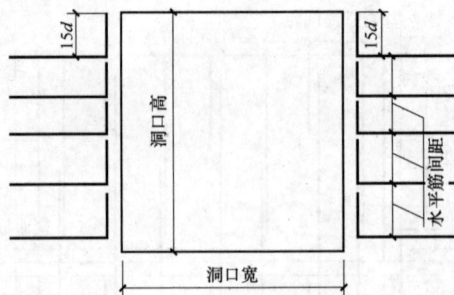

图 4-10　剪力墙洞口水平筋构造

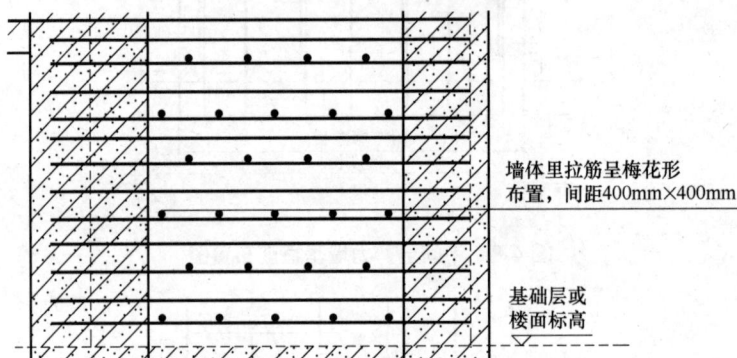

图 4-11　剪力墙拉筋根数计算图

根据图 4-11 推导拉筋根数计算公式如下：

拉筋根数 1=(墙总面积−门洞面积−窗洞面积−窗下面积−连梁面积−暗柱面积)

/(横向间距×纵向间距)　　　　　　　　　　　　　　　　　　(4-15)

拉筋根数 2=净墙面积/(横向间距×纵向间距)　　　　　　　(4-16)

3. 顶层剪力墙钢筋的识读

1) 顶层剪力墙垂直筋的识读

(1) 垂直筋长度的计算。

顶层垂直筋的长度按图 4-12 计算。

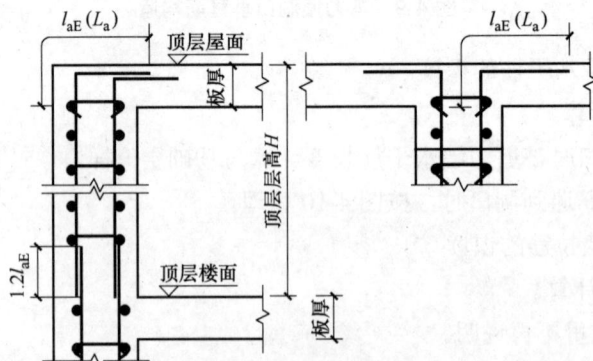

图 4-12　剪力墙垂直筋顶部构造

根据图 4-12 推导出顶层剪力墙垂直筋长度计算公式如下：

$$顶层垂直筋长度 = 层高 - 板厚 + l_{aE} \qquad (4\text{-}17)$$

(2) 垂直筋根数的计算。

$$顶层垂直筋根数 = [(剪力墙净长 - 垂直筋间距)/垂直筋间距 + 1] \times 垂直筋排数 \qquad (4\text{-}18)$$

2) 顶层剪力墙水平筋的识读

其计算方法同中间层。

3) 顶层剪力墙拉筋的识读

其计算方法同中间层。

4.2 剪力墙的构造会审

4.2.1 剪力墙的构造要求

1. 与延性有关的构造要求

在弯曲破坏条件下，影响延性最根本的因素是混凝土受压区高度和极限压应变值，受压区高度减小或混凝土极限压应变加大都可以增加截面的极限曲率，延性会提高。剪力墙结构与延性有关的构造要求主要有以下几个方面。

1) 混凝土强度等级

混凝土强度等级对抗弯承载力影响不大，但截面极限压应变会产生变化进而对延性影响很大。当混凝土强度等级低于 C20 时，延性会降低。因此，剪力墙结构混凝土强度等级不应低于 C20，也不宜高于 C60。

2) 截面形式

剪力墙截面有无翼缘对剪力墙延性影响很大。当截面没有翼缘时，延性较差；有了翼缘和端柱后，延性大大提高。因此，剪力墙两端和洞口两侧应设置边缘构件，可为端柱、暗柱或翼墙。试验表明，设有约束边缘构件的剪力墙比矩形截面剪力墙的极限承载力可提高 40%，极限层向位移角可提高一倍，对地震能量的消耗能力可提高 20%，极限承载力和延性均有大幅提高或改善。

剪力墙的边缘构件分为两类，即约束边缘构件和构造边缘构件。一、二、三级剪力墙底层墙肢底截面的轴压比大于表 4-3 中的规定值时，应在底部加强部位及相邻的上一层设置约束边缘构件，其他部位应设置构造边缘构件。

表 4-3 剪力墙可不设约束边缘构件的最大轴压比

抗震等级	一级(9 度)	一级(6、7、8 度)	二、三级
轴压比	0.1	0.2	0.3

(1) 约束边缘构件。

约束边缘构件的长度和配箍特征值均应符合下列要求，约束边缘构件沿墙肢的长度 l_c，不应小于表 4-4 中的数值，对暗柱尚不应小于墙厚和 400mm 的较大值，当有端柱、翼墙时，尚不应小于翼墙厚度或端柱沿墙肢方向截面高度加 300mm。

表 4-4　约束边缘构件沿墙肢的长度 l_c 及配箍特征值 λ_v

项　目	一级(9 度)		一级(7、8 度)		二、三级	
	$\mu_N \leq 0.2$	$\mu_N > 0.2$	$\mu_N \leq 0.3$	$\mu_N > 0.3$	$\mu_N \leq 0.4$	$\mu_N > 0.4$
l_c(暗柱)	$2.20h_w$	$0.25h_w$	$0.15h_w$	$0.20h_w$	$0.15h_w$	$0.20h_w$
l_c(端柱或翼柱)	$0.15h_w$	$0.20h_w$	$0.10h_w$	$0.15h_w$	$0.10h_w$	$0.15h_w$
λ_v	0.12	0.20	0.12	0.20	0.12	0.20

注：①两侧翼墙长度小于其厚度 3 倍时，视为无翼墙剪力墙；端柱截面边长小于墙厚 2 倍时，视为无端柱剪力墙。

②μ_N 为墙肢在重力荷载代表值作用下的轴压比，h_w 为剪力墙墙肢长度。

约束边缘构件(图 4-13 阴影部分)的体积配箍率应符合式(4-19)的要求：

$$\rho_v \geq \lambda_v f_c / f_{yv} \tag{4-19}$$

式中：ρ_v——图 4-13 阴影部分箍筋的体积配箍率，可计入箍筋、拉筋以及符合构造要求的水平分布钢筋，计入的水平分布钢筋的体积配箍率不应大于总体积配箍率的 30%；

f_{yv}——箍筋的抗拉强度设计值；

f_c——混凝土轴心抗压强度设计值，混凝土强度等级低于 C35 时，应取 C35 的混凝土轴心抗压强度设计值计算；

λ_v——约束边缘构件配箍特征值，按照表 4-4 选用。

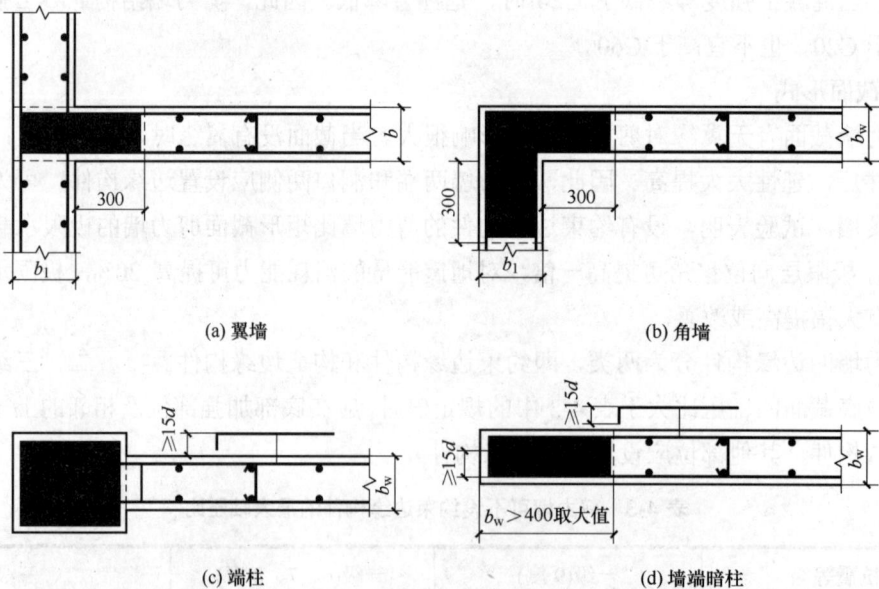

(a) 翼墙　　(b) 角墙　　(c) 端柱　　(d) 墙端暗柱

图 4-13　抗震设计剪力墙底部加强部位构造边缘构件配筋构造

注：①边缘构件宜采用箍筋，箍筋的无肢长度不应大于 300mm，超过时应设拉筋；

②图(a)(b)水平分布筋应符合规范规定。

剪力墙约束边缘构件阴影部分的竖向钢筋除应满足正截面承载力计算要求外，其配筋率，二、三级抗震设计时分别不应小于 1.2%、1.0% 和 1.0%，并分别不应少于 8Φ16、6Φ16 和 6Φ14 的钢筋。约束边缘构件箍筋或拉筋沿竖向间距：一级不宜大于 100mm，二、三级不宜大于 150mm，箍筋、拉筋沿水平方向的肢距不宜大于 300mm，不应大于竖向钢筋间距的 2 倍。

(2) 构造边缘构件。

剪力墙构造边缘构件的范围宜按图 4-14 的阴影部分采用。构造边缘构件的配筋除应满足正截面承载力计算外，还应符合表 4-5 的要求。当端柱承受集中荷载时，其竖向钢筋、箍筋直径和间距应满足框架柱的相应要求。箍筋、拉筋沿水平方向的肢距不宜大于 300mm，不应大于竖向钢筋间距的 2 倍。表 4-5 中 A_c 为边缘构件的截面面积，即图 4-14 中的阴影部分面积。

剪力墙的边缘构件
类别.docx

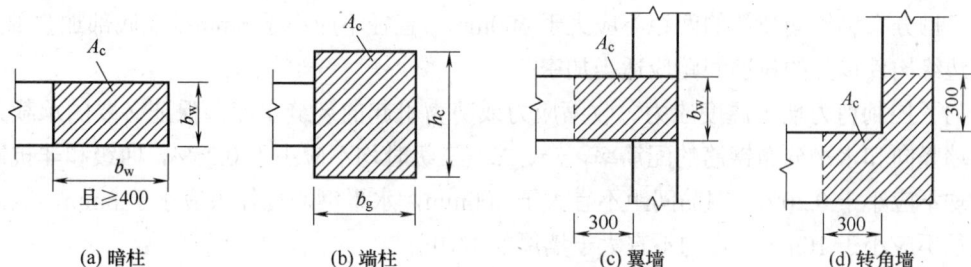

图 4-14 剪力墙构造边缘构件

表 4-5 剪力墙构造边缘构件的配筋要求

抗震等级	底部加强部分			其他部位		
	纵向钢筋最小量（取较大值）	箍筋		纵向钢筋最小量（取较大值）	箍筋或拉筋	
		最小直径 /mm	沿竖向最大间距/mm		最小直径 /mm	沿竖向最大间距/mm
一	$0.010A_c$，6Φ16	8	100	$0.008A_c$，6Φ14	8	150
二	$0.008A_c$，6Φ14	8	150	$0.006A_c$，6Φ12	8	200
三	$0.006A_c$，6Φ12	6	150	$0.005A_c$，4Φ12	6	200
四	$0.005A_c$，4Φ12	6	200	$0.004A_c$，4Φ12	6	250

3) 轴压比

剪力墙轴压力加大，使受压区高度增加，会降低剪力墙截面延性。为保证剪力墙底部塑性铰区的延性性能，在重力荷载作用下，一、二、三级剪力墙墙肢的轴压比 $\mu_N = N/(f_c A)$ 不宜超过表 4-6 中的限值。

表 4-6　剪力墙墙肢轴压比限值

抗震等级	一级(9 度)	一级(6、7、8 度)	二、三级
轴压比	0.4	0.5	0.6

注：墙肢轴压比是指重力荷载代表值作用下墙肢承受的轴压力设计值的全截面面积和混凝土轴心抗压强度设计值乘积的比值。

4）配筋形式

剪力墙截面的极限转角随配筋率的提高而减小，配筋率相同的情况下，当端部钢筋与分布钢筋的分配比例不同时，端部钢筋增加，分布钢筋减少时，既可提高承载力，又可提高延性。边缘构件的配筋方式即是这一原理的应用。

剪力墙竖向和横向分布钢筋不应采用单排配筋。当剪力墙截面厚度 b_w 不大于 400mm 时，可采用双排配筋；当 b_w 大于 400mm，但不大于 700mm 时，宜采用三排配筋；当 b_w 大于 700mm 时，宜采用四排配筋。截面设计所需要的配筋可分布在各排中，靠墙面的配筋略大。各排分布钢筋间拉筋的间距不应大于 600mm，直径不应小于 6mm；在底部加强部位，约束边缘构件以外的拉筋间距应适当加密。

为了控制剪力墙因温度应力、收缩应力或剪力引起的裂缝宽度，保证必要的承载力，剪力墙竖向和水平分布钢筋的配筋率，一、二、三级时均不应小于 0.25%，四级和非抗震设计时均不应小于 0.20%。钢筋间距不宜大于 300mm，水平钢筋直径不应小于 8mm，竖向钢筋直径不应小于 10mm，且均不宜大于墙厚的 1/10。

2．有关抗震构造措施

1）剪力墙截面的厚度要求

为保证剪力墙墙体的稳定和浇筑混凝土质量，钢筋混凝土剪力墙的厚度，不应小于表 4-7 中的数值。

表 4-7　剪力墙的最小厚度

mm

抗震等级	部　位		最小厚度(取较大值)
一、二级	一般情况	底部加强部位	200，$H/16$
		其他部位	160，$H/20$
	无端柱或翼墙的一字形剪力墙	底部加强部位	220，$H/12$
		其他部位	180，$H/16$
三级、四级	一般情况	底部加强部位	160，$H/20$
		其他部位	160，$H/25$
	无端柱或翼墙的一字形剪力墙	底部加强部位	180，$H/16$
		其他部位	160，$H/20$
非抗震			160

2) 剪力墙钢筋的锚固和连接

剪力墙中，钢筋的锚固和连接要满足以下要求：

(1) 非抗震设计时，剪力墙纵向钢筋最小锚固长度应取 l_a；抗震设计时，剪力墙纵向钢筋最小锚固长度应取 l_{aE}。l_a、l_{aE} 的取值应分别符合有关规范要求。

(2) 剪力墙纵向及水平分布钢筋的搭接连接，一、二级抗震等级剪力墙加强部位，接头位置应错开，每次连接的钢筋数量不宜超过总数量的 50%，错开净距不宜小于 500mm；其他情况剪力墙的钢筋可在同一部位搭接连接。非抗震设计时，分布钢筋的搭接长度不应小于 $1.2l_a$，抗震设计时不小于 $1.2l_{aE}$，如图 4-15 所示。

音频 剪力墙钢筋的锚固和连接的要求.mp3

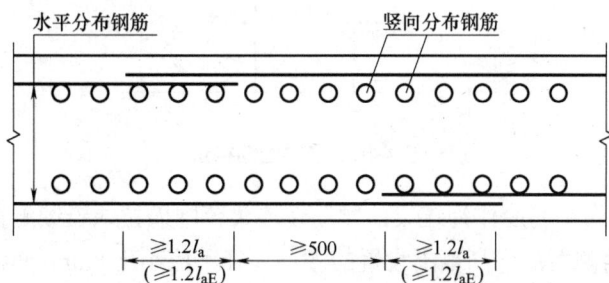

图 4-15 剪力墙分布钢筋的搭接连接

(3) 暗柱及端柱内纵向钢筋的连接和锚固要求宜与框架柱相同。

3) 连梁配筋构造

一般连梁的跨高比都较小，容易出现剪切斜裂缝。为防止斜裂缝出现后的脆性破坏，除了采取减小其名义剪应力、加大其箍筋配置的措施外，还在构造上提出了以下一些特殊要求。

(1) 跨高比(l/h_b)不大于 1.5 的连梁，非抗震设计时，其纵向钢筋的最小配筋率可取为 0.2%；抗震设计时，其纵向钢筋的最小配筋率宜符合表 4-8 的要求；跨高比大于 1.5 的连梁，其纵向钢筋的最小配筋率可按框架梁的要求采用。

表 4-8 跨高比不大于 1.5 的连梁纵向钢筋的最小配筋率

%

跨高比	最小配筋率(采用较小值)
$l/h_b \leqslant 0.5$	$0.2,45f_x/f_y$
$0.5 < l/h_b \leqslant 1.5$	$0.25,55f_x/f_y$

(2) 连梁顶面、底面纵向受力钢筋伸入墙内的锚固长度，抗震设计时不应小于 l_{aE}，非抗震设计时不应小于 l_a，且不应小于 600mm，如图 4-16 所示。

(3) 抗震设计时，沿连梁全长箍筋的构造应按框架梁梁端加密区箍筋的构造要求采用；非抗震设计时，沿连梁全长的箍筋直径不应小于 6mm，间距不应大于 150mm。

(4) 顶层连梁纵向钢筋伸入墙体的长度范围内应设置间距不大于 150mm 的构造箍筋，箍筋直径与该连梁的箍筋直径相同。

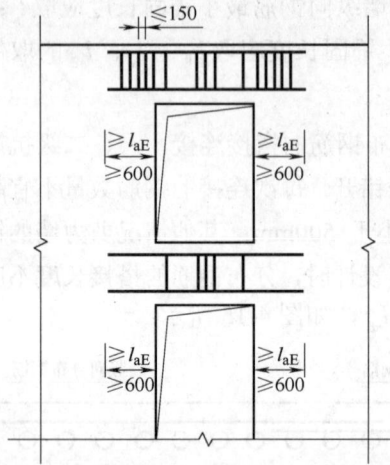

图 4-16　连梁配筋构造

(5) 墙体水平分布钢筋应作为连梁的腰筋在连梁范围内拉通连续配置；当连梁截面高度大于 700mm 时，其两侧面沿梁高范围设置的腰筋直径不应小于 8mm，间距不应大于 200mm；对跨高比不大于 2.5 的连梁，连梁两侧腰筋的总面积配筋率不应小于 0.3%。

(6) 剪力墙墙面开洞和连梁开洞时，应符合下列要求：当剪力墙墙面开有非连续小洞口，洞口各边长度小于 800mm，且在整体计算中不考虑其影响，应将洞口被截断的分布筋集中配置在洞口上、下和左、右两边，且钢筋直径不小于 12mm，如图 4-17(a)所示。穿过连梁的管道宜预埋套管，洞口上、下的有效高度不宜小于梁高的 1/3，且不宜小于 200mm，洞口宜配置补强钢筋，被洞口削弱的截面应进行承载力验算，如图 4-17(b)所示。

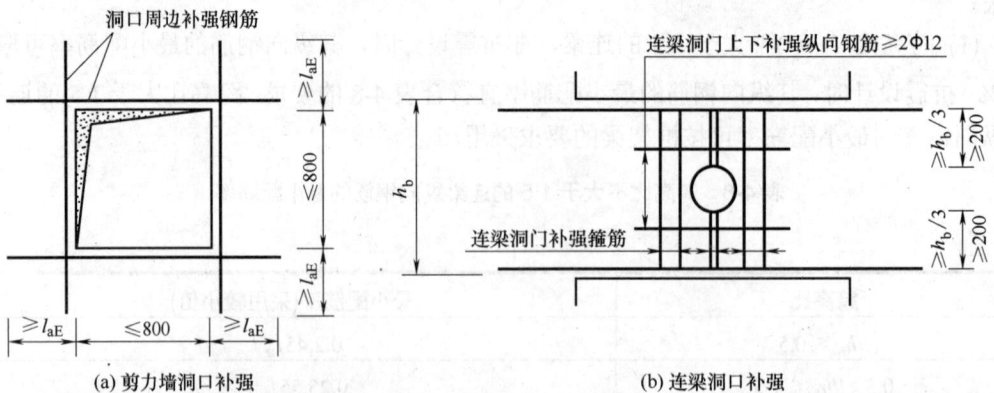

(a) 剪力墙洞口补强　　　　　　　　　　(b) 连梁洞口补强

图 4-17　洞口补强配筋示意图

4.2.2　剪力墙技术交底的方法

参见柱的技术交底方法，其不同点如下：

(1) 如柱墙的混凝土强度等级相同时，可以同时浇筑，反之宜先浇筑柱混凝土，预埋剪力墙锚固筋，待拆柱模后，再绑剪力墙钢筋、支模、浇筑混凝土。

(2) 剪力墙浇筑混凝土前，先在底部均匀浇筑 5cm 厚与墙体混凝土成分相同的水泥砂浆，并用铁锹入模，不应用料斗直接灌入模内。

(3) 浇筑墙体混凝土应连续进行，间隔时间不应超过 2h，每层浇筑厚度控制在 60cm 左右，因此必须预先安排好混凝土下料点位置和振捣器操作人员数量。

(4) 混凝土墙体浇筑完毕之后，将上口甩出的钢筋加以整理，用木抹子按标高线将墙上表面混凝土找平。

音频　柱与剪力墙技术交底
方法的不同之处.mp3

剪力墙的钢筋绑扎注意以下两点。

(1) 准备工作：核对半成品钢筋的规格、尺寸和数量等是否与料单相符，准备好绑扎的铁丝、工具保护层等。

(2) 剪力墙钢筋的定位方法参见 4.6 节。

4.3　剪力墙的人机料计划编制

剪力墙的人机料计划编制方法及步骤均与柱的人机料计划编制相同，也是先计算出剪力墙的工程量，再查取相应的定额，利用定额计算出相应的人机料用量。

4.4　剪力墙的测量施工

剪力墙的测量施工工艺流程如下：放剪力墙中线→弹线→剪力墙边线→弹线→复核。剪力墙测量方法与柱测量方法基本相同，只是剪力墙边线比较多，要注意测量齐全。

4.5　剪力墙的脚手架搭设

参见第 1 章扣件式脚手架搭设和里脚手架的搭设。

4.6　剪力墙的钢筋施工

剪力墙身钢筋包括水平分布钢筋、竖向分布钢筋和拉筋。墙身所设置的水平与竖向分布钢筋的排数一般为两排，且各排水平与竖向分布钢筋的直径和间距宜保持一致，剪力墙拉筋两端同时勾住外排水平和竖向纵筋，当剪力墙配置的分布钢筋多于两排时，剪力墙拉筋两端应同时勾住外排水平和竖向纵筋，还应与剪力墙内排水平纵筋和竖向纵筋绑扎在一起。

剪力墙钢筋分布形式.docx

剪力墙的钢筋施工工艺流程如下：放线→钢筋位置、间距校正→套箍筋→竖筋焊接→竖焊接头检查→面线→竖向定位→水平筋绑扎→挂拉钩→挂垫块(安装预埋)→校正→自检→验收。

墙体钢筋定位：钢筋的绑扎严格按照图纸和规范的要求，在有门窗洞口的地方，钢筋切断后，应加上锁口筋。剪力墙竖向钢筋顶部增设一根 $\phi 16$ 及以上水平筋，与竖向钢筋按设计间距绑扎牢固，保证竖筋位置准确，墙体双层筋之间增设 $\phi 12$ 及以上撑铁，高度为双层竖筋净距，纵横间距不宜大于 1500mm，双层钢筋之间按设计及规范要求设置拉结筋，以保证双层筋之间位置正确；下层钢筋混凝土浇完后，应清除钢筋上的水泥砂浆，并将偏移竖筋扳正，再与上层筋焊接或搭接绑扎。钢筋绑扎完后，对照图纸再一次检查，合格后绑扎垫块，穿上对拉夹具的钢管和内衬套，打扫干净杂物，然后进行模板的施工。

其余内容参见第 1 章。

4.7 剪力墙的模板施工

4.7.1 剪力墙模板的类型和特点

剪力墙是钢筋混凝土主体结构中一个承受水平力和竖向力的重要构件，竖向尺寸及宽度较大，厚度相对较小。因此，在施工现场，剪力墙模板通常采用钢模板、组合钢模板或胶合板组成大面板，辅以支撑件和连接件组成剪力墙的成模系统。

模板类型.docx

1. 钢模板

钢模板可替代木模板，通常可显著减少与木材、胶合板或钢板等传统封模板对混凝土压力中的孔隙水压力及气泡的排除；钢模板结构混凝土浇筑成形后，形成了一个理想的粗糙界面，不需要进行粗琢作业可以进入下一道工序施工。

既可以在安装钢筋之前放置，也可以在安装钢筋之后放置。如果是在安装钢筋之前放置，放置安装方便简易；可以对混凝土的浇筑过程进行可视化监控，从而降低出现孔隙和蜂窝状结构等现象的风险。

2. 组合钢模板

组合钢模板，宽度 300mm 以下，长度 1500mm 以下，面板采用 Q235 钢板制成，面板厚 2.3 或 2.5mm。又称组合式定型小钢模或小钢模，主要包括平面模板、阴角模板、阳角模板、连接角模等。

在全国各地应用较普遍，尤其在北方用量很大，适用于各种现浇钢筋混凝土工程。可事先按设计要求组拼成梁、柱、墙、楼板的大型模板，整体吊装就位，也可采用散装散拆方法，比较方便：施工方便，通用性强，易拼装，周转次数多；但一次投资大，拼缝多，易变形，拆模后一般都要进行抹灰，个别还需要进行剔凿。

3. 胶合板

胶合板是由木段旋切成单板或由木方刨切成薄木，再用胶粘剂胶合而成的三层或多层的板状材料，通常用奇数层单板，并使相邻层单板的纤维方向互相垂直胶合而成。

层数一般为奇数，少数也有偶数。纵横方向的物理、机械性质差异较小。常用的胶合板类型有三合板、五合板等。胶合板能提高木材利用率，是节约木材的一个主要途径。

4.7.2 剪力墙模板的配板过程

1. 面板系统

剪力墙大模板由面板系统、支撑系统、操作平台系统及连接件等组成(图4-18)。其组拼方式有组合式(图4-19)和整体式两种。目前工程中常用组合式大模板。

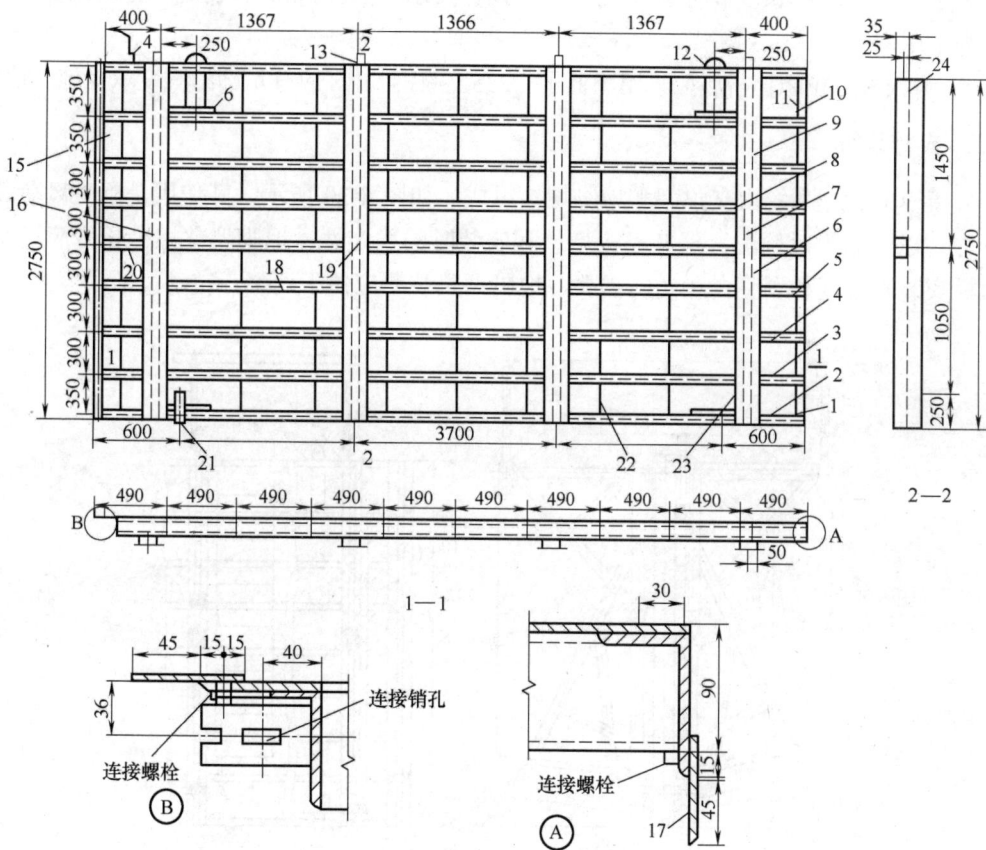

图4-18 组合式大模板板面系统构造

1—面板；2—底横肋(横龙骨)；3、4、5—横肋(横龙骨)；

6、7—竖肋(竖龙骨)；8、9、22、23、24—小肋(扁钢竖肋)；10、17—拼缝扁钢；

11、15—角龙骨；12—吊环；13—上卡板；14—顶横龙骨；16—撑板钢管；

18—螺母；19—垫圈；20—沉头螺丝；21—地脚螺丝

大模板面板系统常用材料有钢面板、组合钢模板、胶合板。其材料要求如下。

(1) 全钢大模板的面板应选用厚度不小于 5mm 的钢板制作,材质不应低于 Q235A 级钢的性能要求;钢木或钢竹大模板的面板必须选用双面覆膜的防水胶合板,其割口及孔洞必须作密封处理。

(2) 胶合板的厚度须通过模板设计计算确定。并且胶合板的板面应平整光洁、边角整齐、防水耐磨、耐酸碱,且不得有脱胶、起层或翘曲变形等现象。

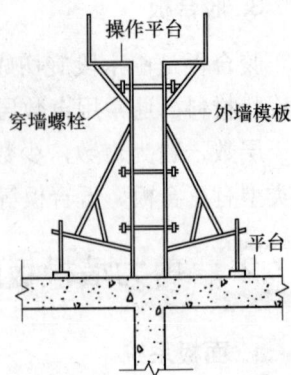

图 4-19　大模板组拼方式示意图

(3) 大模板钢吊环应采用 Q235A 级钢制作并应具有足够的安全储备,严禁使用冷加工钢筋。焊接式钢吊环应合理选择焊条型号,焊缝长度和焊缝高度应符合设计要求;装配式吊环与大模板采用螺栓连接时必须采用双螺母。

(4) 大模板对拉螺栓材质应采用不低于 Q235A 级钢制作,应有足够的强度承受施工荷载。

2. 支撑系统

大模板的支撑系统由支撑架和地脚螺栓组成,如图 4-20 所示,其作用是承受风荷载和水平力,以防止模板倾覆,保持模板堆放和安装时的稳定性。地脚调整螺栓长度应满足调节模板安装垂直度和调整自稳角的需要,地脚调整装置应便于调整,转动灵活。

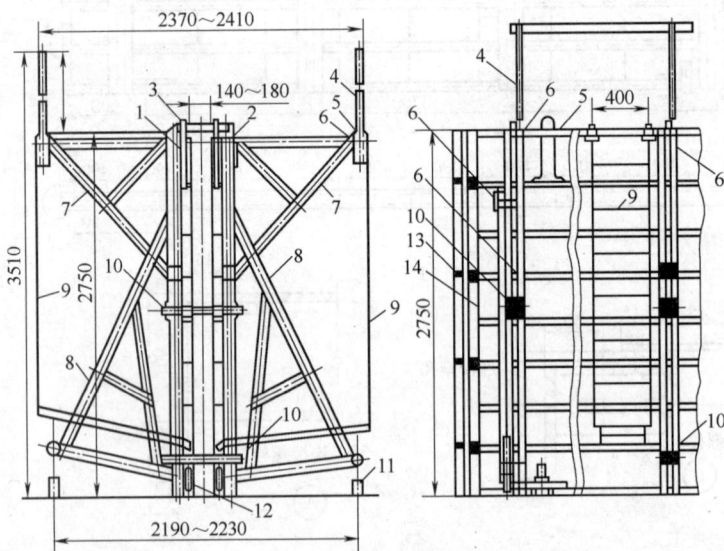

图 4-20　组合式大模板的构造

1—反向模板；2—正向模板；3—上口卡板；4—活动护身栏；5—爬梯横担；6—连接螺栓；
7—操作平台三角挂架；8—三角支撑架；9—铁爬梯；10—穿墙螺栓；11—地脚螺栓；
12—地面地脚螺栓；13—反活动角模；14—正活动角模

支撑架一般由型钢制成,每块大模板设 2~4 个支撑架,如图 4-21 所示。支撑架上端与大模板竖向龙骨用螺栓连接,下部横杆槽钢端部设有地脚螺栓,用以调节模板的垂直度。模板自稳角的大小与地脚螺栓的可调高度及下部横杆长度有关。

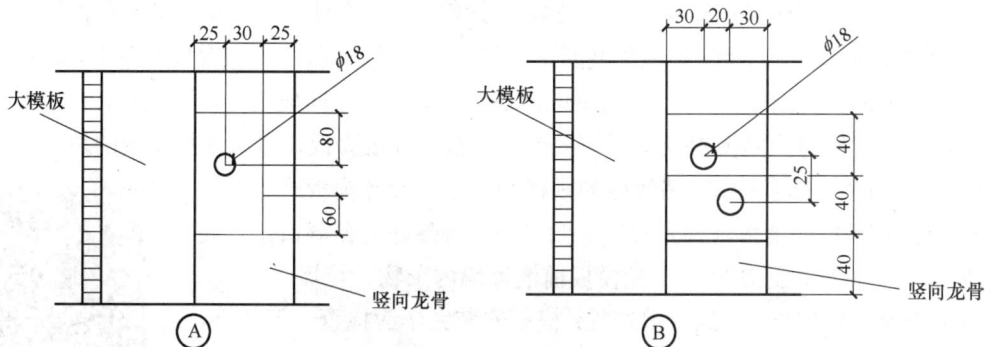

图 4-21　支撑架及地脚螺栓图中 A、B 放大图

3. 操作平台系统

操作平台系统由脚手架板和三脚架构成,附有铁爬梯及护身栏杆。三脚架插入竖向龙骨的套管内,组装以及拆除都比较方便。护身栏杆由钢管做成,上下可以活动,外挂安全网,每块大模板设置钢爬梯一个。

4.7.3　剪力墙模板施工方法与规范要求

1. 工艺流程

剪力墙模板施工工艺流程为:放线定位→模板安放预埋件→安装就位→侧模板→安装支撑→插入穿墙螺栓及套管等→安装就位另一侧模板及支撑→调整模板位置→紧固穿墙螺栓→固定支撑→检查校正→连接相邻模板。

剪力墙模板施工.mp4

施工电梯.mp4

2. 操作要点

剪力墙模板施工操作要点如下:

(1) 放线定位:根据建筑轴线放出控制线及剪力墙安装边线,根据边线订压脚板(电梯井内侧需用钉子固定起板木方)。

(2) 安装就位一侧模板:按放线位置订好压脚板,然后进行模板的拼装,边安装边插入穿墙螺栓和套管,穿墙螺栓的规格和间距在设计模板时应明确规定。有门窗洞口的墙体,宜先安好一侧模板,待弹好门窗洞口位置线后再安另一侧模板,且在安另一侧模板前清理墙内杂物、垃圾。

(3) 安装支撑：根据模板设计要求安装墙模板的拉杆或斜撑。一般内墙可在两侧加斜撑，若为外墙时应在两侧同时安装拉杆和斜撑，且边安装边校正其平整度、垂直度。斜撑的布置应按模板专项方案设计的间距、技术要求安装。

(4) 插入穿墙螺栓及套管等：为保证剪力墙墙体施工质量，必须安装钢筋保护层垫块，垫块为砂浆垫块或塑料卡环。垫块厚度因工程部位不同而不同，垫块布置成梅花形，间距600。穿墙螺栓应按照专项方案设计好的间距进行布置，水平、竖向成线，横平竖直，间距均匀。

(5) 安装就位另一侧模板及支撑：按放线位置订好压脚板，然后进行模板的拼装，边安装边插入穿墙螺栓和套管，穿墙螺栓的规格和间距在设计模板时应明确规定。有门窗洞口的墙体，宜先安好一侧模板，待弹好门窗洞口位置线后再安另一侧模板，且在安另一侧模板前清理墙内杂物、垃圾。

(6) 调整模板位置、紧固穿墙螺栓：模板安装完毕应检查一遍扣件、螺栓、拉顶撑是否牢固，模板拼接及底边是否严密。

(7) 固定支撑、检查校正：检查剪力墙模板的垂直度、墙体厚度、保护层厚度是否满足设计及规范要求，满足后即可固定模板支撑，边固定边校正。

剪力墙模板安装.mp4

(8) 验收交付下一道工序施工：剪力墙模板安装完成后在自检合格的基础上填报相关验收资料，经各方责任主体验收合格后交付下道工序施工。

3. 施工注意事项

剪力墙模板施工应注意以下事项。

(1) 墙模拼装加固，墙体支模，先将模板组成单侧墙模，模板底边内侧与位置线重合。加设支撑的每个节间内做好斜撑，四角做好十字封撑，并按要求绑好扫地杆。墙模垂直方向每隔700mm加设双根448mm钢管做竖肋，高度为墙体通高；水平方向每隔600mm加设双根ϕ48mm钢管做横肋，内穿ϕ18mm止水穿墙螺栓。单侧加固好后合另一侧模，合模前必须做好以下工作：请监理、建设单位验筋，做好隐蔽验收；检查预留预埋件是否准确无误；墙体内杂物是否清理干净。然后用同样方法合另一侧模板。经校核垂直度和位置后，与满堂红脚手架连成加固体系。墙模板拼装时，凡模板连接处要加一层自黏胶海绵条作为封条。模板底部抹水泥砂浆堵缝，以防止发生蜂窝露筋和烂根现象。模板表面必须彻底清理干净，并涂刷隔离剂。隔离剂应该使用水溶性的，以防止混凝土表面脱皮麻面。

(2) 墙体模板若采用胶合板，立带一般采用100mm×100mm和100mm×50mm的木枋，间距300mm；水平带采用两根ϕ48mm钢管，其间距，底部和顶部1/3范围内为600mm，中部为450mm。墙体转角处和墙连柱加工成定型模板，非整块板设在墙的中部。

(3) 模板加固采用直径为12mm的对拉螺栓，外墙设一道止水钢板，模板底部的固定利用基础底板混凝土施工时预埋钢筋头，以防止根部模板位移。

(4) 支撑采用钢管扣件和底撑或顶撑，支撑长度过大部分采用桁架体改变支撑长度，保证支撑有足够的强度和稳定性。

(5) 剪力墙模板安装质量以及剪力墙上预埋件和预留孔洞的允许偏差应满足规范要求，见表4-9。

表 4-9　模板安装和预埋件、预留孔洞的允许偏差

项　目		允许偏差/mm		检查方法
		单层、多层	高层框架	
柱、墙、梁轴线位移		5	3	尺量检查
标高		+5	+2　　−5	水准仪或拉线和尺量检查
柱、墙、梁截面尺寸		+4　　−5	+2　　−5	尺量检查
每层垂直度		3	3	2m 拖线板检查
相邻两板表面高低差		2	2	直尺和尺量检查
表面平整度		5	5	2m 靠尺和楔形塞尺检查
预埋钢板、预埋管、预留孔中心线位移		3	3	
预埋螺栓	中心线位移	2	2	拉线和尺量检查
	外露长度	+10　　−0	+10　　−0	
预留洞	中心线位移	10	10	
	截面内部尺寸	+10　　−0	−0	

【案例 4-1】某教学楼工程(框架剪力墙结构 14 层)在装修阶段，遇到了一个问题，就是在剪力墙上的抹灰总是空鼓，抹灰后半个月前检查不空鼓，可是随着时间的延长，空鼓现象越来越严重，最后发展到抹灰层完全脱落，经过甩浆、凿毛后，依然空鼓，处理了 1 个多月，后来这种空鼓现象自然就没有了。试分析出现上述状况的原因。

4.8　剪力墙的混凝土施工

4.8.1　剪力墙混凝土施工工艺和施工流程

1. 施工工艺

1) 材料要求及主要机具

剪力墙混凝土施工的材料要求及主要机具如下：

(1) 水泥：用 325～425 号普通硅酸盐水泥或矿渣硅酸盐水泥。当使用矿渣硅酸盐水泥时，应视具体情况采取强措施确保墙体拆模及扣板强度。

(2) 砂：粗砂或中砂，当混凝土为 C30 以下时，含泥量不大于 5%；混凝土等于及高于 C30 时，含泥量不大于 3%。

(3) 石子：卵石或碎石，粒径 0.5～3.2cm，当混凝土为 C30 以下时，含泥量不大于 2%；混凝土等于及高于 C30 时，含泥量不大于 1%。

(4) 水：不含杂质的洁净水。

(5) 外加剂：应符合相应标准的技术要求，其掺量应根据施工要求通过试验室确定。

(6) 主要机具：混凝土搅拌机、吊斗、手推车、磅秤、插入式振捣棒(高频)、铁锹、铁

盘、木抹子、小平锹、水勺、水桶、胶皮水管等。

2) 作业条件

剪力墙混凝土施工的作业条件如下：

(1) 办完钢筋隐检手续，注意检查支铁、垫块，以保证保护层厚度。核实墙内预埋件、预留孔洞、水电预埋管线、盒(槽的位置、数量及固定情况)。

(2) 检查模板下口、洞口及角模处拼接是否严密，边角柱加固是否可靠，各种连接件是否牢固。

(3) 检查并清理模板内残留杂物用水冲净。外砖内横的砖墙及木模，常温时应浇水湿润。

(4) 混凝土搅拌机、振捣器、磅秤等经检查、维修。计量器具已定期校核。

(5) 检查电源、线路并做好夜间施工照明的准备。

(6) 由试验室进行试配确定混凝土配合比及外加剂用量，注意节约水泥，方便施工，满足混凝土早期强度要求，拆模后墙面平整，达到不抹灰的要求。

2. 施工流程

剪力墙混凝土施工流程如下：施工缝处理→钢筋隐蔽验收→模板验收→混凝土浇灌许可证审批→模板清洁润湿→浇筑、养护混凝土。

4.8.2 剪力墙施工缝的留置

1. 施工缝预留位置

剪力墙施工缝留置在基础的顶面、板面、门洞口过梁跨中 1/3 范围内，也可留在纵横墙的交接处。

2. 施工缝的处理

剪力墙施工缝的处理方式如下：

(1) 在已硬化的混凝土表面上继续浇筑混凝土前，应清除垃圾、水泥薄膜、表面上松动的砂石和软弱混凝土层；还应该凿毛，用水冲洗干净并充分湿润，一般不少于 24h，不得留有积水。

(2) 清除钢筋表面的油污、水泥砂浆、浮锈等杂质。

(3) 在浇筑前，水平施工缝宜先铺一层 10～15mm 厚的配比与混凝土成分相同的水泥砂浆。

4.8.3 剪力墙混凝土施工要求

1. 混凝土浇筑、振捣

剪力墙混凝土浇筑、振捣时，应注意以下几点：

(1) 墙体浇筑混凝土前，在底部接槎处先浇筑 5cm 厚与墙体混凝土成分相同的水泥砂浆或石子混凝土。用铁锹均匀入模，不应用吊斗直接灌入模内。第一层浇筑高度控制在 50cm

左右，以后每次浇筑高度不应超过 1m；分层浇筑、振捣。混凝土下料点应分散布置。墙体连续进行浇筑，间隔时间不超过 2h。

(2) 洞口浇筑时，使洞口内侧浇筑高度对称均匀，振捣棒距洞边 30cm 以上，宜从两侧同时振捣，防止洞口变形，大洞口下部模板应开口，并补充混凝土及振捣。

(3) 外砖内模、外板内模大角及山墙构造柱分层浇筑，每层不超过 50cm。内外墙交界处加强振捣，保证密实。外砖内模应采取措施，防止外墙鼓胀。

(4) 振捣：插入式振捣器移动间距不宜大于振捣器作用半径的 1.5 倍，一般应小于 50cm，洞口两侧构造柱要振捣密实，不得漏振。每一振点的延续时间，以表面呈现浮浆和不再沉落为达到要求，避免碰撞钢筋、模板、预埋件、预埋管、外墙板空腔防水构造等，发现有变形、移位，各有关工种相互配合进行处理。

(5) 墙上口找平：混凝土浇筑振捣完毕，将上口甩出的钢筋加以整理，用木抹子按预定标高线，将表面找平。预制模板安装宜采用硬架支模，上口找平时，使混凝土墙上表面低于预制模板下皮标高 3～5cm。

2. 拆模养护

常温时混凝土强度大于 1MPa，冬期时掺防冻剂使混凝土强度达到 4MPa 时拆模，保证拆模时墙体不粘模、不掉角、不裂缝，及时修整墙面、边角。常温及时喷水养护，养护时间不少于 7d，浇水次数应能保持混凝土湿润。

【案例 4-2】某工程的施工二标段，由 1#、5#、7#楼及 10～13 轴与 16～17 轴之间南北向后浇带(中间以 E～G 轴之间东西向后浇带相连)为分界线以东范围的地下车库组成，总建筑面积为 27435m²，其中 1#楼、5#楼为地上 18 层，地下 2 层；7#楼为地上 2 层。本工程结构设计使用年限为 50 年。安全等级：建筑结构安全等级为二级；裂缝控制等级为三级；本建筑物耐火等级为二级；抗震设防类别为丙类，抗震设防烈度为 7 度。

请结合上文分析本工程剪力墙应如何施工。

4.9 剪力墙的质量及安全控制

4.9.1 剪力墙的质量控制

1. 严格标准，强化设计

实践证明，没有高的质量设计，就不会有高质量的工程。设计质量的优劣与施工质量的好坏是息息相关的。设计剪力墙时，要根据各型墙体的特点、不同的受力特征，以及墙体内力分布状态并结合其破坏形态，合理地考虑设计配筋和构造措施。另外，剪力墙的设计要力求经济性和合理性，设计师要合理把握关键部位及次要部分，并广泛地征求使用意见，经过反复讨论、共同探讨、协商，产生设计方案。设计方案的质量

音频 混凝土工程
安全技术要求.mp3

要包括剪力墙结构建筑物的功能是否满足用户的要求，形状是否大方、美观，色彩是否与周围的建筑物相协调，施工中是否不影响周围的构筑物及环境。同时，要坚持开工前进行

技术交底，由项目技术负责人向工长及施工人员、机械人员进行技术规范交底。

2. 认真规范，严把施工

第一，定位、放线要准确。将所需的轴线投测到施工的平面层上，在同一层上投测的纵、横轴线不得少于两条，以此作距离、角度的校核，经校核无误后，方可在该平面上放出其他相应的设计轴线及细部线，并弹墨线标明作为支模板和绑扎钢筋的依据。对于标高的竖向传递，应用钢尺从首层起始高程点竖直量取，当传递高度超过钢尺长度时，应另设一道标高起始线，钢尺需加拉力、尺长、温度差修正。

第二，剪力墙钢筋的制作、加工、运输、绑扎、安装的施工要严谨，钢筋应逐点、有序绑扎，横竖筋的相互位置和钢筋在两端头、十字节点、转角、联梁等部位的锚固长度及洞口周围加固筋等均要符合设计要求。

第三，模板牵涉整个项目的结构和外观，如果跑模就会影响结构外观，如果安装不牢固就会影响混凝土浇灌。模板材一般以胶合板或竹胶板和方条为主，而加固最好采用钢管和扣件(架子材料)，另外可夹海绵条以防止模板板缝漏浆。

第四，混凝土的强度设计与施工配合比必须经试验确定，且施工时严格执行混凝土的计量标准；搅拌工艺要先进、准确、匀速，要实施生产、施工全过程的动态控制；混凝土的浇灌要连续，振捣要密实，应采取分层、对称浇筑，避免模板朝一个方向倾斜的现象，并防止振动棒碰撞钢筋；施工人员要严禁踩踏钢筋、支架及预埋管等构件。

3. 加强培训，提高素质

在工程实施各个阶段，对于操作者的素质、业务知识、专业技能等应严格考核。审查专业施工人员的持证上岗情况，审查施工单位的管理水平、技术操作水平、特殊作业人员的技术资质，杜绝无证上岗的情况发生。同时，通过采取请进来，走出去及自力更生为主的方法进行多渠道的培训，或利用在施工现场举办工程质量研讨会等途径，使施工人员熟悉、了解、掌握剪力墙的相关知识、施工技术，并不断更新其知识状况，使之学习和掌握新理论、新技术、新工艺、新材料，从而造就一支高素质的施工队伍。另外，在促使施工人员提高其实际工作中应用技术的能力和操作水平的同时，要不断加强其职业道德教育，使之具有正确的价值观、人生观和道德观。

4. 应用信息，做好监管

当今社会已进入以信息技术广泛应用为标志的信息时代，信息的来源、处理与传递成为管理水平高低的显著特征。为更好地保证剪力墙结构的施工质量，对其加强工程质量的监督是必不可少的。以往，因为信息不灵，统计数据不准，致使监督机构不能及时掌握质量监督的动态情况，造成对施工现场的监控不力，从而不能及时、准确、有效地为相关部门提供有价值的信息、数据和资料。因此，建立质量监督信息平台，加快质量监督系统的信息化建设进程，尽快实现质量安全监督网络、备案资料和监督登记情况、统计报表网上传输、及时掌握质量安全管理动态、质量安全事故及信息公布，是提高剪力墙建筑工程质量监督机构管理水平的必由之路。另外，机械作为施工生产的手段是工程建设必不可少的，施工机械设备的类型是否符合施工特点，性能是否稳定，设备数量是否满足施工要求，都将影响到施工质量，所以在机械控制这一环节当中，要充分考虑工程特点、施工条件、施工工艺等各方面，保证施工机械配套使用，并保证其处于可用状态，使施工机械的使用能够满足施工要求，从而达到工程质量及进度的要求。总之，剪力墙结构的施工质量控制是其质量管理的重要任务之一。做好剪力墙的施工质量控制，一方面，设计时要针对工程的实际，充分考虑建筑具体的构造处理；另一方面，施工时要认真按照规范进行施工，严格控制每个环节的质量，从而建造出高水准、高质量的剪力墙结构工程。

4.9.2　剪力墙的安全控制

在外墙的模板就位及加固时应站在铺设有脚手板的外架上进行操作，外墙的模板不应与外架有任何连接。剪力墙混凝土浇筑前应搭设好操作平台，工人不能直接站在墙体的支撑钢管或模板上进行操作。其余内容参见第1章中柱的安全控制。

✅ 本章小结

通过对本章内容的学习，学生们应能掌握剪力墙施工图的识读；熟悉剪力墙的构造会审；了解剪力墙的人机料计划编制、测量施工及脚手架搭设；掌握剪力墙的钢筋施工及混凝土施工；熟悉剪力墙的质量及安全控制等基本内容。不仅仅掌握理论知识，而且能运用到实践中去，为以后的学习和工作打下坚实的基础。

✅ 实训练习

一、单选题

1. 墙柱编号中的 AZ 表示(　　)。

　　A. 约束边缘暗柱　　B. 构造边缘暗柱　　C. 非边缘暗柱　　D. 扶壁柱

2. 剪力墙轴压力加大，使受压区高度(　　)，会(　　)剪力墙截面延性。

　　A. 增加　降低　　B. 增加　升高　　C. 减少　降低　　D. 减少　升高

3. 剪力墙竖向及水平分布钢筋的搭接连接，一、二级抗震等级，剪力墙加强部位，接头位置应错开，每次连接的钢筋数量不宜超过总数量的50%，错开净距不宜小于(　　)。

　　A. 300mm　　B. 400mm　　C. 500mm　　D. 600mm

4. 剪力墙施工缝留置在基础的顶面、板面、门洞口过梁跨中(　　)范围内，也可留在纵横墙的交接处。

　　A. 1/2　　B. 1/3　　C. 1/4　　D. 1/5

5. 下列有关剪力墙施工的说法错误的是(　　)。

　　A. 在外墙的模板就位及加固时应站在铺设有脚手板的外架上进行操作

B. 外墙的模板应与外架连接

C. 剪力墙混凝土浇筑前应搭设好操作平台

D. 工人不能直接站在墙体的支撑钢管或模板上进行操作

二、多选题

1. 剪力墙可视为由哪三类构件组成? (　　)

　　A. 剪力墙柱　　　　　　B. 剪力墙脚　　　　　　C. 剪力墙身

　　D. 剪力墙梁　　　　　　E. 剪力墙顶

2. 剪力墙的边缘构件可分为两类, 即(　　)。

　　A. 无约束边缘构件　　　B. 约束边缘构件　　　　C. 施工边缘构件

　　D. 墙体边缘构件　　　　E. 构造边缘构件

3. 剪力墙模板由哪几部分组成? (　　)

　　A. 脚手架系统　　　　　B. 围护系统　　　　　　C. 面板系统

　　D. 支撑系统　　　　　　E. 支撑平台系统

4. 剪力墙模板通常采用(　　)。

　　A. 钢模板　　　　　　　B. 木模板　　　　　　　C. 组合钢模板

　　D. 合成板　　　　　　　E. 胶合板组成大面板

5. 以下对剪力墙钢筋定位描述正确的是(　　)。

　　A. 钢筋的绑扎严格按照图纸和规范的要求, 在有门窗洞口的地方, 钢筋切断后, 应加上锁口筋

　　B. 剪力墙竖向钢筋顶部增设一根 $\phi16$ 及以上水平筋

　　C. 双层钢筋之间按设计及规范要求设置拉结筋

　　D. 下层钢筋混凝土浇完后, 应清除钢筋上的水泥砂浆, 并将偏移竖筋扳正, 再与上层筋焊接或搭接绑扎

　　E. 钢筋绑扎完后, 对照图纸再一次检查, 合格后绑扎垫块, 穿上对拉夹具的钢管和内衬套, 打扫干净杂物, 然后进行模板的施工

三、简答题

1. 简述什么是剪力墙结构体系, 有何特点。

2. 墙柱分为几类? 编号各是什么?

3. 简述剪力墙混凝土施工的工艺流程。

第 4 章习题答案.docx

实训工作单一

班级		姓名		日期	
教学项目		剪力墙的识读与构造会审			
任务	学习剪力墙的表示方法、钢筋识读及构造要求		学习途径	课外自行查找相关书籍或者现场学习	
学习目标		掌握剪力墙的识读与构造会审			
学习要点		剪力墙的表示方法、钢筋识读			

学习记录

评语			指导教师	

实训工作单二

班级		姓名		日期	
教学项目		剪力墙施工			
任务	学习剪力墙的测量施工、钢筋施工、模板施工、混凝土施工		学习途径	课外自行查找相关书籍或者现场学习	
学习目标			掌握剪力墙施工		
学习要点			钢筋施工、混凝土施工		
学习记录					
评语				指导教师	

第 5 章　楼梯的施工

【教学目标】

(1) 掌握楼梯施工图的识读方法。

(2) 熟悉楼梯的构造会审。

(3) 了解楼梯的人机料计划编制、测量施工及脚手架搭设。

(4) 掌握楼梯的钢筋施工方法及混凝土施工方法。

(5) 熟悉楼梯的质量及安全控制。

第 5 章.pptx

【教学要求】

本章要点	掌握层次	相关知识点
楼梯施工图的识读及构造会审	掌握楼梯施工图的识读方法	识图与会审
楼梯的人机料计划编制、测量施工及脚手架搭设	了解楼梯的人机料计划编制、测量施工及脚手架搭设	计划编制、测量、脚手架搭设
楼梯的钢筋施工及混凝土施工	掌握楼梯的钢筋及混凝土施工方法	钢筋及混凝土施工
楼梯的质量及安全控制	熟悉楼梯的质量及安全控制	质量及安全控制

【案例导入】

　　某建筑为三开间二层砖混结构，开间 4m，进深 9.1m，墙体均为空斗墙。南面有 1.6m 宽走廊，走廊部位的楼面用空心板，屋面用钢筋混凝土预制平板搁置于纵墙和钢筋混凝土梁上。梁支承在 22cm×33cm 砖柱上，该房无圈梁。在施工走廊屋面时，由于屋面预制板内钢筋不足，承受不了当时的施工荷载，致使平板断裂，砖柱倒塌，并砸断楼面空心板。断塌的时间是 2015 年 12 月 2 日，幸未造成人员伤亡。

【问题导入】

　　试结合本章内容分析板的施工流程及注意事项，并简述如何进行质量和安全控制。

5.1 楼梯施工图的识读

楼梯由梯段(包括踏步和斜梁)、平台(包括平台板和平台梁)和栏板(或栏杆)等部分组成。楼梯的构造比较复杂,一般需另画详图,以表示楼梯的类型、结构形式、各部位尺寸及装修做法,是楼梯施工放样的主要依据。

楼梯详图反映了楼梯的布置形式、结构形式以及踏步、栏杆扶手、防滑条等的详细构造、尺寸和装修做法。楼梯详图包括楼梯平面图、楼梯剖面图以及踏步、栏杆扶手、防滑条的构造详图。

5.1.1 楼梯平面图识读

1. 楼梯平面图的绘制

楼梯平面图是运用水平剖视图方法绘制的,楼梯平面图是楼梯某位置上的一个水平剖面图。剖切位置与建筑平面图的剖切位置相同(在休息平台略低一点处剖切后向下所做的投影)。楼梯平面图主要反映楼梯的外观、结构形式,楼梯中的平面尺寸及楼层和休息平台的标高等。原则上有几层,需绘制几层平面图,除首层和顶层平面图外,若中间各层楼梯做法完全相同,可做出标准层楼梯平面图。在一般情况下,楼梯平面图应绘制三张,即楼梯底层平面图、中间层平面图和顶层平面图,如图5-1所示。

音频 楼梯平面图
需要标注的尺寸.mp3

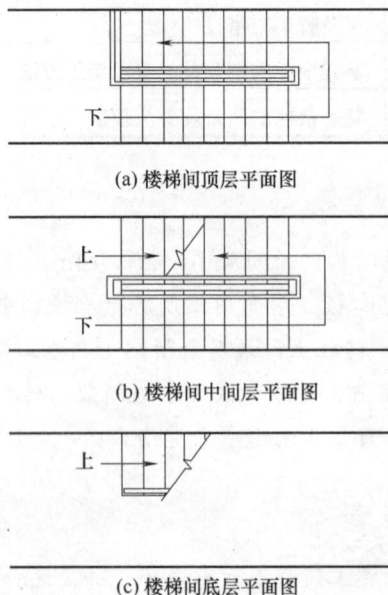

(a) 楼梯间顶层平面图

(b) 楼梯间中间层平面图

(c) 楼梯间底层平面图

图 5-1 楼梯各层平面图

2. 楼梯平面图表达内容

楼梯平面图表达内容具体如下。

(1) 楼梯平面图中应标注的尺寸有:楼梯间的开间与进深尺寸、休息平台尺寸、楼梯段与楼梯井尺寸、楼梯栏杆扶手的位置尺寸以及楼梯间的楼地面和休息平台的面标高尺寸和上下楼梯的步级数,并标注定位轴线。

(2) 节点详图应标注详图索引符号,在底层楼梯平面图中应标出楼梯剖面图的剖切位置符号和剖视方向。

(3) 书写楼梯平面图的名称和绘图比例。

3. 具体实例分析

下面以图 5-2~图 5-4 为例,说明楼梯平面图的识读步骤。

(1) 了解楼梯在建筑平面图中的位置及有关轴线的布置,位于平面中的 3~4 轴。

(2) 了解楼梯的平面形式和踏步尺寸:该楼梯形式为两跑楼梯,踏面宽为 300mm。

(3) 了解楼梯间各楼层平台、休息平台面的标高:楼层平台标高分别为 3m、6m、9m、12m、15m、18m;休息平台面的标高分别为 1.5m、4.5m、7.5m、10.5m、13.5m、16.5m 等。

(4) 了解中间层平面图中三个不同梯段的投影。

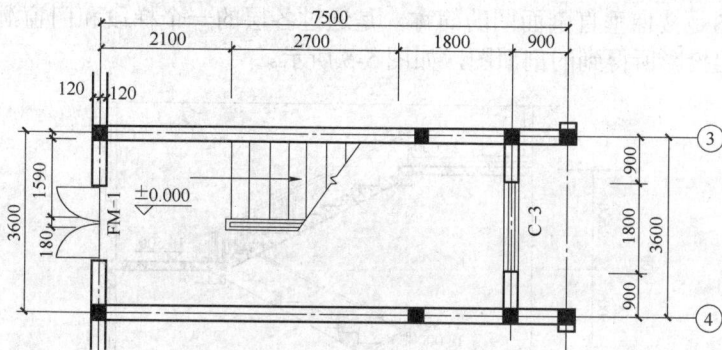

图 5-2　楼梯首层平面图

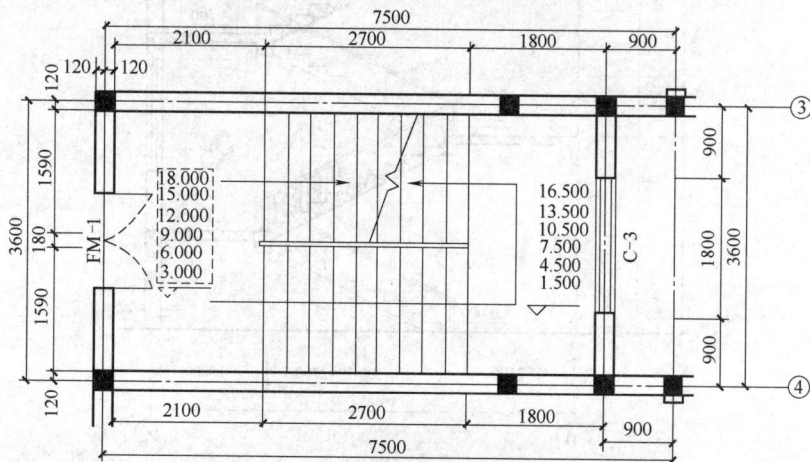

图 5-3　楼梯标准层平面图

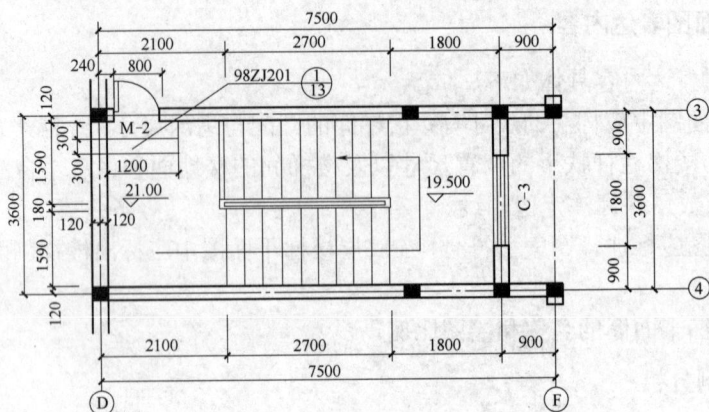

图 5-4　楼梯顶层平面图

(5) 了解楼梯间墙、柱、门、窗的平面位置、编号和尺寸。
(6) 了解楼梯剖面图在楼梯底层平面图中的剖切位置。

5.1.2　楼梯剖面图识读

楼梯剖面图是楼梯垂直剖面图的简称，是通过各层的一个梯段和门窗洞口，向另一未剖到的梯段方向投影所得到的剖面图，如图 5-5 所示。

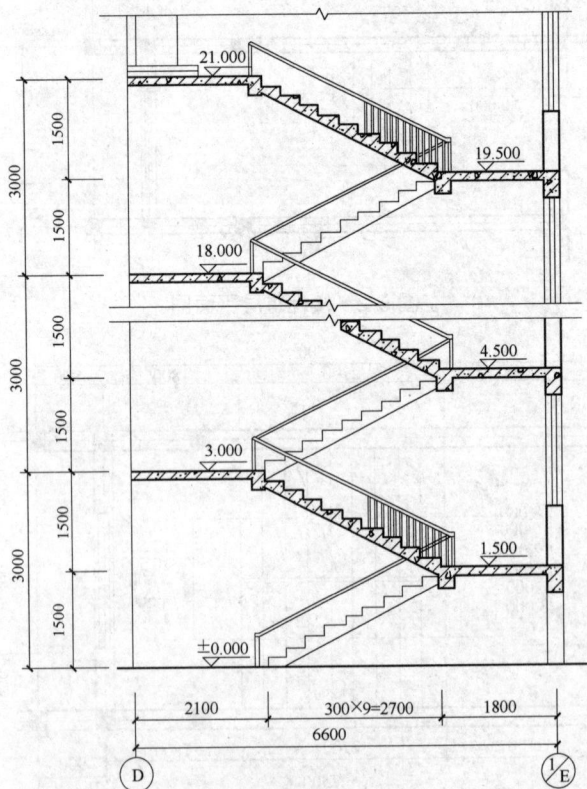

图 5-5　楼梯剖面图

楼梯剖面图主要表达楼梯的梯段数、踏步数、类型及结构形式,表示各梯段、平台、栏杆等的构造及它们的相互关系。三层以上楼房,中间各层楼梯构造相同时,可只画底层、中间层和顶层,中间用折断线断开。一般不画到屋顶。

了解楼梯间各楼层平台、休息平台面的标高:楼层平台标高分别为 3m、6m、9m、12m、15m、18m;休息平台面的标高分别为 1.5m、4.5m、7.5m、10.5m、13.5m、16.5m 等。

5.1.3　楼梯详图识读

楼梯节点详图一般包括踏步、扶手、栏杆详图和梯段与平台处的节点构造详图。

依据所画内容的不同,详图可采用不同的比例,以反映它们的断面形式、细部尺寸、所用材料、构件连接及面层装修做法等,如图 5-6 所示。

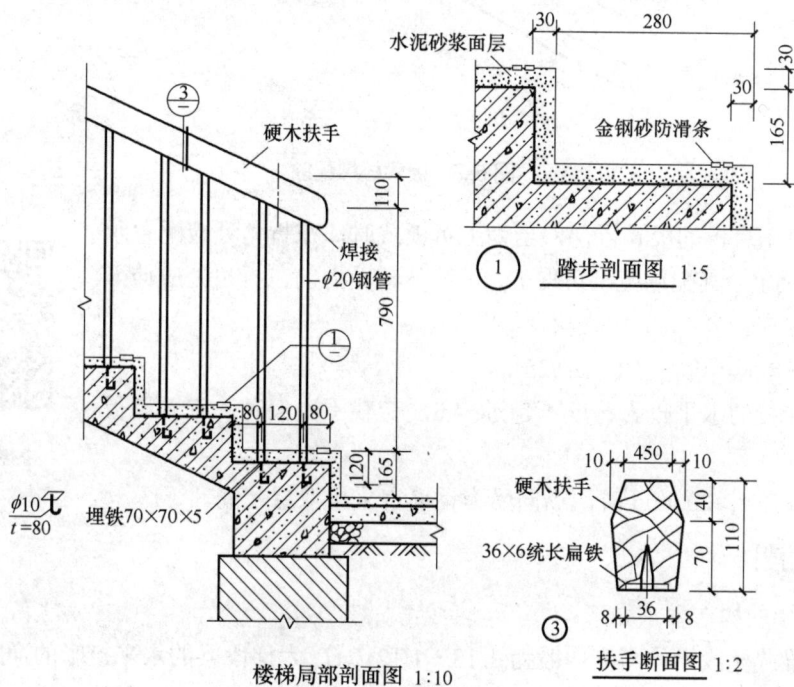

图 5-6　楼梯节点详图

5.2　楼梯的构造会审

5.2.1　楼梯的构造要求

1. 板式楼梯

板式楼梯的构造要求如下:

(1) 横向构造钢筋通常在每一踏步下放置 1φ6 或 φ6@250。当梯板厚≥150mm 时,横向钢筋宜采用 φ8@200。

(2) 板的跨中配筋按设计要求，支座配筋一般取配筋量的 1/4，配筋范围为 $L_n/4$，如图 5-7 所示，支座负筋也可在平台梁里锚固。

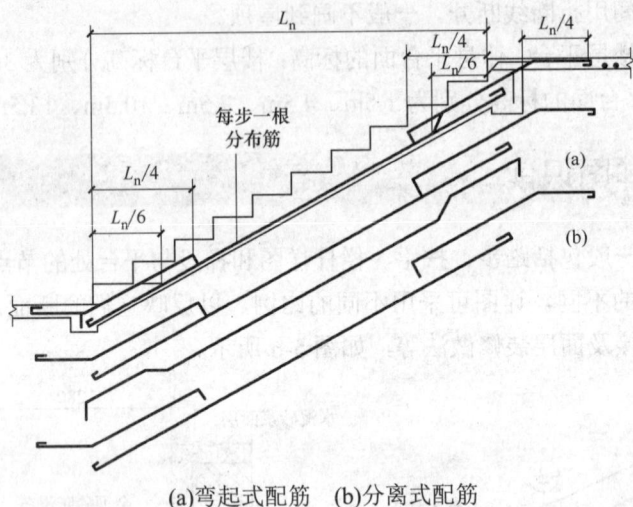

(a)弯起式配筋　(b)分离式配筋

图 5-7　板式楼梯配筋

(3) 带有平台板的板式楼梯，当为上折板式时，在折角处应配置承受负弯矩的钢筋，其配筋范围可取 $L_n/4$。其下部受力筋在折角处应伸入受压区锚固。

(4) 梯板板厚一般 $L_n/30\sim L_n/25$。

(5) 当梯段的水平投影跨度不超过 4m，荷载不太大时，宜采用板式楼梯。

(6) 当板厚 $t \geq 200$mm 时，纵向受力钢筋宜采用双层配筋。

楼梯类型.docx

2. 梁式楼梯

梁式楼梯的构造要求如下：

(1) 双梁式梯段梁的高度一般为 $(1/18\sim 1/12)L_n$(L_n 为梯段梁的水平投影的净距)，梯段板的厚度 $t \geq 40$mm。其厚度为从踏步凹角点至板底的法向距离。

(2) 双梁式梯段板每一级踏步下配不少于 2Φ6 的受力钢筋，为了承受支座处的负弯矩，板底受力筋伸入支座后，每 2 根中应弯上一根，如图 5-8 所示，分布筋常选用 Φ6@300。

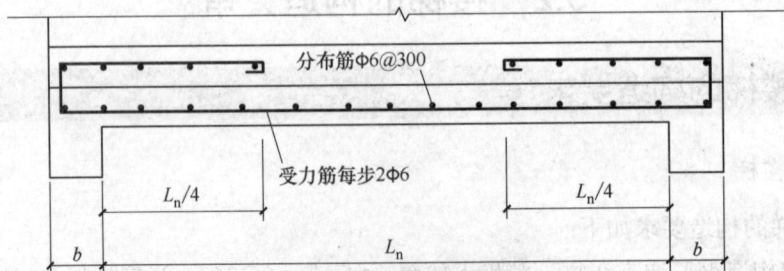

图 5-8　双梁楼梯梯段配筋图

(3) 单梁式梯段的高度一般为$(1/15 \sim 1/12)L_n$，厚度 $t \geqslant 60\text{mm}$。

(4) 单梁式梯段梁应与两端的楼层梁整体连接。

5.2.2 楼梯技术交底的方法

1. 工艺流程

工艺流程如下：作业准备→混凝土搅拌→混凝土运输→楼梯混凝土浇筑与振捣→养护。

2. 楼梯段混凝土浇筑

楼梯段混凝土自下而上浇筑，先振实底板混凝土，达到踏步位置时再与踏步混凝土一起振捣，不断连续向上推进，并随时用木抹子(或塑料抹子)将踏步上表面抹平。

施工缝位置：楼梯混凝土宜连续浇筑完，多层楼梯的施工缝应留置在楼梯段 1/3 的部位。

工程施工技术安全交底 1—
施工前安全准备.mp4

工程施工安全技术交底 2—
承台面表面处理.mp4

工程施工安全技术交底 3—
钢筋工厂加工.mp4

工程施工安全技术交底 4—
主筋连接和钢筋绑扎.mp4

工程施工安全技术交底 5—
模板安装.mp4

工程施工安全技术交底 6—
混凝土工程(上).mp4

工程施工技术安全交底 6—混凝土工程(下).mp4

工程施工安全技术交底 7—模板拆除.mp4

5.3　楼梯的人机料计划编制

楼梯的人机料计划编制方法及步骤均与柱的人机料计划编制相同，也是先计算出楼梯的工程量，再查取相应的定额，利用定额算出相应的人机料用量。

5.4 楼梯的测量施工

1. 测量的重要性

楼梯前期测量的重要性在于它作为绘图提供第一手资料的依据,所以必须准确,没有精确的现场测量数据,将会对楼梯的设计与制图带来很大的困难,生产的产品无法有效地安装而成为废品,直接造成经济损失。

2. 测量的注意事项

测量时必须要与业主或装修公司的设计师进行沟通,充分明确业主或设计师所表达的意图,以便设计时能够反映出客户的意愿。另外测量现场楼梯开口无遮挡物,测量时一定要注意安全,小心不要跌落或丢失上衣袋口的物品。

3. 记数测量的写法及读法

记数测量的写法为 mm,读法为毫米。

4. 测量楼梯开口的数据

一个方块体有六个面,但是不管你从什么角度观察都只能看到 3 个面,那么就有三个距离存在——长、宽、高。把楼梯开口的垂直空间看成方块体,同样也要把楼梯的投影空间看成方块体,其实楼梯开口的方块体是空的,现在要做的就是怎么样把楼梯方块体放进空的方块体里面去,这就是“纸盒包”。

楼梯开口的测量,要采集四个重要数据,即楼梯开口的长、宽、层高、梁厚。另外还要测量有关影响楼梯设计的环境数据,如:窗、门、墙角的混凝土柱等。

在采集井道的长、宽、层高、梁厚四个基本数据后,就可以看出:

(1) 井道的长——决定梯形;

(2) 井道的宽——决定步长;

(3) 层高——决定步高和步数;

(4) 梁厚——确定安装的定位点。

例如:长形井道口适合做直形梯、L 形梯、弧形梯;方形开口适合做旋转梯、U 形梯。以上的这两种开口属常见形,特殊的开口在以往的实践中曾有过 L 形、圆形等。不管开口如何变化,只要掌握楼梯的特性及占地面积的计算就能很快地确定方案。

楼梯形状.docx

5. 墙体与楼梯的关系

墙体的结构将直接影响楼梯的梯形设计、走向与稳定性的处理,楼梯没有墙体作为依靠就像上楼在软基上摇摆不定,难以给人安全感。楼梯开口的环境墙体有以下几种。

(1) 周边无墙的楼梯开口:首选旋转形与弧形梯,因为这两款楼梯在初始时已经考虑了楼梯的稳定性,在力学的范畴下已分散了不平衡力,而且根据楼梯自身的结构要求已经具

备双边维护功能。

(2) 有一面墙的楼梯开口：最佳选用的梯形为直形梯与 L 形梯，这两种梯形在动态负载下不平衡力影响因素较大，与墙固定可以消除不平衡力。

(3) 两面有墙的楼梯开口：首选梯形为 L 形(U 形)梯，有两面墙可作为依托，使得楼梯更具稳定性。

(4) 三面有墙的楼梯开口：最佳选用 U 形梯与旋转形梯。

6. 绘制草图

绘图广义比例：长的比短的长、大的比小的大、高的比低的高。

测量人员到现场绘制草图必须按以下格式统一绘制。

(1) 测量的先后顺序是：先画图后测量，每次测量就要在图纸上标注一次。

(2) 量完后将所取的数据进行复检，并标出楼梯的出入口方向。

(3) 在草图上注明一、二层地面饰材，即：实木地板 50mm、地砖 50mm、地暖 80mm、大理石 60mm，注意其抬高高度。

(4) 请客户在草图上签字，向客户说明改变高度差将影响制图及产品属性。

【案例 5-1】整木定制作为高端的实木整体家装解决方案，对于复式、别墅等大居室来说是再合适不过的选择了，因此，楼梯也成为必不可少的一道风景线。中国传统的古代建筑，乃至民国时期的建筑，皆以整木为美，中国人对于木材的热爱，以及骨子里与木材同样的沉稳内敛的气质在蜿蜒考究的楼梯上得到了淋漓尽致的展现。然而，在整木定制家装接单过程中，楼梯的测量着实是件不容易的事。

请结合上文分析在整木定制系统中，有关楼梯量尺的标准是怎样的，又该如何进行测量。

5.5　楼梯的脚手架搭设

楼梯的脚手架搭设与扣件式钢管脚手架和里脚手架搭设相同。具体可参考 1.5.2 节及 1.5.4 节内容，这里不再一一赘述。

楼梯的脚手架搭设.mp4

5.6　楼梯的钢筋施工

楼梯的钢筋施工可参考 1.6 节。钢筋安装位置的允许偏差及检验方法见表 5-1。

表 5-1　钢筋安装位置的允许偏差及检验方法

项　目		允许偏差/mm	检验方法
绑扎钢筋网	长、宽	±10	钢尺检查
	网眼尺寸	±20	钢尺量连续三档，取最大值
绑扎钢筋骨架	长	±10	钢尺检查
	宽、高	±5	钢尺检查
受力钢筋	间距	±10	钢尺量两端、中间各一点，取最大值
	排距	±5	
	保护层厚度　基础	±10	钢尺检查
	柱、梁	±5	钢尺检查
	板、墙、壳	±3	钢尺检查
绑扎箍筋、横向钢筋间距		±20	钢尺量连续三档，取最大值
钢筋弯起点位置		20	钢尺检查
预埋件	中心线位置	5	钢尺检查
	水平高差	+3.0	钢尺和塞尺检查

注：(1) 检查预埋件中心线位置时，应沿纵、横两个方向测量，并取其中的较大值。
(2) 表中梁、板类构件上部纵向受力钢筋保护层厚度的合格点率应达到 90%及以上，且不得有超过表中数值 1.5 倍的尺寸偏差。

5.7　楼梯的模板施工

5.7.1　楼梯模板的类型及特点

在钢筋混凝土主体结构中，楼梯相对于梁、板、柱、剪力墙等构件来说，构件的形状不规则，变化较大。因此，在施工现场多采用胶合板原板加工成定型模板进行施工。

5.7.2　楼梯模板的配板过程

楼梯段底板一般采用双面覆膜胶合板模板，直接加工成楼梯宽度，使楼梯底模在楼梯宽度方向上没有拼缝，长度方向上的拼缝要粘贴胶条防止漏浆。底板模板的厚度须根据现场情况经模板设计计算确定。踏步侧模板和踏步挡板采用 50mm 厚木板。对梯梁、梯板交界处也要加工定型模板。楼梯的配板示意如图 5-9 所示。

楼梯模板.docx

在施工现场，模板的加工质量应满足相关要求，才能有效保证楼梯施工质量。为保证楼梯能够安全有效地施工，楼梯模板的支撑系统一般采用满堂架式脚手架，该架子具有结构简单、杆件力学性能好、工作安全可靠、拆装方便、零部件损耗低等优点。

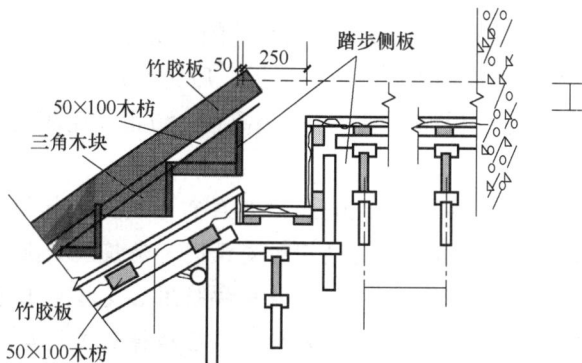

图 5-9 楼梯模板的配板示意图

5.7.3 楼梯模板的安装及拆除

1. 楼梯模板的安装工艺

楼梯模板施工根据实际层高放样，先支设平台梁及平台模板，再支设楼梯段底模，然后支设已按图纸预制好的楼梯外帮侧模，外帮侧模应先在其内侧弹出底板厚度线，钉好固定侧板的挡木，在现场装订侧板。

靠墙一侧设置一道反楼梯侧板，以便吊装踏步侧板。梯步高度要均匀一致，特别是最下一步及最上一步的高度，必须考虑到地面装修层厚度，防止因装修层厚度的不同而使踏步高度不协调。

预制楼梯安装工序.mp4

2. 楼梯模板安装过程的注意事项

在楼梯模板安装过程中应注意以下事项：

(1) 楼梯各点标高及各部分必须准确；

(2) 楼梯底板应平整，上下顺平；

(3) 整体楼梯模板必须牢固、稳定；

(4) 底板与侧板的拼缝应严密，防止漏浆。

音频 楼梯模板安装过程的注意事项.mp3

3. 楼梯模板的拆除

楼梯模板尽可能及时拆除，有利于模板的周转和加快工程进度。拆模要掌握时机，应使混凝土达到必要的强度。混凝土的强度以同条件养护试块的抗压强度为准。拆模具体要求如下。

预制楼梯施工.mp4

(1) 按设计、施工规范要求单独编制拆模技术交底，并实行拆模申请制度，经模板工长提出书面拆模申请，经技术负责人批准后方可拆模。

(2) 模板的拆除时间根据天气温度控制，拆模时应保证楼梯棱角、表面不因拆除模板而受损坏。

(3) 楼梯模板拆除，一般应保证混凝土强度达到设计强度的 75%。

(4) 拆除模板的顺序和方法，应按照模板设计的规定进行。模板拆除的原则一般是：先拆非承重模板，后拆承重部分模板；先支的后拆，后支的先拆；自上而下拆除模板。

(5) 模板拆除后及时进行板面清理，涂刷隔离剂，防止粘连灰浆。拆下的模板和配件应分类堆放整齐。

【案例 5-2】 本工程一层层高为 6.80m、二层层高为 6.0m，楼梯均为四跑，楼梯一侧为剪力墙；因层高较高，楼梯模板与剪力墙同时支设同时浇筑混凝土，施工难度较大，根据混凝土浇筑和工期要求，本工程对一层、二层楼梯采用后支模施工方法，即先将剪力墙混凝土浇筑拆模后再支模施工楼梯模板。进入标准层后楼梯施工按与剪力墙模板同时支设同时浇筑混凝土施工。

请结合上文写出本案例模板工程的施工方法。

5.8 楼梯的混凝土施工

5.8.1 楼梯混凝土施工工艺流程

楼梯混凝土施工工艺流程如下：

施工缝处理→钢筋隐蔽验收→模板验收→混凝土浇灌许可证审批→标高控制→模板清洁润湿→浇筑、养护混凝土。

5.8.2 楼梯施工缝的留置

楼梯上的施工缝应留置在踏步板的 1/3 处。楼梯的混凝土宜连续浇注。若为多层楼梯，且上一层为现浇楼板而又未浇筑时，可留置施工缝；应留置在楼梯段中间的 1/3 部位，但要注意接缝面应斜向垂直于楼梯轴线方向。施工中存在争执原因是旧规范规定了楼梯施工缝必须留置在中间 1/3 区段，传统施工留置在向上、下 3 步处，留置在梯段中间时，理论上是剪力较小，但施工时施工缝质量不好控制，二次支模时容易产生已浇筑部位形成短时"悬挑"，反而不利于构件的质量控制。

楼梯混凝土施工.mp4   楼梯施工缝.mp4

5.8.3 楼梯混凝土施工要求

楼梯段混凝土自下而上浇筑，先振实底板混凝土，达到踏步位置时再与踏步混凝土一起浇筑，不断连续向上推进，并随时用木抹子将踏步表面抹平，楼梯随楼层浇筑。

其余内容可参考 1.8 节。

5.9 楼梯的质量及安全控制

5.9.1 楼梯的质量控制

楼梯施工时的控制主要是层与层楼梯施工之间的施工缝的留置位置及留设方式，每一跑楼梯的踏步个数及踏步的宽度与高度。楼梯其实就是一块斜放着的板，其施工缝的留设也应满足前面任务所提及的留设要求。但考虑到施工的方便，一般留在第三步踏步的位置且缝应与板面垂直，绝不允许将施工缝留在楼梯梁的位置。

1. 楼梯质量缺陷

通过对目前楼梯施工质量检查，施工楼梯其质量缺陷主要表现为以下几点：

(1) 休息平台标高控制不准确；

(2) 施工缝接茬处夹渣、漏振、清理不干净；

(3) 楼梯斜板厚度偏差大、扭曲；

(4) 楼梯拉梁变形、跑模、表面粗糙；

(5) 踏步尺寸偏差大、收面毛糙、漏振、拆模后缺棱掉角；

(6) 与楼梯交接的剪力墙错台、胀模；

(7) 楼梯构造柱出现孔洞、变形，楼梯底模支撑拆除过早。

以上问题中(1)、(3)、(6)项为楼梯模板支撑、安装问题；(2)、(4)、(5)、(7)项为混凝土浇筑阶段问题。针对以上问题，提出如下措施对楼梯施工实行专项控制。

2. 控制措施

楼梯施工控制措施如下。

(1) 楼梯休息平台吊模尺寸、标高必须准确，焊支撑固定。中间休息平台标高控制点要引到平台边墙上，保证标高准确。

(2) 楼梯施工缝处在支模前剔除浮浆和松动碎石；浇筑混凝土前，清理干净锯末等杂物，浇水湿润；覆盖一层同配比水泥砂浆或减半石子混凝土，开始浇筑楼梯混凝土。

(3) 楼梯底模支撑立杆间距不大于800mm，顶丝出管长度小于300mm，两道水平杆固定。固定踏步立板的斜向方木应具有一定的刚度，斜向方木支撑于楼梯斜板底模上时，应采用钢支撑，避免采用木条(削弱楼梯斜板混凝土的截面)支撑。斜向方木应采用两道，一道位于靠近剪力墙一侧10cm左右，另外一道位于距离梯井侧30～40cm。

(4) 楼梯拉梁上口钉木方，两侧顶墙上顶紧，间距不大于1m。梁底口用步步紧固定，短钢管加顶丝两侧顶死，间距不大于1m。混凝土浇筑要振捣密实，木抹子收面。

(5) 检查楼梯模板安装质量，重点应放在踏步板尺寸和垂直度的检查，对于踏步宽度尺寸误差应在+4～-5mm之间，踏步立板垂直度不应超过2mm(可向上部倾斜10mm)，且不应有向下倒帮现象；楼梯斜板、踏步立板水平标高高差不得大于5mm。

(6) 楼梯间剪力墙位于休息平台根部、踏步根部时，考虑增加对拉螺栓数量。对于踏步

面处每隔一步增加一个对拉螺栓，休息平台部位距离底模上部 20cm 设置对拉螺栓(水平间距 450mm)。

(7) 浇筑混凝土时，应控制坍落度≤140mm，并且严禁加水。浇筑时由低处向高处浇筑，振捣时，注意每个踏步均振捣到位，不能漏振；对于振捣溢出浆应随时清理，收集到上部未浇筑的踏步面，振捣过后，采用木抹子搓平，并清理干净踏步立面处的余浆。

踏步面混凝土初凝后，采用木抹子进行收面(收面应特别注意清理干净角部余浆及突出表面的石子)，并在终凝前进行二次收面，采用铁抹子压光，浇水养护。

(8) 成品保护：楼梯间是主体施工阶段主要过人通道。楼梯模板安装完毕，人员上下时，应注意楼梯踏步板的成品保护，发现倒帮、支撑变形应立即修复。在混凝土收面后，冬季 24h、夏季 12h 人员不得踩踏混凝土面层。如果必须过人，上部必须采取覆盖木板、棉毡等保护措施。

浇筑完毕，夏季 36h、冬季 48h 之后方可拆除踏步立板，并避免损伤踏步棱角。

(9) 楼梯模板支设完成后，应注意成品保护，防止垃圾、杂物掉落，在浇筑混凝土前，应检查模板尤其是施工缝接茬处的清理。

(10) 结构维修。

混凝土楼梯拆除模板后，要检查并及时进行修补，对于胀模、接缝、突出的石子等剔除并采用磨光机进行打磨。对于麻面、露筋等缺陷采用细石混凝土修补。提高楼梯施工质量，是施工各个环节控制的过程，必须在模板安装、浇筑混凝土、成品保护、结构维修等综合方面进行控制，方可提高楼梯施工质量。

【案例 5-3】重庆沙坪坝陈家桥公共租赁住房建设工程(E 区)位于重庆市沙坪坝区陈家桥镇，建设单位为重庆市公共住房开发建设投资有限公司，总建筑面积 30.8 万平方米，由 11 栋高层住宅(26～34 层)、1 栋集中商业楼、1 个独立地下车库构成。车库及集中商业楼为框架结构，E-1 号～E-3 号楼为框支剪力墙结构，其余均为剪力墙结构。所有栋号楼梯均采用现浇楼梯。

请结合上文分析该如何保证楼梯的施工质量，应注意哪些事项。

5.9.2　楼梯的安全控制

楼梯的混凝土浇筑一般在上一层梁板混凝土浇筑时进行，在浇筑时要采用溜槽或串筒降低其浇筑高度，以降低混凝土的冲击力可能对模板稳定性的影响。工人操作时要注意楼梯踏步模板的牢固性，以免滑倒受伤。

其余内容可参考 1.9 节。

本章小结

通过本章的学习，学生们应能掌握楼梯施工图的识读；熟悉楼梯的构造会审；了解楼梯的人机料计划编制、测量施工及脚手架搭设；掌握楼梯的钢筋施工及混凝土施工；熟悉楼梯的质量及安全控制等基本内容。为以后的学习和工作打下坚实的基础。

实训练习

一、单选题

1. 楼梯踏步的踏面宽 b 及踢面高 h，参考经验公式( )。
   A. $b+2h=600\sim630$ B. $2b+h=600\sim630$
   C. $b+2h=580\sim620$ D. $2b+h=580\sim620$

2. 在楼梯形式中，不宜用于疏散楼梯的是( )。
   A. 直跑楼梯   B. 两跑楼梯   C. 剪刀楼梯   D. 螺旋形楼梯

3. 楼梯的净空高度在平台处通常应大于( )。
   A. 1.8m   B. 1.9m   C. 2.0m   D. 2.1m

4. 民用建筑中，楼梯踏步的高度 h、宽度 b，有经验公式 $2h+b=($)mm。
   A. $450\sim500$ B. $500\sim550$ C. $600\sim620$ D. $800\sim900$

5. 带有平台板的板式楼梯，当为上折板式时，在折角处应配置承受负弯矩的钢筋，其配筋范围可取 $L_n/4$。其下部受力筋在折角处应伸入( )锚固。
   A. 受压区   B. 受拉区   C. 受剪区   D. 受弯区

二、多选题

1. 楼梯包括以下的( )。
   A. 梯段   B. 平台   C. 栏板(或栏杆)
   D. 踏步和斜梁   E. 楼梯地面

2. 下列关于楼梯段混凝土浇筑施工的说法正确的是( )。
   A. 楼梯段混凝土自下而上浇筑
   B. 先振实底板混凝土
   C. 达到踏步位置时再与踏步混凝土一起振捣，不断连续向上推进，并随时用木抹子(或塑料抹子)将踏步上表面抹平
   D. 楼梯混凝土宜间隔浇筑完
   E. 多层楼梯的施工缝应留置在楼梯段 1/3 的部位

3. 下列关于楼梯模板的拆除的说法正确的是( )。
   A. 楼梯模板尽可能及时拆除，有利于模板的周转和加快工程进度
   B. 拆模要掌握时机，应使混凝土达到必要的强度。混凝土的强度以同条件养护试块的抗压强度为准
   C. 模板的拆除时间根据天气温度控制，拆模时应保证楼梯棱角、表面不因拆除模板而受损坏
   D. 楼梯模板拆除，一般应保证混凝土强度达到设计强度的 80%
   E. 拆除模板的顺序和方法，应按照模板设计的规定进行。模板拆除的原则一般是：先拆非承重模板，后拆承重部分模板；先支的先拆，后支的后拆；自上而下拆除模板

4. 下列关于楼梯质量控制措施的说法正确的是(　　)。

A. 楼梯休息平台吊模尺寸、标高必须准确，焊支撑固定

B. 中间休息平台标高控制点要引到平台边墙上，保证标高准确

C. 楼梯施工缝处在支模前剔除浮浆和松动碎石；浇筑混凝土前，清理干净锯末等杂物，浇水湿润

D. 楼梯底模支撑立杆间距不大于 600mm，顶丝出管长度小于 300mm，两道水平杆固定

E. 楼梯拉梁上口钉木方，两侧顶墙上顶紧，间距不大于 1m。梁底口用步步紧固定，短钢管加顶丝两侧顶死，间距不大于 1m。混凝土浇筑要振捣密实，木抹子收面

5. 楼梯平面图中应标注的尺寸有(　　)。

A. 楼梯间的开间与进深尺寸　　　　　B. 休息平台尺寸

C. 楼梯段与楼梯井标高　　　　　　　D. 楼梯栏杆扶手的高程

E. 楼梯间的楼地面、休息平台的面标高尺寸和上下楼梯的步级数

三、简答题

1. 简述楼梯模板安装的施工工艺。

2. 楼梯主要由哪些部分组成？各部分的作用和要求是什么？

3. 绘制局部剖面详图表示踏步面层、防滑和突缘的一种构造做法。

第 5 章习题答案.docx

实训工作单一

班级		姓名		日期	
教学项目		现场学习楼梯施工图的识读			
任务	掌握楼梯平面图、剖面图及详图识读	学习途径	通过具体工程的图纸识读		
学习目标		掌握识图技巧，并能读懂楼梯施工图纸			
学习要点		楼梯平面图、剖面图及详图识读			
学习记录					
评语			指导教师		

实训工作单二

班级		姓名		日期	
教学项目		楼梯的混凝土施工及质量、安全控制措施			
任务	掌握楼梯的混凝土施工，熟悉楼梯的质量、安全控制措施	学习途径	通过现场具体施工工序学习		
学习目标		掌握楼梯的混凝土施工，同时应熟悉楼梯的质量、安全控制措施			
学习要点		楼梯的混凝土施工			
学习记录					
评语				指导教师	

第6章 混凝土结构安全技术

第 6 章.pptx

【教学目标】

(1) 掌握模板施工安全技术。
(2) 熟悉钢筋加工安全技术。
(3) 熟悉混凝土施工安全技术。
(4) 掌握预应力混凝土施工安全技术。

【教学要求】

本章要点	掌握层次	相关知识点
模板施工安全技术	掌握模板安装安全技术要求	模板支撑方案、模板安装
钢筋加工安全技术	熟悉现场施工安全技术要求	钢筋加工机具的使用要求
混凝土施工安全技术	熟悉混凝土浇筑安全技术要求	混凝土养护安全技术要求
预应力混凝土施工安全技术	掌握先张法施工安全要求	后张法施工安全要求

【案例导入】

广西某车间为单层砖混结构建筑，车间檐高为 5.87m，屋面大梁梁底板高为 5m。屋面采用预制空心板，搁置在屋面大梁上，屋面大梁之间设有四道连系梁。大梁荷载传递到砖柱(490mm × 870mm)和砖壁柱(490mm × 620mm)在拆除大梁模板和支撑后，发现屋面工程全部坍塌。

【问题导入】

结合案例分析屋面坍塌的原因可能有哪些。

6.1 模板施工安全技术

关于模板施工安全技术，应注意以下几点。

(1) 在模板的支撑(设计)方案中应包括模板的支撑荷载计算书，计算每根支撑立杆所承受的荷载。

(2) 为保证立柱的整体稳定，应在安装立柱的同时，加设水平支撑和剪刀撑；立柱高度大于 2m 时，应设两道水平支撑；满堂模板立柱的水平支撑必须纵横双向设置。其支架立柱四边及中间每隔四跨立柱设置一道纵向剪刀撑。立柱每增高 1.5～2m 时，除再增加一道水平支撑外尚应隔 2 步设置一道水平尖刀撑。

现场模板施工.mp4

(3) 立柱的间距应经计算确定，应按施工方案要求进行。当使用度是保证结构安全的关键，所以，对于有梁板结构的模板，其梁模应"帮包底"。这样，能在不拆梁模底板和支柱的情况下，先拆除梁模侧板及平板模板。

(4) 模板在安装全过程中应随时进行检查，严格控制垂直度、中心线、标高及各部分尺寸，模板接缝必须紧密。

(5) 楼板的模板安装完毕后，要测量标高。梁模测量中央一点及两端点的标高；平板的模板测量支柱上方一点的标高；梁模底板板面标高应符合梁底设计标高；平板模板板面标高应符合平板底面设计标高。如有不符，可打动支柱脚下木楔加以调整。

(6) 浇筑混凝土时，要注意观察模板受荷载后的情况，发现位移、鼓胀、下沉、漏浆、支撑振动、地基下陷等现象，应及时采取有效措施予以处理。

(7) 应严格控制隔离剂的应用，特别应限制使用油质类化合物隔离剂，以防止对结构性能和装饰造成影响。

【案例 6-1】中南地区某厂，跨度为 11.63m 的大梁，采用 C25 混凝土，在拆模时即行垮塌。

结合案例分析此事件该如何处理？

6.2 钢筋加工安全技术

1. 现场施工一般要求

钢筋现场施工一般要求如下：

(1) 进入施工现场人员必须正确戴好合格的安全帽，系好下颚带，锁好带扣；

安全工具.docx

(2) 作业时必须按规定正确使用个人防护用品，着装要整齐，严禁赤脚和穿拖鞋、高跟鞋进入施工现场；

(3) 新进场的作业人员，必须首先参加入场安全教育培训，经考试合格后方可上岗，未经教育培训或考试不合格者，不得上岗作业；

(4) 从事特种作业的人员，必须持证上岗，严禁无证操作，禁止操作与自己无关的机械设备；

(5) 施工现场禁止吸烟，禁止追逐打闹，禁止酒后作业；

(6) 施工现场的各种安全防护设施、安全标志等，未经领导及安全员批准严禁随意拆除和挪动。

2. 钢筋加工机具的使用要求

钢筋加工机具的使用要求如下。

1) 一般要求

(1) 机械的安装应该保持结实稳固，且保持在水平位置。固定式机械应有可靠的基础，移动式机械作业时必须契紧行走轮。

钢筋机具.docx

(2) 加工较长的钢筋时，必须有专人帮扶，并听从操作人员指挥，不得任意推拉。

(3) 作业后，堆放好成品，清理场地，切断电源，锁好开关箱，做好润滑工作。

2) 钢筋调直切断机的使用要求

(1) 料架、料槽安装平直，并对准导向管、调直筒和下切刀孔的中心线。

音频 钢筋加工机具的一般要求.mp3

(2) 用手转动飞轮，检查传动机构和工作装置，调整间隙，紧固螺栓，确认正常后，起动空运转，并检查轴承无异响，齿轮啮合良好，运转正常后，方可作业。

(3) 按调直钢筋的直径，选用适当的调直块及传动速度。调直块的孔径比钢筋直径大 2～5mm，传动速度根据钢筋直径选用，直径大的宜选用慢速，经调试合格，方可送料。

(4) 在调直块未固定、防护罩未盖好前不得送料。作业中严禁打开各部防护罩并调整间隙。

(5) 当钢筋送入后，手与转轮应该保持一定的距离，不得接近。

(6) 送料前，将不直的钢筋头切除。导向筒前安装一根 1m 长的钢管，钢筋必须先穿过钢管再送入调直机前端的导孔内。

(7) 经调直后的钢筋如仍有慢弯，可逐渐加大调直块的偏移量，直到调直为止。

(8) 切断 3～4 根钢筋后，必须停机检查其长度，当超过允许偏差时，必须调整限位开关或定尺板。

3) 钢筋切割机的使用要求

(1) 接送料的工作台面必须和切刀下部保持水平，工作台的长度可根据加工材料长度确定。

(2) 启动前，检查并确认切刀无裂纹，刀架螺栓紧固，防护罩牢靠。然后用手传动皮带轮，检查齿轮啮合间隙，调整切刀间隙。

(3) 启动后，先空运转，检查各传动部分及轴承运转正常后，方可作业。

(4) 机械未达到正常转速时，不得切料。切料时，使用切刀的中、下部位，紧握钢筋对准刃口迅速投入，操作者站在固定刀一侧用力压住钢筋，防止钢筋末端弹出伤人。严谨用两手分在刀片两边握住钢筋俯身送料。

(5) 不得剪切直径及强度超过机器铭牌规定的钢筋和烧红的钢筋。一次切断多根钢筋时，其总截面面积必须在规定范围内。

(6) 剪切低合金时，必须更换高硬度切刀，剪切直径必须符合机器铭牌规定。

(7) 切断短料时，手和切刀之间的距离必须保持在 150mm 以上，如手握端小于 40mm 时，必须采用套管或夹具将钢筋短头压住或夹牢。

(8) 运转中，严禁用手直接清除切刀附近的断头和杂物。钢筋摆动周围和切刀周围，不得停留非操作人员。

(9) 当发现机械运转不正常、有异常响声或切刀歪斜时，立即停机检修。

(10) 作业后，必须切断电源，用钢刷清除切刀间的杂物，进行整机清洁润滑。

(11) 液压传动式切断机作业前，检查并确认液压油位及电动机旋转方向符合要求。启动后，空载运转，松开放油阀，排净液压缸体内的空气，方可进行切筋。

(12) 手动液压式切断机使用前，必须将油阀按顺时针方向旋紧，切割完毕后，立即按逆时针方向旋松。作业中，手持稳切断机，并带好绝缘手套。

4) 钢筋弯曲机的使用要求

(1) 工作台和弯曲机台面保持水平，作业前必须准备好各种芯轴及工具。

(2) 按安装加工钢筋的直径和弯曲半径的要求，装好相应规格的芯轴和成型轴、挡铁轴。芯轴直径为钢筋直径的 2.5 倍。挡铁轴必须有轴套。

(3) 挡铁轴的直径和强度不得小于被弯钢筋的直径和强度。不直的钢筋，不得在弯曲机上弯曲。

(4) 检查并确认芯轴、挡铁轴、转盘等无裂纹和损伤，防护罩坚固可靠，空载运转正常后方可作业。

(5) 作业时，将钢筋需弯的一头插在转盘固定销的间隙内，另一段紧靠机身固定销，并用手压紧；检查机身固定销并确认安放在挡住钢筋的一侧，方可开动。

(6) 作业中，严谨更换轴芯、销子和变换角度以及调速，也不得进行清扫和加油。

(7) 对超过机器铭牌规定直径的钢筋进行弯曲，在弯曲未经冷拉或弯曲带有锈皮的钢筋时，必须带防护镜。

(8) 弯曲高强度或低合金钢筋时，按机械铭牌规定换算最大允许直径并调换相应的芯轴。

(9) 在弯曲钢筋的作业半径内和机身不设固定销的一侧严禁站人。弯曲好的半成品，堆放整齐，弯钩不得朝上。

(10) 转盘换向时，必须待停稳后进行。

(11) 作业后，及时清除转盘及插入座孔内的铁锈、杂物等。

5) 钢筋切断机

(1) 传动机构必须运转平稳，不得有异响，曲轴、连杆不得有裂纹、扭曲。

(2) 开式传动齿轮面不得有裂纹、点蚀和变形，啮合应该保持良好，磨损量不能超过齿厚的 25%；滑动轴承不得有刮伤、烧蚀，径向磨损不得大于 0.5mm。

(3) 滑动与导轨纵向游动间隙必须小于 0.5mm，横向间隙必须小于 0.2mm。

(4) 刀具安装牢固不得松动，刀口不应有缺损、裂纹，衬刀和冲切间隙应正常。

6) 钢筋直螺纹套螺纹机

(1) 机体内外必须保持清洁，不得有锈垢、油垢、锈蚀；

(2) 机架应有足够的强度和刚度，不得有明显的翘曲和变形；

(3) 各传动面、导轨面、接触面不得有严重的锈蚀、油垢、积灰，外壳各表面应该保持清洁，不得有锈垢；

(4) 整机不得漏油，对因制造缺陷引起的漏油必须采取回流措施。

7) 其他机械要求

(1) 任何机械安装必须坚实稳固，且保持水平位置；

(2) 金属结构不得有开焊、裂纹。

3. 施工用电要求

钢筋加工用电要求如下。

(1) 施工现场用电应采用三相五线制供电系统，且工作接地电阻值不得大于 4Ω；供电线路始端、末端必须作重复接地；当线路较长时，线路中间应增设重复接地，其电阻值不应大于 10Ω。

(2) 施工用电应进行施工用电设计，并采用三级配电二级保护方式。

(3) 用电设备应实行一机一闸一漏(漏电保护器)一箱(配电箱)；漏电保护装置应与设备相匹配。不得用一个开关直接控制两台及两台以上的用电设备。

(4) 钢筋加工场的每台用电设备都应有自己专用的开关箱，箱内开关只能控制一台设备，不能控制两台或两台以上的设备，否则易发生误操作事故。开关箱应防雨、防尘、加锁；开关箱内不准放置任何物品，防止误操作造成事故。

(5) 漏电保护器使用前由电工检测，确认合格。不得用漏电保护器代替电闸使用。漏电保护器发生掉闸时，不得强行合闸，应由电工查明原因，排除故障后，才能继续使用。

(6) 钢筋加工场架设的临时线必须绝缘性良好，应架空敷设，不得拖地使用，电缆接头必须按规范包扎严密、牢固、绝缘可靠。

(7) 钢筋加工场的照明线路与灯具的安装高度低于 2.4m 时，应采用 36V 安全电压。钢筋加工场手持照明灯具的电压应采用 36V 安全电压。在 36V 电线上严禁乱搭乱挂。

(8) 碘钨灯的外壳应做接零(接地)保护。灯具架设要离开易燃物 30cm 以上，固定架设高度不低于 3m。做现场移动照明时，应采用 36V 安全电压。

(9) 配电箱、开关箱要有明显的警示标志"当心触电"，标明责任人、电话。

(10) 电线需跨越道路时，应埋入地下或做穿管保护。

(11) 检修电器设备应注意以下事项：

① 电器检修必须由电工进行，他人不得任意操作。

② 工作中遇停电时应拉下开关切断电源；检修结束后必须仔细检查各项设备状况，没有异常方可合闸。

③ 大型设备检修时须设标志牌，且切断电源做好防护后进行。

4. 钢筋加工安全注意事项

钢筋加工安全注意事项如下。

(1) 作业前必须检查工作环境、照明设施等，并试运行，符合安全要求后方可作业。

(2) 半成品必须按规格码放整齐，不得在绑扎现场随意摆放钢筋，应随使用随搬运。

(3) 切断合金钢和直径 10mm 以上钢筋时应使用机械切割。

(4) 工作完毕后，应用工具将铁屑、钢筋头清除，严禁用手擦抹或用嘴吹。切好的钢材、半成品必须按规格码放整齐。抬运钢筋人员应配合协调，互相呼应。

(5) 切断长料时，设专人扶稳钢筋，操作时动作一致。钢筋短头应使用钢管套夹具，严禁手扶。

(6) 手工切断钢筋时，夹具必须牢固。掌握切具的人与打锤人必须站成斜角，严禁面对面操作。

(7) 展开盘条钢筋时，应卡牢端头，切断前应压稳，防止回弹伤人。

(8) 人工弯曲钢筋时，应放平扳手，用力不得过猛。

(9) 绑扎钢筋的绑丝头，应弯回至骨架内侧。

(10) 吊装钢筋骨架时，下方不得有人；钢筋骨架距就位处 1m 以内时，作业人员方可靠近辅助就位，就位后必须先支撑稳固后再摘钩。

(11) 吊装较长的钢筋骨架时，应设置缆绳，持绳者不得站在骨架下方。

(12) 抬运、吊装钢筋骨架时，必须由专人指挥，作业人员要听从指挥人员的指挥。

【案例 6-2】辽宁省某地一幢四层办公楼，使用一年后，发现顶层主梁与次梁普遍出现斜裂缝，多数裂缝宽大于 0.3mm，最宽处达 1.5mm，裂缝位置绝大部分位于靠支座处和集中荷载作用点附近。据查这批梁是在冬期施工的，混凝土配料和搅拌质量较差，成型后又受冻害。原设计强度为 C20，两年半后测定实际强度接近 $15N/mm^2$。

结合案例分析此情况应如何处理。

6.3 混凝土施工安全技术

1. 混凝土浇筑的安全技术措施

混凝土浇筑的安全技术措施如下：

(1) 在混凝土仓面设置安全防护装置如钢护栏等，工作台、踏板、脚手架的承重量，不得超过设计要求，并在现场挂牌标明。混凝土浇筑前，全面检查仓内排架、支撑、拉筋、模板及平台、漏斗、溜筒等是否安全可靠。

(2) 吊装模板时，工作地段有专人监护。

(3) 平台上所留的下料孔，不用时必须封盖。平台除出口外，四周均设置栏杆和挡脚板。

(4) 平仓振捣过程中，要经常观察模板、支撑、钢筋、拉条等是否变形。如发现变形有倒塌危险时，应立即停止工作，并及时报告。操作时不得碰撞模板、拉条、钢筋和预埋件。仓内人员要集中思想，相互关照。浇筑高仓位时，要防止工具和混凝土骨料掉落仓外，以免伤人。

(5) 使用大型振捣器和平仓机时，不得碰撞模板、拉筋、预埋件等，以防变形、倒塌。

(6) 不得将运转中的振捣器，放在模板或脚手架上。

(7) 使用电动振捣器，须有触电保护器或接地装置。电动振捣器应绝缘良好，搬移振捣器或中断作业时，必须切断电源。

(8) 湿手不得接触振捣器电源开关，振捣器的电缆不得破皮漏电。

(9) 下料溜筒被混凝土堵塞时，停止下料，立即处理，处理时不得直接在溜筒上攀登。

(10) 电器设备的安装拆除或在运转过程中的故障处理，均由持有效证件的电工进行。

2. 混凝土养护安全施工技术措施

混凝土养护安全施工技术措施如下：

(1) 养护用水不得喷射到电缆和各种带电设备上。养护人员不得用湿手移动电缆。养护水管要随用随关，不得使交通道转梯、仓面出入口、脚手架平台等处有长流水。

(2) 在养护仓面上遇有沟、坑、洞时，应设明显的安全标志。必要时，可铺安全网或设置安全栏杆。

(3) 禁止在不易站稳的高处向低处混凝土面上直接洒水养护。

(4) 在高处作业时应执行高处作业安全规程。

音频 混凝土养护安全施工技术措施.mp3

6.4 预应力混凝土施工安全技术

1. 先张法施工的安全要求

先张法施工的安全要求如下。

(1) 张拉时，张拉工具与预应力筋应在一条直线上；顶紧锚塞时，用力不要过猛，以防钢丝折断；拧紧螺母时，应注意压力表读数，一定要保持所需的张拉力。

(2) 预应力筋放张的顺序应按下列要求进行。

① 轴心受预压的构件(如拉杆、柱等)，所有预应力筋应同时放张。

② 偏心受预压的构件(如梁等)，应先同时放张预压力较小区域的预应力筋，然后放张预压力较大区域的预应力筋。

先张法.mp4

③ 切断钢丝时应严格测定钢丝向混凝土内的回缩情况，且应先从靠近生产线中间处切断，然后再按剩下段的中点处逐次切断。

④ 台座两端应设有防护设施，并在张拉预应力筋时，沿台座长度方向每隔4～5m设置一个防护架，两端严禁站人，更不准进入台座。

⑤ 预应力筋放松时，混凝土强度必须符合设计要求，如无设计规定时，则不得低于强度等级的70%。

音频 预应力筋制作要求.mp3

⑥ 预应力筋放张时，应分阶段、对称、交错地进行；对配筋多的钢筋混凝土构件，所有的钢丝应同时放松，严禁采用逐根放松的方法。

⑦ 放张时，应拆除侧模，保证放松时构件能自由伸缩。

⑧ 预应力筋的放张工作，应缓慢进行，防止冲击。若用乙炔或电弧切割时，应采取隔热措施，严防烧伤构件端部混凝土。

⑨ 电弧切割时的地线应搭在切割点附近，严禁搭在另一头，以防过电后使预应力筋伸张造成应力损失。

⑩ 钢丝的回缩值：冷拔低碳钢丝不应大于 0.6mm，碳素钢丝不应大于 1.2mm，测试数据不得超过上列数值规定的 20%。

2. 后张法(无黏结预应力)施工的安全要求

后张法(无黏结预应力)施工的安全要求如下。

(1) 关于孔道直径规定如下。

① 粗钢筋，其孔道直径应比预应力筋直径、钢筋对焊接头处外径、需穿过孔道的锚具或连接器外径大 10～15mm。

② 钢丝或钢绞线：其孔道应比预应力束外径大 5～10mm，其孔道面积应大于预应力筋面积的两倍。

③ 预应力筋孔道之间的净距不应小于 25mm；孔道至构件边缘的净距不应小于 25mm，且不应小于孔道直径的一半；凡需起拱的构件，预留孔道宜随构件同时起拱。

钢筋型状.docx

(2) 在构件两端及跨中应设置灌浆孔，其孔距不应大于 12m。

(3) 采用分批张拉时，先批张拉的预应力筋，其张拉应力 σ_{con} 应增加 $\alpha_{\beta}\sigma_{hp}$。

(4) 曲线预应力筋和长度大于 24m 的直线预应力筋，应在两端张拉，长度等于或小于 24m 的直线预应力筋，可在一端张拉，但张拉端宜分别设置在构件的两端。

后张法.mp4

(5) 平卧重叠构件的张拉，应根据不同预应力筋与不同隔离剂的平卧重叠构件逐层增加其张拉力的百分率。对于大型或重要工程，在正式张拉前至少必须实测两堆屋架的各层压缩值，然后计算出各层应增加的张拉力百分率。

(6) 预应力筋张拉完后，为减少应力松弛损失，应立即进行灌浆。

无粘结预应力.mp4

(7) 在进行预应力张拉时，任何人员不得站在预应力筋的两端，同时在千斤顶的后面应设立防护装置。

(8) 操作千斤顶和测量伸长值的人员，要严格遵守操作规程，应站在千斤顶侧面操作。油泵开动过程中，不得擅自离开岗位，如需离开，必须把油阀门全部松开或切断电路。

(9) 预应力筋张拉时，构件的混凝土强度应符合设计要求，如无设计要求时，不应低于设计强度等级的 70%。主缝处混凝土或砂浆强度如无设计要求时，不应低于 15MPa。

(10) 张拉时应认真做到孔道、锚环与千斤顶三对中，以便保证张拉工作顺利进行。

(11) 钢丝、钢绞线、热处理钢筋及冷拉 I 级钢筋，严禁采用电弧切割。

(12) 采用锥锚式千斤顶张拉钢丝束时，应先使千斤顶张拉缸进油，至压力表略有起动

时暂停,检查每根钢丝的松紧进行调整,然后再打紧楔块。

【**案例6-3**】某楼建筑面积5700m²,五层框架结构;地下室层高4m,面积800m²。该工程采用商品混凝土浇筑,地下室墙板设计强度为C30,抗渗等级为S6。地下室墙体模板拆除后,发现该墙体存在多处麻面、蜂窝、露筋,靠近下部止水带施工缝处内外两侧存在多处孔深为60mm、40mm的孔洞。经现场详细检测,该墙板混凝土质量缺陷可分为3类。

(1) 轻微缺陷:地下室窗下多处露筋,内墙局部蜂窝、麻面。

(2) 一般缺陷:外墙内侧孔洞、露筋。

(3) 严重缺陷:外墙施工缝多处水平状露筋、孔洞。

结合案例分析这种情况应如何处理。

✅ 本章小结

通过对本章内容的学习,学生们应能熟悉模板施工安全技术;了解钢筋加工安全技术、混凝土施工安全技术;熟悉预应力混凝土施工安全技术等基本内容。为以后的学习和工作打下坚实的基础。

✅ 实训练习

一、单选题

1. 立柱高度大于2m时,应设两道水平支撑,满堂模板立柱的水平支撑必须( )。

    A. 平行设置   B. 横向设置   C. 纵向设置   D. 纵横双向设置

2. 切断短料时,手和切刀之间的距离必须保持在( )以上。

    A. 140mm   B. 150mm   C. 160mm   D. 170mm

3. 钢筋加工场的照明线路与灯具的安装高度低于2.4m时,应采用( )V安全电压。

    A. 36   B. 37   C. 200   D. 220

4. 预应力筋孔道之间的净距不应小于( )。

    A. 25mm   B. 30mm   C. 35mm   D. 40mm

5. 冷拔低碳钢丝的回缩值不应大于( )。

    A. 0.4mm   B. 0.5mm   C. 0.6mm   D. 0.7mm

二、多选题

1. 为保证立柱的整体稳定,应在安装立柱的同时,加设( )。

    A. 水平支撑   B. 剪刀撑   C. 纵向支撑

    D. 交叉支撑   E. 构造筋

2. 模板在安装全过程中应随时进行检查,严格控制( ),模板接缝必须紧密。

    A. 垂直度   B. 中心线   C. 标高

    D. 各部分尺寸   E. 水平度

3. 台座两端应设有防护设施，并在张拉预应力筋时，沿台座长度方向( )m 按规定设置防护架。

    A. 4   B. 4.5   C. 5

    D. 5.5   E. 6

4. 浇筑混凝土时，模板受荷载后有可能发生( )现象。

    A. 位移   B. 鼓胀   C. 下沉

    D. 侧移   E. 漏浆

5. 平仓振捣过程中，要经常观察( )等是否变形。

    A. 模板   B. 柱子   C. 支撑

    D. 钢筋   E. 拉条

三、简答题

1. 保证立柱的整体稳定有哪些措施？

2. 简述钢筋加工机具的使用要求。

3. 简述混凝土养护安全施工技术措施。

4. 简述先张法施工的安全要求。

第 6 章习题答案.docx

5. 先张法施工和后张法施工的区别是什么？

实训工作单

班级		姓名		日期	
教学项目		混凝土结构安全技术			
任务	学习混凝土结构施工安全技术	学习途径	集中讲授、观看视频、现场观摩		
学习目标		掌握各个混凝土结构施工安全技术			
学习要点		混凝土结构施工安全			

学习记录

评语			指导教师	

第 7 章 砌 体 结 构

第 7 章.pptx

【教学目标】

(1) 熟悉砌体结构基本知识。

(2) 熟悉砌体材料。

【教学要求】

本章要点	掌握层次	相关知识点
砌体结构基本知识	1. 熟悉砌体结构的基本概念 2. 了解砌体结构的历史、现状及发展	砌体结构基本知识
砌体材料	1. 掌握块体材料 2. 掌握砌筑砂浆	砌体结构

【案例导入】

　　长城又称"万里长城"，是中国古代在不同时期为抵御塞北游牧部落联盟侵袭而修筑的规模浩大的军事工程的统称。长城始建于春秋战国时期，始修于燕王，历时长达两千多年。今天所指的万里长城多指明代修建的长城，它东起鸭绿江，西至内陆地区甘肃省的嘉峪关。

　　国家文物局 2012 年宣布中国历代长城总长度为 21196.18km，分布于北京、天津、河北、山西、内蒙古、辽宁、吉林、黑龙江、山东、河南、陕西、甘肃、青海等 15 个省区和直辖市，包括长城墙体、壕堑、单体建筑、关堡和相关设施等长城遗产 43721 处。

【问题导入】

　　请结合所学的相关知识，试根据本案的相关背景，简述砌体结构的历史、现状及发展。

7.1 砌体结构基本知识

7.1.1 砌体结构的基本概念

砖砌体、石砌体或砌块砌体建造的结构，又称砖石结构。由于砌体的抗压强度较高而抗拉强度很低，因此，砌体结构构件主要承受轴心或小偏心压力，而很少受拉或受弯，一般民用和工业建筑的墙、柱和基础都可采用砌体结构。在采用钢筋混凝土框架和其他结构的建筑中，常用砖墙做围护结构，如框架结构的填充墙。

砌体(砖混结构)是由块体和砂浆砌筑而成的墙或柱，包括砖砌体、砌块砌体、石砌体和墙板砌体。在一般的工程建筑中，砌体约占整个建筑物自重的 1/2，用工量和造价约各占 1/3，是建筑工程的重要材料。长期以来，我国占主导地位的砌体材料烧结钻土砖已有两千多年的历史，与黏土瓦并称为"秦砖汉瓦"。但是，这种砌体材料需要大量黏土作为原材料，为有效地保护耕地，国家要求尽量不用黏土砖。砌体材料正朝着充分利用各种工业废料、轻质、高强、空心、大块、多功能的方向发展。

砌体包括砖结构、石结构和其他材料的砌块结构。砌体结构分为无筋砌体结构和配筋砌体结构。砌体结构在我国应用很广泛，这是因为它可以就地取材，具有很好的耐久性及较好的化学稳定性和大气稳定性，有较好的保温隔热性能。较钢筋混凝土结构节约水泥和钢材，砌筑时不需模板及特殊的技术设备，可节约木材。砌体结构的缺点是自重大、体积大，砌筑工作繁重。由于砖、石、砌块和砂浆间黏结力较弱，因此无筋砌体的抗拉、抗弯及抗剪强度都很低。由于其组成的基本材料和连接方式，决定了它的脆性性质，从而使其遭受地震时破坏较重，抗震性能很差，因此对多层砌体结构抗震设计需要采用构造柱、圈梁及其他拉结等构造措施以提高其延性和抗倒塌能力。此外，砖砌体所用黏土砖用量很大，占用农田土地过多，因此把实心砖改成空心砖，特别发展高孔洞率、高强度、大块的空心砖以节约材料，以及利用工业废料，如粉煤灰、煤渣或者混凝土制成空心砖块代替红砖等都是今后砌体结构的方向。

砌体墙.docx

土方开挖.mp4

基础施工的结构形式和架空层与
地下室的施工方法.mp4

条形基础.mp4

柱下独立基础.mp4

筏形基础.mp4

【**案例 7-1**】某县长途运输公司一号集资楼,砖混 7 层,面积 4901m²,建于 2014 年 10 月—2015 年 4 月,纵长 56m,设有变形缝,屋面为多孔板灌缝找平后加小青瓦坡屋面防水,两侧纵长为宽 2m 现浇屋面板。

根据自身所学的相关知识,试简述砌体结构的相关概念。

7.1.2 砌体结构的历史、现状及发展

砌体结构是指由块体(各种砖、各种砌块或石材)及砂浆砌筑而成的墙、柱作为建筑物主要受力构件的结构。由于过去大量采用的是砖砌体和石砌体,因此习惯上称为砖石结构。

砌体结构在我国有着非常悠久的应用历史。早在五千多年前就已出现石砌的祭坛和围墙,到了西周时期(公元前 1097 年—公元前 771 年),已烧制出黏土瓦和铺地砖。秦汉时代,我国的砖瓦生产已很发达,著名的"秦砖汉瓦"在一定程度上代表了当时的科技发展水平。古代的砌体结构主要用于陵墓、城墙、佛塔、石拱桥、佛殿等。驰名中外的万里长城(如图 7-1 所示),蜿蜒雄伟,气势磅礴,堪称砌体结构的典范。河北赵县的安济桥(如图 7-2 所示),建于隋朝,至今已有 1400 多年的历史,是世界上最早的一座空腹式石拱桥。在材料使用、结构受力、经济美观等诸方面都达到了很高的水平。

图 7-1 万里长城

图 7-2 安济桥

中华人民共和国成立后，砌体结构得到了迅速发展，目前已广泛应用于各类工业与民用建筑及其他构筑物，建造规模与应用领域不断扩大，空心砖、硅酸盐块材、混凝土砌块等各种新型砌体材料不断出现和更新，砌体结构已发展成为我国工程应用最为广泛的结构类型之一。

砌体结构在国外也被广泛采用。埃及的金字塔是世界上最伟大的建筑工程之一，它约建于4500年前，是用巨大石块修砌成的方锥形建筑。罗马和希腊石砌的古城堡和教堂则反映了西方古代文明的杰出成就。到了近代，国外采用砌体作为承重构件建造了许多高层房屋。1891年美国芝加哥建造了一幢17层砖房，由于当时的技术条件限制，其底层承重墙厚1.8m。1957年瑞士苏黎世采用强度为58.8MPa、空心率为28%的空心砖建成一幢19层塔式住宅，墙厚才380mm，引起了各国的兴趣和关注。1970年在英国诺丁汉市建成一幢14层房屋，其内墙厚230mm，外墙厚270mm，与钢筋混凝土框架相比，上部结构的造价降低约7.7%。

音频 混凝土砌块的作用.mp3

从砖的生产方面来看，1979年，欧洲各国的产量为409亿块，苏联为470亿块，亚洲各国132亿块，美国85亿块。国外砖的强度一般为30～60MPa，有的高达140～230MPa。孔洞率一般为20%～40%，有的甚至达到60%。空心砖的重力密度一般为13kN/m³，轻的仅为6kN/m³。

国外砌块的发展速度也很快，20世纪70年代一些欧美国家的砌块产量就接近或超过了砖的产量。英国1976年生产砖60亿块，砌块67亿块；美国1974年生产砖73亿块，砌块370亿块。

中国是个砖产量大国，据统计，1980年全国的砖产量为1566亿块，近年已达2100亿块，人均200块左右。混凝土小型砌块的发展也相当快，据中国建筑砌块协会统计，我国混凝土小砌块的年产量在1992年为600万立方米，1993年达到2000万立方米，1998年的产量已达3500万立方米，各类小、中、大型砌块建筑的总面积达到8000万平方米。建筑砌块与砌块建筑不仅具有较好的技术和经济效益，而且在节约土地资源、节省能源和废物利用等方面都具有巨大的社会效益和环境效益。

砌体结构发展的主要趋向是要求砖及砌块材料具有轻质高强的性能，砂浆具有高强度，特别是高黏结强度，尤其是采用高强度空心砖或空心砌块砌体时。在墙体内适当配置纵向钢筋，对克服砌体结构的缺点，减小构件截面尺寸，减轻自重和加快建造速度，具有重要意义。相应地研究设计理论，改进构件强度计算方法，提高施工机械化程度等，也是进一步发展砌体结构的重要课题。

7.2 砌 体 材 料

7.2.1 块体材料

1. 块体材料的分类

砌体结构用的块体材料一般分为天然石材和人工砖石两大类。人工砖石有经过焙烧的烧结普通砖、烧结多孔砖，以及不经过焙烧的硅酸盐砖、混凝土砖、混凝土小型空心砌块、轻集料混凝土砌块等。

1) 烧结普通砖

以煤矸石、页岩、粉煤灰或黏土为主要原料，经过焙烧而成的实心砖称为烧结普通砖。烧结普通砖分烧结煤矸石砖、烧结页岩砖、烧结粉煤灰砖、烧结黏土砖等。其中烧结黏土砖是主要品种，也是目前应用最广泛的块体材料。其他非黏土材料制成的砖，如烧结页岩砖、烧结煤矸石砖、烧结粉煤灰砖等既利用了工业废料，又保护了土地资源，有广阔的发展和应用前景。烧结普通砖有全国统一的规格，其尺寸为240mm×115mm×53mm。

烧结普通砖.docx

2) 烧结多孔砖

以煤矸石、页岩、粉煤灰或黏土为主要原料，经焙烧而成、孔洞率不大于35%，孔的尺寸小而数量多，主要用于承重部位的砖称为烧结多孔砖。

我国生产的烧结多孔砖，其孔型和外形尺寸多种多样，孔洞率多在15%～35%之间，主要规格有：KP1 型，240mm×115mm×90mm；KP2 型，240mm×180mm×115mm；KM1 型，190mm×190mm×90mm。上述规格产品还有 1/2 长度或 1/2 宽度的配砖配套使用，以避免砍砖过多及砍砖困难，有的多孔砖可与烧结普通砖配合使用。几种典型的多孔砖规格及孔洞形式如图 7-3 所示。

烧结普通砖.mp4

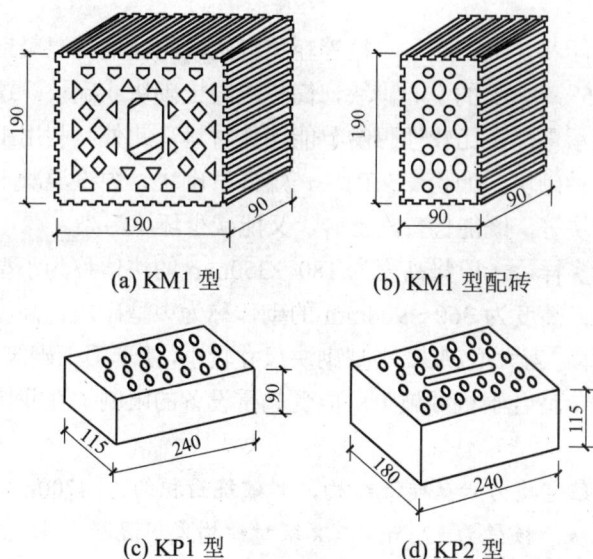

(a) KM1 型   (b) KM1 型配砖

(c) KP1 型   (d) KP2 型

图 7-3 几种多孔砖的规格及孔洞形式

烧结空心砖的孔洞率可达 35%～60%，因此又称大孔空心砖，一般多作填充墙用，如图 7-4 所示。采用空心砖不仅减轻了结构自重，获得了更好的保温、隔热和隔声性能，还在一定程度上节约了土地，因此，近年来得到了越来越多的推广应用。

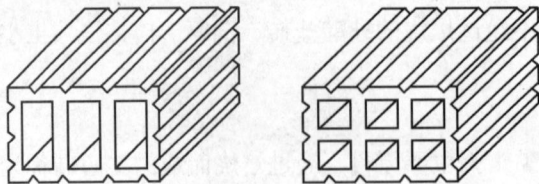

图 7-4　大孔空心砖

烧结多孔砖.docx

3) 非烧结硅酸盐砖

以石灰、消石灰或水泥等钙质材料与砂或粉煤灰等硅质材料为主要原料，经坯料制备、压制排气成型、高压蒸汽养护而成的实心砖称为非烧结硅酸盐砖。常用的非烧结硅酸盐砖有蒸压灰砂普通砖、蒸压粉煤灰普通砖等。其规格尺寸与实心黏土砖相同。蒸压硅酸盐砖均不需焙烧，因此不得用于长期受热 200℃以上、受急冷急热和有酸性介质侵蚀的建筑部位。

大孔空心砖.mp4

4) 混凝土砖

混凝土砖是指以水泥为胶凝材料，以砂、石等为主要集料，加水搅拌、成型、养护制成的一种多孔的混凝土半盲孔砖或实心砖。多孔砖的主规格尺寸为 240mm×115mm×90mm、240mm×190mm×90mm、190mm×190mm×90mm 等；实心砖的主规格尺寸为 240mm×115mm×53mm、240mm×115mm×90mm 等。

混凝土砖.docx

5) 混凝土砌块

由普通混凝土或浮石、火山渣、陶粒等轻集料做成的轻集料混凝土制成的、空心率为 25%～50%的空心砌块，简称混凝土砌块或砌块。这些砌块既能保温又能承重，是比较理想的节能墙体材料。此外，利用工业废料加工生产的各种砌块，如粉煤灰砌块、煤矸石砌块、炉渣混凝土砌块、加气混凝土砌块等，既能代替黏土砖，又能减少环境污染。

混凝土砖.mp4

混凝土砌块规格多样，一般将高度为 180～350mm 的块体称为小型砌块，如图 7-5 所示；高度为 360～900mm 的砌体称为中型砌块；高度为 900mm 以上的块体称为大型砌块。小型砌块尺寸较小，便于手工砌筑。中大型砌块尺寸较大，适合于机械施工，但受起重设备的限制，在我国较少采用。

混凝土砌块.mp4

【案例 7-2】某住宅楼为六层砖混结构，其建筑面积约为 4700m²，四坡脊屋面，屋面板为现浇钢筋混凝土板，板厚为 12cm。二次维护结构采用混凝土砌块砌筑而成。

结合所学的相关知识，试简述混凝土砌块的相关知识。

6) 石材

石材一般采用重质天然石，如花岗岩、砂岩、石灰岩等，其重力密度大于 18kN/m³。天然石材具有强度高、抗冻性及耐火性能好等优点，因此常用于建筑物的基础、挡土墙等，在石材产地也可用于砌筑承重墙体。

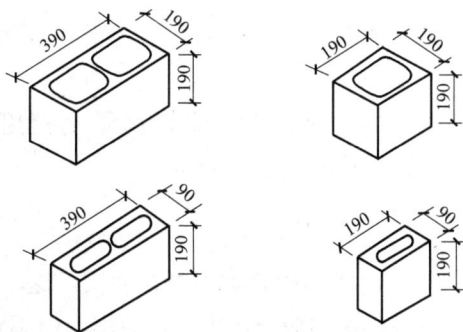

图 7-5 混凝土小型空心砌块

天然石材分为料石和毛石两种。料石按其加工后的外形规则程度又分为细料石、粗料石和毛料石。毛石是指形状不规则、中部厚度不小于 200mm 的块石。石砌体中的石材应选用无明显风化的天然石材。

2. 块体的强度等级

块体的强度等级是由标准试验方法得到的以 MPa 表示的块体极限抗压强度，按规定的评定方法确定。它是块体力学性能的基本标志，用符号"MU"表示。

承重结构的块体的强度等级，应按下列规定采用。

(1) 烧结普通砖、烧结多孔砖的强度等级：MU30、MU25、MU20、MU15 和 MU10。

(2) 蒸压灰砂普通砖、蒸压粉煤灰普通砖的强度等级：MU25、MU20 和 MU15。

(3) 混凝土普通砖、混凝土多孔砖的强度等级：MU30、MU25、MU20 和 MU15。

音频 承重结构中的
砌块体规定.mp3

(4) 混凝土砌块、轻集料混凝土砌块的强度等级：MU20、MU15、MU10、MU7.5 和 MU5。

(5) 石材的强度等级：MU100、MU80、MU60、MU50、MU40、MU30 和 MU20。

需要注意的是，对用于承重的双排孔或多排孔轻集料混凝土砌块砌体的孔洞率不应大于 35%。自承重墙的空心砖、轻集料混凝土砌块的强度等级，应按下列规定采用。

① 空心砖的强度等级：MU10、MU7.5、MU5 和 MU3.5。

② 轻集料混凝土砌块的强度等级：MU10、MU7.5、MU5 和 MU3.5。

7.2.2 砌筑砂浆

砂浆是由胶结材料(水泥、石灰)和砂加水拌和而成的混合材料。砂浆的作用是把块材黏结成整体，并均匀传递块材之间的压力，同时改善砌体的透气性、保温隔热性和抗冻性。按砂浆的组成可分为以下几类。

1. 水泥砂浆

由水泥与砂加水拌和而成的砂浆称为水泥砂浆。这种砂浆具有较高

砌筑砂浆.mp4

的强度和较好的耐久性，但和易性和保水性较差，适用于砂浆强度要求较高的砌体和潮湿环境中的砌体。

根据需要按一定的比例掺入掺合料和外加剂等组分，专门用于砌筑混凝土砌块的砌筑砂浆称为混凝土砌块砌筑砂浆，简称砌块专用砂浆。

2. 混合砂浆

由水泥、石灰与砂加水拌和而成的砂浆称为混合砂浆。这种砂浆具有一定的强度和耐久性，而且和易性和保水性较好，在一般墙体中广泛应用，但不宜用于潮湿环境中的砌体。

3. 非水泥砂浆

非水泥砂浆指不含水泥的石灰砂浆、石膏砂浆和黏土砂浆。这类砂浆强度不高，耐久性也较差，所以只用于受力较小或简易建筑中的砌体。

砂浆的强度等级是把按标准方法制作的 70.7mm 的立方体试块(一组六块)，在标准条件下养护 28d，经抗压试验所测得的抗压强度的平均值来划分的。确定砂浆强度等级时应采用同类块体为砂浆强度试块的底模。砌筑砂浆的强度等级分为 M15、M10、M7.5、M5 和 M2.5 五个强度等级。

【案例 7-3】某工厂新建一生活区，共 14 幢七层砖混结构住宅(其中 10 幢为条形建筑，4 幢为点式建筑)。在工程建设前，厂方委托一家工程地质勘查单位按要求对建筑地基进行了详细的勘查。该工程采用水泥砂浆进行抹灰，采用大理石做饰面层。

根据自身所学的相关知识，试简述砂浆的相关概念。

✓ 本章小结

本章主要讲了砌体结构基本知识，包括砌体结构的基本概念，砌体结构的历史、现状及发展。砌体材料包括块体材料、砌筑砂浆。通过本章的学习，学生可以掌握砌体结构的相关知识，为今后的学习打下一个坚实的基础。

✓ 实训练习

一、单选题

1. 采用砖、砌块和砂浆砌筑而成的结构称为( )。
    A. 砌体结构　　　　B. 砂石结构　　　　C. 砖石结构　　　　D. 房屋结构
2. 砌体结构的应用范围广，但不能用作( )。
    A. 住宅　　　　　　B. 大跨度结构　　　C. 学校　　　　　　D. 旅馆
3. 烧结普通砖、烧结多孔砖等的强度等级分为( )级。
    A. 四　　　　　　　B. 五　　　　　　　C. 六　　　　　　　D. 七
4. 砂浆的强度等级分为( )级。

A. 四   B. 五   C. 六   D. 七

5. 砌体抗压强度比砖抗压强度( )。

    A. 小   B. 大   C. 相等   D. 不能确定

二、多选题

1. 砌体结构的优点有( )。

    A. 砌体材料抗压性能好   B. 保温、耐火、耐久性能好

    C. 能源消耗小   D. 材料经济，就地取材

    E. 施工简便，管理、维护方便

2. 砌体结构的缺点有( )。

    A. 耗费能源   B. 自重不太大   C. 自重大

    D. 施工劳动强度高，运输损耗大

    E. 相对于块材的强度来说还很低，抗弯能力低

3. 烧结普通砖是以( )为主要原料。

    A. 砂黏土   B. 土   C. 页岩

    D. 煤矸石   E. 粉煤灰

4. 烧结普通砖可分为( )。

    A. 烧结黏土砖   B. 烧结页岩砖   C. 烧结煤矸石砖

    D. 烧结灰土砖   E. 烧结粉煤灰砖

5. 蒸压灰砂砖是以( )为主要原料，经坯料制备、压制成型、高压蒸汽养护而成的实心砖。

    A. 石灰   B. 土   C. 砂

    D. 粉煤灰   E. 煤矸石

三、简答题

1. 简述砌体结构的基本概念。

2. 概述砌体结构的相关知识。

3. 简述砌筑砂浆的基本概念。

第7章习题答案.docx

实训工作单

班级		姓名		日期	
教学项目		砌体结构			
任务	学习砌体材料	学习途径	本书中的案例分析，自行查找相关书籍		
学习目标		掌握块体材料			
学习要点		砌筑砂浆			
学习记录					
评语			指导教师		

第 8 章 砌体结构构造认知和基本构件分析

【教学要求】

本章要点	掌握层次	相关知识点
墙体构造认知	(1) 熟悉墙体的类型 (2) 掌握墙体的设计要求 (3) 掌握墙体的细部构造	剪力墙
砌体结构基本构件分析	(1) 掌握砌体的力学性能 (2) 掌握砌体结构基本构件计算	砌体结构

【案例导入】

　　某工厂新建一生活区，共 14 幢七层砖混结构住宅(其中 10 幢为条形建筑，4 幢为点式建筑)。在工程建设前，厂方委托一家工程地质勘察单位对建筑地基进行详细的勘查。工程于 1993—1994 年相继开工，1995—1996 年相继建成完工。

砌体结构构造认知和

基本构件分析.mp4

【问题导入】

　　请结合所学的相关知识，试根据本案例的相关背景，简述墙体的设计要求。

8.1　墙体构造认知

8.1.1　墙体的类型

1. 按墙体材料分类

1) 砖墙

用作墙体的砖有普通黏土砖、黏土多孔砖、黏土空心砖、焦渣砖等。黏土砖用黏土烧制而成，有红砖、青砖之分。焦渣砖用高炉硬矿渣和石灰蒸养而成。

2) 加气混凝土砌块墙

加气混凝土是一种轻质材料，其成分是水泥、砂子、磨细矿渣、粉煤灰等，用铝粉作发泡剂，经蒸养而成。加气混凝土具有体积质量轻、隔声、保温性能好等特点。这种材料多用于非承重的隔墙及框架结构的填充墙。

3) 石材墙

石材是一种天然材料，主要用于山区和产石地区。分为乱石墙、整石墙和包石墙等做法。

4) 板材墙

板材墙以钢筋混凝土板材、加气混凝土板材为主要材料，玻璃幕墙亦属此类。

5) 整体墙

整体墙是指框架内现场制作的整块式墙体，无砖缝、板缝，整体性能突出，主要用材以轻集料钢筋混凝土为主，操作工艺为喷射混凝土工艺，整体强度略高于其他结构，再加上合理的现场结构设计，特别适用于地震多发区、大跨度厂房建设和大型商业中心的隔断。

2. 按墙体位置分类

墙体按所在位置一般分为外墙及内墙两大部分，每部分又各有纵、横两个方向，这样共形成四种墙体，即纵向外墙、横向外墙(又称山墙)、纵向内墙、横向内墙。

加气混凝土砌块墙.mp4

石材墙.docx

板材墙.mp4

砌块隔墙.mp4

石材.mp4

骨架隔墙.mp4

3. 按墙体受力分类

墙体根据结构受力情况不同，有承重墙和非承重墙之分。凡直接承受上部屋顶、楼板所传来荷载的墙称为承重墙，凡不承受上部荷载的墙称为非承重墙。非承重墙包括隔墙、填充墙和幕墙。隔墙起分隔室内空间的作用，应满足隔声、防火等要求，其质量由楼板或梁承受；填充墙一般填充在框架结构的柱墙之间；幕墙则是悬挂于外部骨架或楼板之间的轻质外墙。外部的填充墙和幕墙承受风荷载和地震荷载。

复合夹心墙.mp4

4. 按墙体构造分类

按构造方式不同，墙体可以分为实体墙、空体墙、复合墙。实体墙：用单一材料(砖、石块、混凝土和钢筋混凝土等)和复合材料(钢筋混凝土与加气混凝土分层复合、黏土砖与焦渣分层复合等)砌筑的不留空隙的墙体；空体墙内留有空腔，如空斗墙。复合墙：是由两种或两种以上的材料组合而成的墙体。

按结构分类的墙体.docx

【案例 8-1】某县一机关修建职工住宅楼，共 6 栋，设计均为七层砖混结构，建筑面积 10000m²，主体工程完工后进行墙面抹灰，采用某水泥厂生产的 32.5 强度的水泥。

请结合自身所学的相关知识，试根据本案的相关背景，简述墙体的类型。

8.1.2 墙体的设计要求

1. 结构设计要求

利用墙体作为承重结构体系的少层或多层砖混建筑中，为保证结构的合理性，上层的承重墙应尽量与下层的承重墙对齐，并根据承载情况，通过计算确定墙体厚度。一般砖墙的强度与所采用的砖和砂浆材料强度等级及施工技术有关。

墙的稳定性与墙的高度、长度、厚度及纵横向墙体间的距离有关。提高墙的稳定性可通过验算，以及根据需要增加墙厚、提高砌筑砂浆强度等级、加墙垛、加构造柱、加圈梁、墙内加筋等办法来达到。

2. 热工和节能设计要求

我国的北方地区，地处寒冷地带，要求外墙具有较好的保温能力，以减少室内热损失。墙厚应根据热工计算确定，同时还应防止外墙内表面与保温材料内部出现凝结水现象，构造上要防止冷桥的产生。

我国的南方地区，地处炎热地带，为防止夏天过热，除设计中考虑朝向、通风外，外墙应具有一定的隔热性能。

3. 其他要求

墙体除满足基本功能要求外，尚应具有一定的隔声能力，以符合有关隔声方面的要求；在防火方面，应符合防火规范中相应的燃烧性能和耐火极限的规定；同时在墙体的选材方面还要考虑防潮、防水、防风和抗冻性与经济性等方面的要求。

外墙外保温.mp4

8.1.3 墙体的细部构造

不同材料的墙体在处理细部构造方面的原则和做法基本相同，此处以普通砖墙为例来介绍墙体的细部构造，以掌握基本原理和常见做法。

1. 勒脚

勒脚是外墙接近室外地面的部分，易受雨、雪的侵蚀及冻融和人为因素的破坏，以致影响建筑物的立面美观和耐久性，所以勒脚的构造应坚固、耐久、防潮、防水。勒脚的高度一般应在 500mm 以上，考虑到建筑立面造型处理，也有将勒脚高度提高到底层窗台以下的情况。勒脚的做法有抹灰勒脚、贴面勒脚和石材砌筑勒脚，如图 8-1 所示。常见的有水泥砂浆抹灰、水刷石、贴面砖等。为防止勒脚与散水接缝处向下渗水，勒脚应伸入散水下，接缝处用弹性防水材料嵌缝。

勒脚.mp4　　勒脚示意图.docx

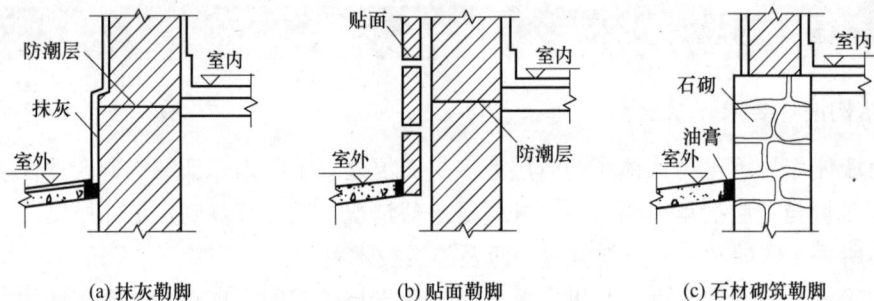

(a) 抹灰勒脚　　(b) 贴面勒脚　　(c) 石材砌筑勒脚

图 8-1　勒脚构造的做法

2. 散水和明沟

散水是沿建筑物外墙四周所设置的向外倾斜的排水坡面；明沟是在外墙四周设置的排水沟。散水的宽度一般为 600～1000mm，为保证屋面雨水能够落在散水上，当屋面排水方式为自由排水时，散水宽度应比屋檐挑出宽度大 200mm，并做滴水砖带。为加快雨水的流速，散水表面应向外倾斜，坡度一般为 3%～5%。散水的通常做法是在基层土层上现浇混凝土，或用砖、石铺砌，水泥砂浆抹面，如图 8-2 所示。

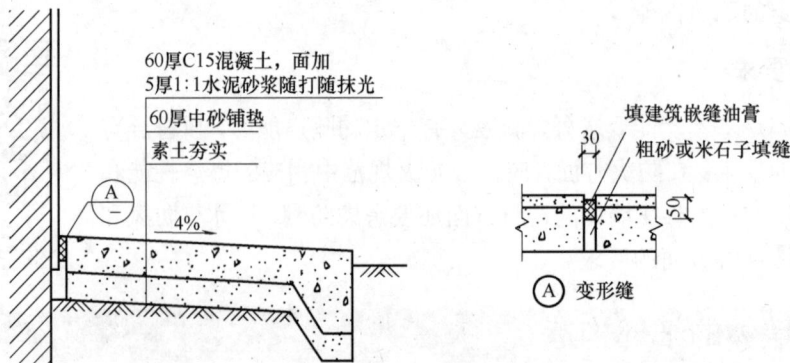

图 8-2　散水构造做法

散水垫层为刚性材料时，应每隔 6m 设一道伸缩缝，缝宽为 20mm。在房屋四周、阴阳角处也应设伸缩缝，缝内填沥青砂浆。明沟与散水的做法大致相同。不同的是，明沟直接将雨水有组织地排入城市地下管网，明沟底面也应做不小于 1% 的坡度。

散水与明沟.docx

散水.mp4

音频 散水的做法.mp3

3. 墙身防潮层

为了防止土壤中的水分由于毛细作用上升使建筑物墙身受潮，保持室内干燥卫生，提高建筑物的耐久性，应当在墙体中设置防潮层。防潮层可分为水平防潮层和垂直防潮层两种。

(1) 水平防潮层是指建筑物内外墙靠近室内地坪沿水平方向设置的防潮层。根据材料不同可分为防水砂浆防潮层、油毡防潮层、细石混凝土防潮层三种，当水平防潮层处设有钢筋混凝土圈梁时，不另设防潮层，如图 8-3 所示。

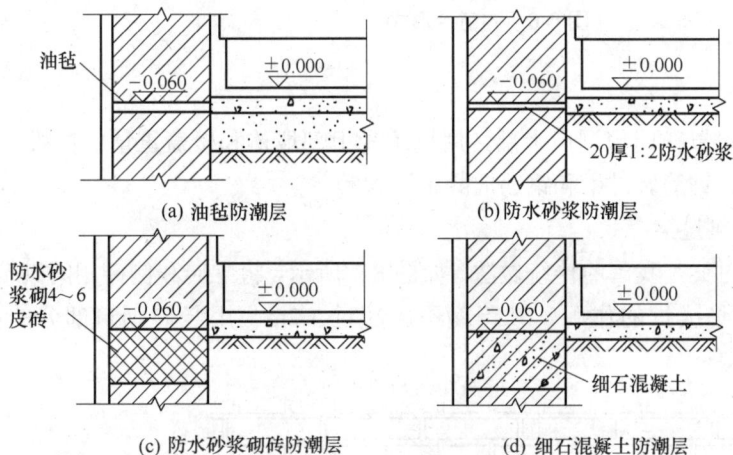

(a) 油毡防潮层　　　　(b) 防水砂浆防潮层

(c) 防水砂浆砌砖防潮层　　　　(d) 细石混凝土防潮层

图 8-3　水平防潮层的做法

(2) 垂直防潮层的具体做法是在垂直墙面上先用水泥砂浆找平，再刷冷底子油一道、热沥青两道或采用防水砂浆抹灰防潮，如图 8-4 所示。

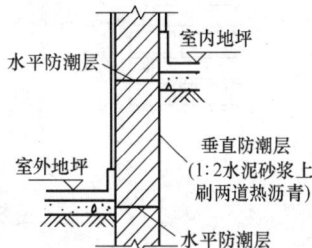

图 8-4　垂直防潮层的做法

4. 窗台

窗台是窗洞下部的构造，用来排除窗外侧流下的雨水和内侧的冷凝水，且具有装饰作用。按其构造做法不同可分为外窗台和内窗台。位于窗外的窗台叫作外窗台，其有悬挑窗台和不悬挑窗台两种，如图 8-5 所示；位于室内的窗台叫作内窗台，一般为水平放置，通常结合室内装修选择水泥砂浆抹灰、木板或贴面砖等多种饰面形式。北方地区常在内窗台下设置暖气槽，如图 8-6 所示。

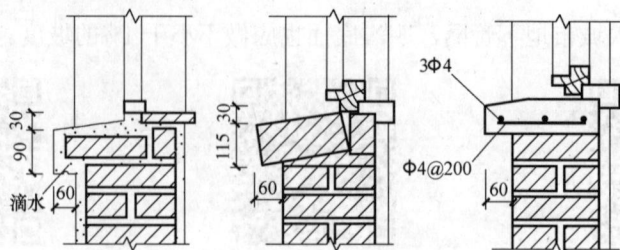

图 8-5　外窗台形式

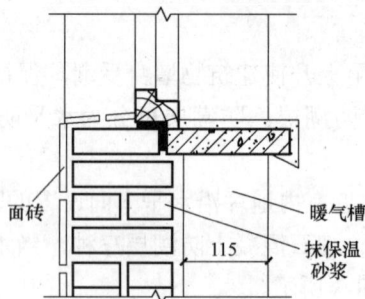

图 8-6　内窗台形式

内窗台.mp4

5. 过梁

过梁是指设置在门窗洞口上部，用以承受上部墙体和楼盖重量的横梁。常见的过梁有砖砌平拱过梁、钢筋砖过梁和钢筋混凝土过梁等。

1) 砖砌平拱过梁

砖砌平拱过梁是我国的传统做法，如图 8-7 所示。将立砖和侧砖相间砌筑，使灰缝上宽下窄相互挤压形成拱的作用。其跨度不应超过 1.2m，用竖砖砌筑部分的高度不应小于 240mm。

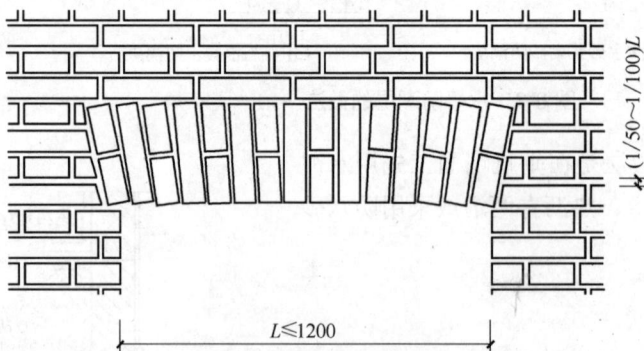

图 8-7　砖砌平拱过梁

砖砌平供过梁.mp4

钢筋砖过梁.mp4

2) 钢筋砖过梁

钢筋砖过梁是在平砌砖的灰缝中加设适量钢筋而形成的过梁，如图 8-8 所示。其跨度不应超过 1.5m，底面砂浆处的钢筋，其直径不应小于 5mm，间距不宜大于 120mm，钢筋伸入支座砌体内的长度不宜小于

240mm，砂浆层的厚度不宜小于 30mm。

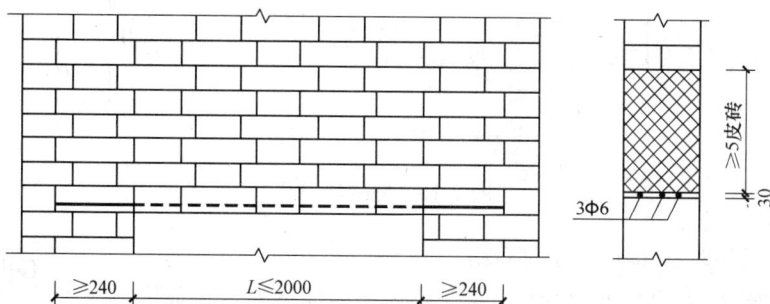

图 8-8　钢筋砖过梁

砖砌过梁所用的砂浆不宜低于 M5。对有较大振动荷载或可能产生不均匀沉降的房屋，不应采用砖砌过梁，而应采用钢筋混凝土过梁。

3) 钢筋混凝土过梁

钢筋混凝土过梁的适应性较强，是目前在建筑中普遍采用的一种过梁形式。当门窗洞口跨度超过 2m 或上部有集中荷载时需采用钢筋混凝土过梁。钢筋混凝土过梁有现浇和预制两种，梁高及配筋由计算确定。常见梁高为 60mm、120mm、180mm、240mm，其断面形式如图 8-9 所示。

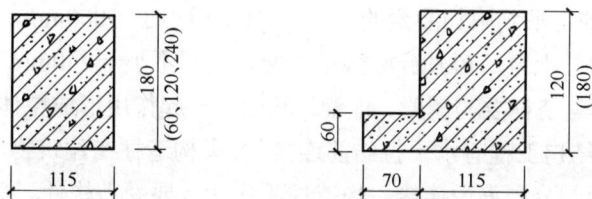

图 8-9　钢筋混凝土过梁

6. 墙身的加固构造

当墙身承受集中荷载、墙上开洞以及受地震等因素影响时，为提高建筑物的整体刚度和墙体的稳定性，应视具体情况对墙身采取相应的加固措施。

1) 壁柱和门垛

当墙体的窗间墙上出现集中荷载，而墙厚又不足以承受其荷载；或当墙体的长度和高度超过一定限度并影响墙体稳定性时，常在墙身局部适当位置增设凸出墙面的壁柱以提高墙体的刚度。壁柱凸出墙面的尺寸一般为 120mm×370mm、240mm×370mm、240mm×490mm 等。当门上开设的门窗洞口处于两墙转角处或丁字墙交接处时，为保证墙体的承载力及稳定性和便于门框的安装，应设门垛，门垛的长度不应小于120mm，如图 8-10 所示。

壁柱.mp4

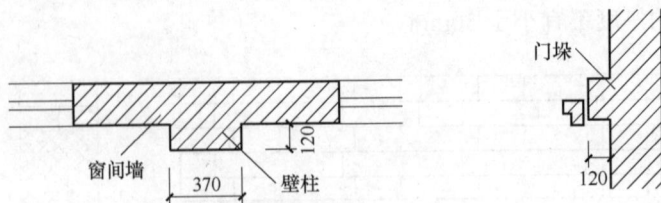

图 8-10　壁柱与门垛

2) 构造柱(建筑图纸中符号为-GZ)

构造柱通常称为混凝土构造柱，是在砌体房屋墙体的规定部位，按构造配筋，并按先砌墙后浇灌混凝土柱的施工顺序制成的混凝土柱。构造柱，主要不是承担竖向荷载的，而是抗击剪力、抗震等横向荷载的。

构造柱通常设置在楼梯间的休息平台处、纵横墙交接处、墙的转角处，墙长达到五米的中间部位要设构造柱。为提高砌体结构的承载能力或稳定性而又不增大截面尺寸，墙中的构造柱已不仅仅设置在房屋墙体转角、边缘部位，而按需要设置在墙体的中间部位，圈梁应设置成封闭状。圈梁可以提高建筑物的整体刚度，抵抗不均匀沉降。圈梁的设置要求是宜连续设置在同一水平面上，不能截断，不可避免有门窗洞口堵截时，在门窗洞口上方设置附加圈梁，附加圈梁伸入支座不得小于 2 倍的高度(为被堵截圈梁的上平到附加圈梁的下平)，且不得小于 1000mm，过梁设置在门窗洞口的上方，宜与墙同厚，每边伸入支座不小于240mm。

从施工角度讲，构造柱要与圈梁、地梁、基础梁一起作用形成整体结构。与砖墙体要在结构工程有水平拉结筋连接。如果构造柱在建筑物、构筑物中间位置，要与分布筋做连接。构造柱不作为主要受力构件。

3) 圈梁

砌体结构房屋中，在砌体内沿水平方向设置封闭的钢筋混凝土梁、圈梁，以提高房屋空间刚度、增加建筑物的整体性，提高砖石砌体的抗剪、抗拉强度，防止由于地基不均匀沉降、地震或其他较大振动荷载对房屋的破坏。在房屋的基础上部的连续的钢筋混凝土梁叫基础圈梁，也叫地圈梁；而在墙体上部，紧挨楼板的钢筋混凝土梁叫上圈梁。

【案例 8-2】某县级市一乡村修建小学教学楼和教师办公住宿综合楼，乡上领导按照有关基本建设程序办事，自行决定由一农村工匠承揽该工程建设。

请结合所学的相关知识，试根据本案的相关背景，简述墙体的细部构造。

构造柱.mp4

音频　圈梁的设置要求.mp3

圈梁示意图.docx

圈梁.mp4

8.2 砌体结构基本构件分析

8.2.1 砌体的力学性能

1. 砌体的受压性能

1) 砌体受压破坏特征

砌体在建筑物中主要用作承压构件，因此了解其受压破坏机理是非常重要的。砌体是由两种不同的材料(块材和砂浆)黏结而成，它的受压破坏特征将不同于单一材料组成的构件。根据试验结果，砖砌体轴心受压时从开始加载直至破坏，按照裂缝的出现和发展等特点，可以划分为三个受力阶段。

第一阶段：从砌体受压开始，到出现第一条(批)裂缝(如图 8-11(a)所示)。在此阶段，随着压力的增大，首先在单块砖内产生细小裂缝，以竖向短裂缝为主。就砌体而言，多数情况下约有数条，砖砌体内产生第一批裂缝时的压力为破坏时压力的 50%～75%。

第二阶段：随着压力的增加，单块砖内的初始裂缝将不断向上及向下发展，并沿竖向通过若干皮砖，在砌体内逐渐连接成一段段的裂缝(如图 8-11(b)所示)，同时产生一些新的裂缝。此时，即使压力不再增加，裂缝仍会继续发展，砌体已临近破坏状态，其压力为破坏时压力的 80%～90%。

第三阶段：压力继续增加，砌体中裂缝迅速加长加宽，竖向裂缝发展并贯通整个试件，裂缝将砌体分割成若干个半砖小柱体，个别砖可能被压碎或小柱体失稳，整个砌体亦随之被破坏(如图 8-11(c)所示)。

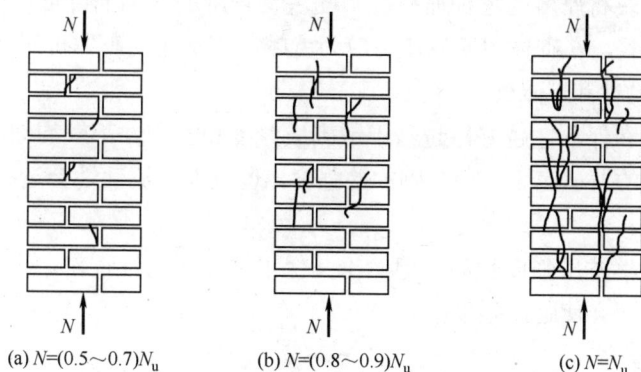

(a) $N=(0.5\sim0.7)N_u$ (b) $N=(0.8\sim0.9)N_u$ (c) $N=N_u$

图 8-11 砌体受压破坏特征

在空斗砖砌体中，出现第一批裂缝时压力的相对值较实心砖砌体的小，约为破坏时压力的 40%。其原因是空斗砖砌体为两端支撑而中间悬空，受压后，在支撑的边缘很容易产生裂缝，随着压力的继续增大而先行断裂，之后两侧壁砌体因失稳而被破坏。

在毛石砌体中，毛石和灰缝的形状不规则，砌体的匀质性较差，出现第一批裂缝时压力的相对值更小，约为破坏时压力的 30%，且砌体内产生的裂缝不如砖砌体那样分布得有规律。

在砌块砌体中，小型砌块的尺寸与砖的尺寸相近，砌体的破坏特征与砖砌体的受压破坏特征类似。中型砌块的高度大，砌体受压后裂缝出现较晚，但一旦开裂便形成一条主裂缝，呈劈裂破坏，出现第一条裂缝时的压力与破坏时的压力很接近。

图 8-11 所示的试验砌体中，砖的强度为 10MPa，砂浆强度为 5.6MPa，实测砌体抗压强度为 3.51MPa。可见，砖砌体在受压时不但单块砖先开裂，砌体的抗压强度也远低于它所用砖的抗压强度，这一现象可用砌体内单块砖所受的复杂应力作用加以说明。

2) 影响砌体抗压强度的因素

砌体是一种复合材料，又具有一定的塑性变形性质，它的抗压强度不仅与块体和砂浆材料的物理、力学性能有关，还受砌筑质量以及试验方法等多种因素的影响。

(1) 块材和砂浆的强度。

块材和砂浆的强度是决定砌体抗压强度的主要因素。提高块材的强度等级可以增加其抗压、抗弯和抗拉能力，而提高砂浆的强度可以减小砂浆的横向变形，减小它与块材横向变形的差异，从而改善砌体的受力性能。

应当指出，提高砖的强度等级比提高砂浆强度等级对增大砌体抗压强度的效果好。一般情况下的砖砌体，当砖的强度等级不变时，砂浆强度等级提高一级，砌体抗压强度只提高约 15%，而当砂浆强度等级不变时，砖强度等级提高一级，砌体抗压强度可提高约 20%。由于砂浆强度等级提高后，水泥用量增多，因此，在砖的强度等级一定时，过高地提高砂浆强度等级并不适宜。但在毛石砌体中，提高砂浆强度等级对砌体抗压强度的影响较大。

(2) 块体的尺寸与形状。

块材的尺寸、几何形状及表面的平整程度对砌体的抗压强度也有较大影响。高度大的块材，其抗弯、抗剪和抗拉的能力增大；长度大时，块体在砌体中引起的弯剪应力大。因此，砌体的强度随块材厚度的增加而提高，随块材长度的增加而降低。此外，块材的形状越规则，表面越平整，在砌体中所受弯剪应力就越小，从而使砌体抗压强度得到提高。

(3) 砂浆的流动性和保水性。

砂浆的流动性和保水性越好，越易于铺砌成厚度和密实性都较均匀的水平灰缝，从而降低块材在砌体内的弯剪应力，提高砌体的强度。但过大的流动性会造成砂浆变形率过大，砌体强度反而降低。

纯水泥砂浆虽然抗压强度较高，但由于其保水性和流动性较差，不易保证其砌筑时砂浆饱满和密实，因而会使砌体强度降低。

(4) 施工砌筑质量。

砌体砌筑时水平灰缝砂浆的饱满度、水平灰缝厚度、砖的含水率以及砌筑方法等关系着砌体质量的优劣。

① 水平灰缝的均匀和饱满程度。试验证明，水平灰缝砂浆均匀饱满可改善块材在砌体中的应力状态，提高砌体的抗压强度。我国《砌体工程施工质量验收规范》(GB 50203—2002)规定，砖砌体水平灰缝砂浆饱满度不小于 80%，砌块砌体水平灰缝砂浆饱满度按净面积计算不得低于 90%。

② 灰缝的厚度。砌体内水平灰缝愈厚，砂浆横向变形愈大，块体内横向拉应力亦愈大，

砌体内的复杂应力状态亦随之加剧,砌体抗压强度亦降低。如块体的表面不平整,水平灰缝太薄,不足以改善砌体内的复杂应力状态,砌体抗压强度亦降低。砖砌体和砌块砌体的水平灰缝厚度和竖向灰缝宽度宜为 10mm,但不应小于 8mm,也不应大于 12mm。

③ 块材的含水率。块材的含水率对实际砌体中的砂浆强度和砂浆与块材的黏结强度有影响,当采用含水率太小的砖砌筑时,砂浆中大部分水分很快被砖吸收,这不利于砂浆的铺设和硬化,会使强度降低。砖应提前 1～2 天浇水湿润;烧结普通砖、多孔砖含水率宜为 10%～15%,灰砂砖、粉煤灰砖宜为 8%～12%。普通混凝土小砌块吸水率很小,吸水速度迟缓,砌筑前可以不浇水,但在炎热干燥天气条件下,可提前洒水湿润。使用较潮湿的小砌块砌筑墙体,易产生"走浆"现象,墙体稳定性差,并影响砌体强度,增加墙体干缩,故严禁潮湿砌块上墙和雨天施工。

④ 块材的砌筑方法。砌体的砌筑方法对砌体的强度和整体性的影响也很明显。为了保证砌体的整体性,烧结砖和蒸压砖砌体应上下错缝,内外搭砌。砖柱不得用包心砌法。单排孔小砌块应对孔搭砌,多排空砌块应错缝搭砌。

2. 砌体的受拉、受弯、受剪性能

砌体的抗压强度比抗拉、抗弯和抗剪强度高。因此砌体大多数用于受压构件,以充分利用其抗压性能,但实际工程中有时也遇到受拉、受弯或受剪的情况,例如:圆形水池的池壁在水压力作用下环形受拉;挡土墙在侧向土压力作用下墙壁承受弯矩作用;拱支座处受到剪力作用等。

试验表明,砌体的抗拉、抗弯和抗剪强度主要取决于灰缝与块材的黏结强度,亦即砂浆的强度,在大多数情况下,破坏发生在砂浆和块材的连接面上,因此,灰缝的强度就取决于砂浆和块材之间的黏结力。竖向灰缝的黏结强度难以保证,计算中不予考虑。

1) 轴心受拉性能

(1) 砌体轴心受拉破坏特征。

砌体轴心受拉时,视拉力作用于砌体的方向,有三种破坏形态。当轴心拉力与砌体的水平灰缝平行时,砌体可能沿灰缝截面破坏,如图 8-12(a)所示,破坏面为齿状,这称为砌体沿齿缝截面轴心受拉。在一般情况下,当砖的强度等级较高,砂浆的强度等级较低时,砌体可能产生齿缝截面的破坏。

砌体也可能沿块体和竖向灰缝截面破坏,如图 8-12(b)所示,破坏面较整齐,这称为砌体沿块体截面(及竖缝)轴心受拉。当块材的强度等级较低,而砂浆的强度等级较高时,砌体可能沿块材截面破坏。《砌体结构设计规范》(GB 50003—2011)通过限定块材的最低强度等级,防止了该种破坏的发生。

当轴心拉力与砌体的水平灰缝垂直时,砌体可能沿通缝截面破坏,如图 8-12(c)所示,这称为砌体沿水平通缝截面轴心受拉。对于石材砌体,由于块体强度等级较高,受拉破坏时裂缝一般不沿块体截面而沿齿缝截面破坏。当拉力垂直于水平灰缝作用时,砂浆与块体之间的法向黏结强度数值非常小,故砌体很容易产生沿水平通缝截面破坏。此外,受砌筑质量等因素的影响,上述法向黏结强度往往还得不到保证,因此在设计中不允许采用如

图 8-12(c)所示的沿水平通缝截面轴心受拉的构件。

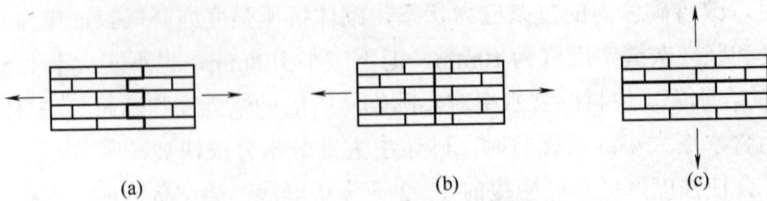

图 8-12　砌体轴心受拉破坏形态

(2) 砌体轴心抗拉强度平均值。

《砌体结构设计规范》规定砌体沿齿缝截面的轴心抗拉强度按式(8-1)计算：

$$f_{t,m} = k_3 \sqrt{f_2} \tag{8-1}$$

式中：$f_{t,m}$——砌体轴心抗拉强度平均值(N/mm²)；

　　　f_2——砂浆抗压强度平均值(N/mm²)；

　　　k_3——系数，查相关数据。

砌体沿齿缝截面破坏时，其轴心抗拉强度还与砌体的砌筑方式有关。当采用不同的砌筑方式时，块体搭接长度 f 与块体高度的比值不同，该值实际反映了承受拉力的水平灰缝的面积大小。试验表明，当采用三顺一丁和全部顺砖砌筑时，砌体沿齿缝截面的轴心抗拉强度可比一顺一丁砌合方式提高 20%～50%。设计时，一般可不考虑砌筑方式对砌体轴心抗拉强度的影响；但当 l/h 值小于 1 时，《砌体结构设计规范》(GB 50003—2011)规定，应将砌体沿齿缝截面破坏时的轴心抗拉强度乘该比值予以降低。

2) 砌体受弯性能

(1) 砌体受弯破坏特征。

砌体受弯时，也有三种破坏形式。截面内拉应力，如使砌体沿齿缝截面破坏，称为砌体沿齿缝截面弯曲受拉，如图 8-13(a)所示；如使砌体块材沿截面破坏，称为沿块材截面弯曲受拉，如图 8-13(b)所示；如使砌体沿通缝截面破坏，称为沿通缝截面弯曲受拉，如图 8-13(c)所示。与轴心受拉时的情况类似，前两种破坏形态也与块体和砂浆的强度等级有关。

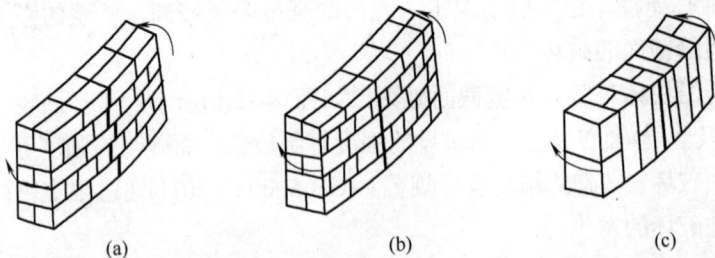

图 8-13　砌体受弯破坏形态

(2) 砌体弯曲抗拉强度。

《砌体结构设计规范》(GB 50003—2011)规定，砌体沿齿缝和通缝截面的弯曲抗拉强度按式(8-2)计算：

$$f_{tm,m} = k_4 \sqrt{f_2} \qquad\qquad (8\text{-}2)$$

式中：$f_{tm,m}$——砌体弯曲抗拉强度平均值(N/mm^2)；

$\quad\quad\ k_4$——系数，查相关数据。

与确定砌体的轴心抗拉强度设计值相同，应考虑砌体内块体搭接长度 L 与块体高度 h 之比值(小于 1 时)的影响。

3) 砌体的受剪性能

(1) 砌体受剪破坏特征。

砌体结构在剪力作用下，可能发生沿水平灰缝破坏、沿齿缝破坏或沿阶梯形破坏，如图 8-14 所示。其中沿阶梯形破坏是地震中墙体最常见的破坏形式。

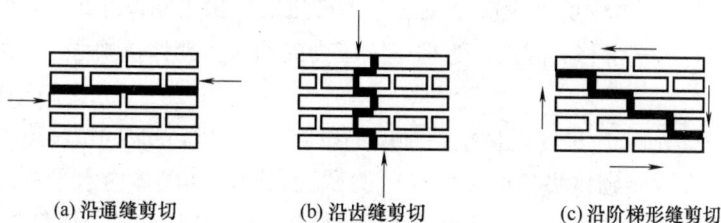

| (a) 沿通缝剪切 | (b) 沿齿缝剪切 | (c) 沿阶梯形缝剪切 |

图 8-14　砌体受剪破坏形式

通常，砌体截面上受到竖向压力和水平力的共同作用，即在压弯受力状态下的抗剪，其破坏特征与纯剪有很大的不同。对于图 8-15 所示的砌体构件，由于砌体灰缝具有不同的倾斜度，在竖向压力的作用下，通缝截面上的法向压应力与剪应力之比亦不同，因此可能有三种剪切破坏状态。

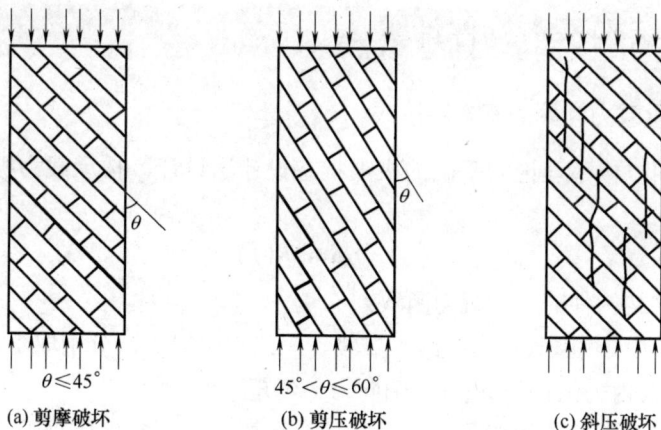

| (a) 剪摩破坏 | (b) 剪压破坏 | (c) 斜压破坏 |

图 8-15　砌体受压剪作用的破坏形式

① 剪摩破坏。当 σ_y/τ 较小，通缝方向与作用力方向的夹角 $\theta \leqslant 45°$ 时，砌体将沿通缝受剪且在摩擦力作用下产生滑移而破坏。

② 剪压破坏。当 σ_y/τ 较大，$45° < \theta \leqslant 60°$，砌体将沿阶梯形裂缝破坏。

③ 斜压破坏。当 σ_y/τ 更大时，砌体将沿压应力作用方向产生裂缝而破坏。

(2) 影响砌体抗剪强度的因素。

影响砌体抗剪强度的因素如下。

① 材料强度。块体和砂浆的强度对砌体的抗剪强度均有影响,其影响程度与砌体受剪后产生的破坏形态有关。对于剪摩和剪压破坏形态,由于破坏沿砌体灰缝截面,用的砂浆强度高,其抗剪强度增大,此时材料对块体强度的影响很小。对于斜压破坏形态,由于砌体沿压力作用方向开裂,如采用的块体强度高,砌体抗剪强度增大,此时材料对砂浆强度的影响很小。

② 垂直压应力。垂直压应力的大小决定着墙体的剪切破坏形态,也直接影响砌体的抗剪强度。对于剪摩破坏形态,由于水平灰缝中砂浆产生较大的剪切变形,故受剪面上的垂直压应力产生的摩擦力将减小或阻止砌体剪切面的水平滑移。因此,随垂直压应力的增大,砌体抗剪强度亦随着提高。

音频 影响砌体抗剪
强度的因素.mp3

③ 砌筑质量。砌筑质量随砌体抗剪强度的影响,主要与砂浆的饱满度和块材在砌筑时的含水率有关。空心砖砌体沿齿缝截面受剪的试验表明,当砌体内水平灰缝砂浆饱满度大于 92%且竖向灰缝内未灌砂浆,或当水平灰缝砂浆饱满度大于 62%且竖向灰缝内砂浆饱满,或当水平灰缝砂浆饱满度大于 80%且竖向灰缝内砂浆饱满度大于 40%时,砌体抗剪强度可达规定值。但当水平灰缝砂浆饱满度未达到 70%~80%,竖向灰缝内未灌砂浆时,砌体抗剪强度较规定值降低 20%~30%。

试验结果表明,砌筑时砖的含水率控制在 8%~10%时,砌体的抗剪强度最高。

④ 其他因素。砌体抗剪强度也与试件的形状、尺寸以及加载方式有关。

8.2.2　砌体结构基本构件计算

1. 砌体结构承载力计算的基本表达式

砌体结构采用以概率理论为基础的极限状态设计法设计,按承载力极限状态设计的基本表达式为:

$$r_0 S \leqslant R(f) \tag{8-3}$$

式中: $R(f)$——结构构件的设计抗力函数;

r_0——结构重要性系数,对一级、二级、三级安全等级,分别取 1.1、1.0、0.9;

S——内力及内力组合设计值(如轴向力、弯矩、剪力等)。

砌体结构除应按承载能力极限状态设计外,还要满足正常使用极限状态的要求。一般情况下,正常使用极限状态可由构造措施予以保证,不需验算。

2. 房屋的静力计算方案

根据《砌体结构设计规范》(GB 50003—2011)的规定,在混合结构房屋内力计算中,根据房屋的空间工作性能可分为刚性方案、弹性方案和刚弹性方案。

1) 刚性方案

房屋横墙间距较小,楼盖(屋盖)水平刚度较大时,房屋的空间刚度较大,在荷载的作用下，房屋的水平位移较小，在确定房屋计算简图时，可以忽略房屋水平位移，而将屋盖或楼盖视作墙或柱的不动铰支撑，这种房屋称为刚性方案房屋。一般多层住宅、办公楼、医院属于此类方案，如图 8-16(a)所示。

2) 弹性方案

房屋横墙间距较大，楼盖(屋盖)水平刚度较小时，房屋的空间工作性能较差，在荷载的作用下，房屋的水平位移较大，在确定房屋计算简图时，必须考虑房屋的水平位移，把屋盖或楼盖与墙、柱的连接处视为铰接，并按不考虑空间工作的平面排架计算，这种房屋称为弹性方案房屋。一般单层厂房、仓库、礼堂、食堂等多属于此类方案，如图 8-16(b)所示。

3) 刚弹性方案

房屋的空间刚度介于刚性与弹性方案之间，在荷载的作用下，房屋的水平位移较弹性方案小，但又不可忽略不计，这种房屋属于刚弹性方案房屋。其计算简图可用屋盖或楼盖与墙、柱的连接处为具有弹性支撑的平面排架，如图 8-16(c)所示。

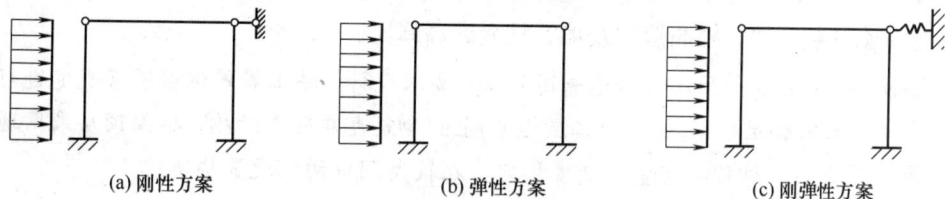

(a) 刚性方案   (b) 弹性方案   (c) 刚弹性方案

图 8-16   混合结构房屋的计算简图

按照上述原则，为了方便设计，在《砌体结构设计规范》(GB 50003—2011)中，将房屋按屋盖或楼盖的刚度划分为三种类型，并按房屋的横墙间距 S 来确定其静力计算方案，横墙间距 S 可以查有关规定。

屋盖或楼盖的类别是确定静力计算方案的主要因素之一，在屋盖或楼盖类型确定后，横墙间距就成为保证刚性方案或弹性方案的一个重要条件。因此，作为刚性和刚弹性方案经静力计算的房屋横墙，应具有足够的刚度，以保证房屋的空间作用，并符合下列要求：

① 横墙中开有洞口时，洞口的水平截面面积不应超过横墙截面面积的 50%。

② 横墙的厚度不宜小于 180mm。

③ 单层房屋的横墙长度不宜小于其高度，多层房屋的横墙长度不宜小于其总高度的 1/2。

当横墙不能同时符合上述三项要求时，应对横墙的刚度进行验算。当其最大水平位移值不超过横墙高度的 1/4000 时，仍可视为刚性或刚弹性方案房屋的横墙。凡符合上述刚度要求的一般横墙或其他结构构件(如框架等)，也可视作刚性或刚弹性方案房屋的横墙。

3. 墙、柱高厚比验算

高厚比是指墙、柱的计算高度 H 和墙厚(或柱边长)h 的比值，用 β 表示。墙、柱的高厚比过大，可能在施工砌筑阶段因过度的偏差、倾斜、鼓肚等现象以及施工和使用过程中出现的偶然撞击、振动等因素丧失稳定；同时，还应考虑到使用阶段在荷载作用下墙体应具有的刚度，不应发生影响正常使用的过大变形。可以认为高厚比验算是保证墙柱正常使用极限状态的构造规定。

墙、柱的允许高厚比验算与墙、柱的承载力计算无关。墙、柱的允许高厚比是从构造上给予规定的限值，墙、柱的允许高厚比查有关资料可得。

应当指出，影响允许高厚比的因素比较复杂，很难用理论推导的公式确定。砌体规定的允许高厚比限值，是根据我国的实践经验确定的，它实际上也反映了在一定时期内的材料质量和施工的技术水平。

墙、柱高厚比应按式(8-4)验算：

$$\beta = \frac{H_0}{h} \le \mu_1 \mu_2 [\beta] \tag{8-4}$$

式中：μ_1——非承重墙允许高厚比的修正系数；

μ_2——有门窗洞口墙允许高厚比的修正系数；

h——墙厚或矩形柱与 H_0 相对应的边长；

H_0——墙、柱的计算高度，受压构件的计算高度查相关数据。

β、$[\beta]$——墙、柱高厚比及墙、柱允许高厚比。

【案例8-3】某市一开发商修建一商品房，要求设计、施工等单位按国家规定进行设计施工。设计上采用底层框架(局部为二层框架)上面砌筑九层砖混结构，框架顶层采用现浇结构，平面布置规则、对称，质量和刚度均匀，在较大洞口两侧设置构造柱。

请结合自身所学的相关知识，试根据本案的相关背景，简述墙、柱高厚比验算。

4. 墙体全截面受压承载力计算

矩形截面墙、柱全截面受压承载力计算，如图8-17所示。

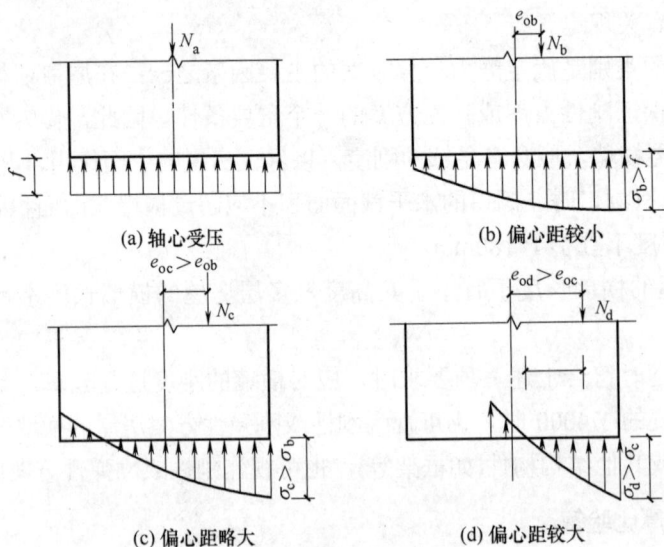

(a) 轴心受压   (b) 偏心距较小   (c) 偏心距略大   (d) 偏心距较大

图 8-17 砌体受压时截面应力的变化

(1) 无筋砌体在轴心压力作用下，砌体在破坏阶段截面的应力是均匀分布的。构件承载力达到极限值 N_u 时，截面中的应力值达到砌体的抗压强度 f。

(2) 当轴向压力偏心距较小时，截面虽全部受压，但应力分布不均匀，破坏将发生在压应力较大的一侧，且破坏时该侧边缘压应力较轴心受压破坏时的应力稍大。当轴向力的偏心距进一步增大时，受力较小边将出现拉应力，此时如应力未达到砌体的通缝抗拉强度，受拉边不会开裂。如偏心距再增大，受拉侧将较早开裂，此时只有砌体局部的受压区压应力与轴向力平衡。

(3) 砌体虽然是一个整体，但由于有水平砂浆层且灰缝数量较多，砌体的整体性受到影响，因而砖砌体构件受压时，纵向弯曲对构件承载力的影响较其他整体构件(如素混凝土构件)显著。另外，对于偏心受压构件，还必须考虑在偏心压力作用下附加偏心距的增大和截面塑性变形等因素的影响。《砌体结构设计规范》(GB 50003—2011)在试验研究的基础上，把轴向力的偏心距和构件的高厚比对受压构件承载力的影响采用同一系数 φ 来考虑；同时，轴心受压构件可视为偏心受压构件的特例，即视轴心受压构件为偏心距 $e=0$ 的偏心受压构件。因此，砌体受压构件的承载力(包括轴心受压与偏心受压)即可按式(8-5)计算：

$$N \leqslant \varphi f A \tag{8-5}$$

式中：N——荷载设计值产生的轴向力；

A——截面面积；

f——砌体抗压强度设计值，查相关数据得；

φ——高厚比 β 和轴向力的偏心距 e 对受压构件承载力的影响系数，查相关数据得。

(4) 对矩形截面构件，当轴向力偏心方向的截面边长大于另一方向边长时，除按偏心受压计算外，还应对较小边长方向按轴心受压验算。

(5) 当轴向力偏心距 e 很大时，截面受拉区水平裂缝将显著开展，受压区面积显著减小，构件的承载能力大大降低。考虑到经济性和合理性，《砌体结构设计规范》(GB 50003—2011)规定，按荷载的标准值计算轴向力的偏心距 e，并不超过 $0.6y$(y 为截面重心到轴力所在偏心方向截面边缘的距离)。

本章小结

本章主要讲述墙体构造认知，包括墙体的类型、墙体的设计要求、墙体的细部构造；砌体结构基本构件分析，包括砌体的力学性能、砌体结构基本构件计算。通过对本章内容的学习，学生可以掌握砌体结构构造认知和基本构件分析的相关知识，为今后深入的学习打下一个坚实的基础。

实训练习

一、单选题

1. 砌体抗震性能较差，因为( )。

A. 砌体抗震性能好，因砌体自重大

B. 砌体灰缝多，延性差，有利于地震产生的变形，因此抗震性能很好

C. 砌体转角处，因刚度发生变化，故抗震性能好

D. 砌体自重大，强度低，灰缝多，延性差，抗震性能很差

2. 砌体承受弯、剪、拉作用时，主要依靠(　　)。

    A. 砌体间砂浆的黏结力　　　　　　　B. 砌体本身的强度

    C. 砌体尺寸的大小　　　　　　　　　D. 砌体的形状是方形或长方形

3. 砌体抗压强度(　　)。

    A. 随块材强度的提高而提高

    B. 随块材厚度的加大而降低

    C. 随砂浆强度的提高而降低

    D. 用水泥砂浆砌筑比用相同强度的混合砂浆砌筑时高

4. 标准砖的尺寸为(　　)。

    A. 240mm×115mm×53mm　　　　　　B. 240mm×100mm×70mm

    C. 240mm×150mm×53mm　　　　　　D. 300mm×215mm×60mm

5. 砖砌体可否作为受拉构件使用(　　)。

    A. 砖砌体体积不大可作为受拉构件使用

    B. 砖砌体为脆性材料，承压较好，只能承受很小的拉力，故一般不作为受拉构件使用

    C. 砖砌体承受拉力很好，一般作为受拉构件使用

    D. 砖砌体可受弯、受剪、受拉，且强于受压，故可作为受拉构件使用

二、多选题

1. 烧结普通砖是由黏土、页岩、煤矸石或粉煤灰为主要原料，经焙烧而成的实心或孔洞率不大于规定值且外形尺寸符合规定的砖，分(　　)。

    A. 烧结黏土砖　　　　　B. 烧结页岩砖　　　　　C. 烧结煤矸石砖

    D. 烧结粉煤灰砖　　　　E. 烧结普通砖

2. 以下关于多层砖砌体房屋中钢筋混凝土构造柱的叙述，(　　)是正确的。

    A. 构造柱必须先浇筑，并按规定预留拉结钢筋

    B. 构造柱必须单独设置基础

    C. 构造柱最小截面尺寸为 240 mm×180mm

    D. 纵向钢筋宜采用 4φ12

    E. 箍筋间距不宜大于 250mm

3. 砌体结构由块体和砂浆砌筑而成的墙、柱作为建筑主要受力构件的结构，是(　　)结构的统称。

    A. 砖砌体　　　　　B. 砌块砌体　　　　　C. 石砌体

    D. 配筋砌体　　　　E. 混凝土

4. 砌块砌体，包括(　　)。

　　A. 混凝土　　　　　　　　B. 轻骨料混凝土砌块

　　C. 无筋砌体　　　　　　　D. 配筋砌体　　　　E. 石砌体

5. 砖砌体，包括(　　)。

　　A. 烧结普通砖　　　　　　B. 烧结多孔砖　　　　C. 蒸压灰砂砖

　　D. 蒸压粉煤灰砖　　　　　E. 素筋和配筋砌体。

三、问答题

1. 简述墙体的类型。

2. 简述墙体的设计要求。

3. 简述墙体的细部构造。

第 8 章习题答案.docx

实训工作单

班级		姓名		日期	
教学项目		砌体结构构造认知和基本构件分析			
任务	学习砌体结构构造，基本构件分析	学习途径	集中讲授、观看视频、现场观摩		
学习目标		掌握各个砌体构造			
学习要点		常见砌体构造，基本构件分析			
学习记录					
评语			指导教师	

第9章 砖砌体结构工程主体施工

【教学目标】

(1) 掌握砖墙砌筑的施工方法。

(2) 了解其他砖墙砌筑的施工方法。

(3) 熟悉圈梁和构造柱的施工方法。

【教学要求】

本章要点	掌握层次	相关知识点
砖墙砌筑施工	1. 了解砌筑前准备工作 2. 掌握砖墙砌筑施工工艺的方法 3. 熟悉砖砌体的组砌形式	砖墙砌筑质量要求、砖砌体施工注意事项
其他砖墙砌筑施工	1. 了解蒸压灰砂砖、粉煤灰砖的概念 2. 掌握蒸压灰砂砖、粉煤灰砖的施工方法	烧结多孔砖的施工要求
圈梁与构造柱的施工	1. 掌握圈梁和构造柱的施工程序 2. 熟悉圈梁和构造柱的构造要求	圈梁模板支设、构造柱模板支设

【案例导入】

某工程为框架混凝土结构,包括 8 栋单位工程,其中住宅 1 号建筑、住宅 2 号建筑为地下 1 层、地上 11 层,其余的建筑为地下 1 层、地上 7 层;总建筑面积 15 000m²,层高 2.8m。其中砂加气砌块墙体施工形象进度为:住 1、住 2 已完成地下室、1~7 层及 8 层 1/2 的砂加气墙体砌筑。经检查,已砌筑完成的墙体中以下方面不符合《××省住宅工程质量通病控制标准》(DGJ32/J 16—2005)的要求:

(1) 住宅 1 号建筑墙体厚度为 100mm 的砂加气墙体在墙高中部未设置混凝土腰带;

(2) 住宅 1 号建筑、住宅 2 号建筑砂加气墙体门窗洞口未施工混凝土框。

【问题导入】

试结合上下文分析加气墙体砌筑的施工注意事项及施工方法,以及保证施工质量的一些措施。

9.1 砖墙砌筑施工

砌筑工程是指用普通黏土砖、承重黏土空心砖、蒸压灰砂砖、粉煤灰砖、各种中小型砌块和石材等块体材料进行砌筑的工程。

9.1.1 砌筑前准备工作

1. 材料准备

砖的品种、强度等级必须符合设计要求，用于清水墙、柱表面的砖，尚应边角整齐、色泽均匀。常温下，砖在砌筑前应提前 1～2d 浇水湿润，以免砖过多吸走砂浆中的水分而影响黏结力，并可除去砖表面的粉尘。但浇水过多，而在砖表面形成一层水膜，则会产生跑浆现象，使砌体走样或滑动，流淌的砂浆还会污染墙面。烧结普通砖、多孔砖含水率宜为 10%～15%(质量分数)，灰砂砖、粉煤灰砖含水率宜为 8%～12%。一般可提前半天到一天的时间对砖进行浇水润湿，气候干燥时，宜提前洒水润湿，严禁砌筑时临时浇水。临时浇水过多会使砌体表面形成一层水膜，在砌筑时会使砌体走样或滑动，影响砌体的垂直度等砌筑质量。

在施工现场检查砖的含水率最简单的方法就是现场取样，将砖砍断后，其断面四周吸水深度若达到 15～20mm，则认为砖的含水率满足要求。

砌筑用砂浆的种类、强度等级应符合设计要求。施工中如用水泥砂浆代替水泥混合砂浆时，应按现行国家标准《砌体结构设计规范》(GB 50003—2011)的有关规定，考虑砌体强度降低的影响，重新确定砂浆强度等级，并以此重新设计配合比。砂浆的稠度和分层度均应符合前述规定。

2. 施工机具准备

1) 施工机械

砌筑前应按照施工组织设计要求组织垂直和水平运输机械、砂浆搅拌机械进场进行安装、调试。

2) 施工用脚手架及工具

施工用脚手架及工具包括砌筑脚手架、砌筑工具(如皮数杆、瓦刀、灰槽、靠尺、托线板)等。

9.1.2 砖墙砌筑施工工艺

砖砌体的施工工艺一般为：抄平、放线、摆砖样、立皮数杆、盘角(立头角)、挂线、砌筑、勾缝、楼层标高控制。

1．抄平

砖墙砌筑前，先在基础面或楼面上按标准的水准点定出各层标高，并用 M7.5 水泥砂浆或 C10 细石混凝土找平。

1) 首层墙体砌筑前的抄平

一般建筑物首层墙体是从防潮层开始的。防潮层下一般是钢筋混凝土圈梁或砖、石砌体。无论哪种基层，由于施工中基层上表面不同位置的标高存在差异，因此需要抹找平层，一般找平层和防潮层是合一的。找平层的做法是在基层表面外墙四个大角位置及每隔 10m 位置抹一灰饼，用水准仪确定灰饼的上表面标高，使之与设计标高一致。然后，按这些标高用 M7.5 防水砂浆或掺有防水剂的 C10 细石混凝土找平，此层既是防潮层，又是找平层。

2) 楼层墙体砌筑前的抄平

每层的楼板安装完毕开始砌筑墙体前，将水准仪架设在楼板上，检测外墙四角表面与设计标高的误差。根据误差来调整后续墙体的灰缝厚度，一般是经过 10 皮砖即可纠正。

2．放线

底层墙身按龙门板上轴线定位钉为准，拉线、吊线锤，将墙身中心轴线投放至基础顶面，并据此放出墙身边线及门窗洞口位置。楼层墙身的放线，应利用预先引测在外墙面上的墙身中心轴线，用经纬仪或线锤向上引测。

1) 首层墙体施工放线

找平层具有一定强度后，用经纬仪将外墙轴线从控制桩引测到找平层表面，每隔一点画一标记点，然后将各点连续用墨斗线连成该墙的轴线，用钢尺测设各内墙轴线位置。测设时，不应从一端逐轴向另一端用钢尺测定，以免累计误差过大。轴线弹出后，按设计尺寸弹出墙的两边线。

2) 复核

在弹线时应对所砌基础情况进行复核，利用主轴线位置检查基础有无偏移，避免进行上部砌筑时出现半边墙跨空的情况。

3) 定门窗洞口

当轴线尺寸无误时，再按图纸尺寸将门窗位置在基础墙上定位并用墨线弹好线，门的位置在基础平面图上画出，窗的位置一般画在基础的侧面，并在门窗口线处注好门窗洞口的尺寸，窗台的高度尺寸在皮数杆中反映。上、下层门窗洞口的对齐，一般可用锤球线引测。

4) 标高控制线

当墙体砌筑到一步架高时(1.2m)，用水准仪在室内墙面上测设一条距室内地坪 0.500m 高的一圈水平线，称为 50 线，作为该楼层所有标高的控制线。

砖墙.mp4

砖墙砌筑施工工艺.mp4

音频 找平层的做法.mp3

3. 摆砖样

为提高砌砖效率和砌筑质量,在砌筑墙体前按选定的组砌方法,首先在墙基顶面放线位置试摆砖样(生摆,不铺设砂浆)。摆砖样的目的是在规范允许的范围内,通过调整砖的竖向灰缝厚度,尽量使门窗垛符合砖的模数,以尽量减少砍砖数量(对于设计尺寸与实际砖模数偏差较小的,可以调整砖竖缝),并保证砖及砖缝排列整齐、均匀。摆砖样对于清水墙砌筑尤为重要。

4. 立皮数杆

立皮数杆可控制每皮砖砌筑的竖向尺寸,并使铺灰、砌砖的厚度均匀,保证砖皮水平。皮数杆标有砖的皮数、灰缝厚度及门窗洞、过梁、楼板的标高。它立于墙的转角处,其基准标高用水准仪校正。

皮数杆是指在一根硬木方杆上划有每皮砖和灰缝厚度以及门窗洞口、过梁、楼板、梁底、预埋件等标高位置,如图 9-1 所示。它的作用是砌筑时控制砌体竖向尺寸的准确,同时可以保证砌体的垂直度。

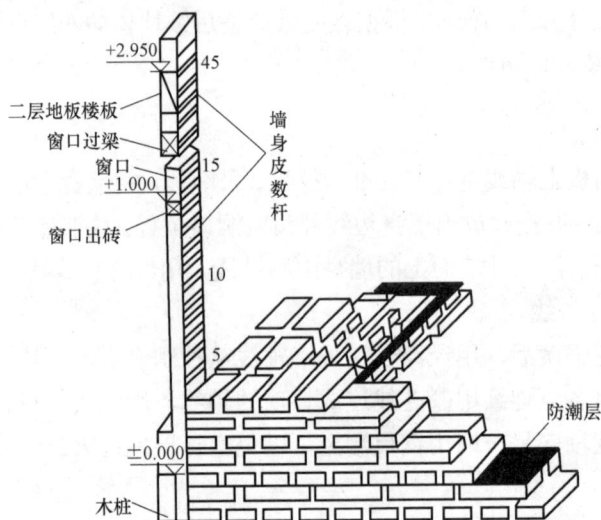

图 9-1 皮数杆

皮数杆一般立于房屋的四大角,内外墙交接处、楼梯间以及洞口多的地方,砌体较长时,每隔 15～20m 增设一根。皮数杆固定时,应用水准仪抄平,并用钢尺量出楼层高度,定出本楼层楼面标高,使皮数杆上所画室内地面标高与设计要求标高一致。

当采用内脚手架砌墙时,皮数杆应立放在外墙外侧;当采用外脚手架砌墙时,应立放在外墙内侧。当结构采用框架或钢筋混凝土柱间墙时,皮数杆可直接画在构件上,如图 9-2 所示。

皮数杆示意图.docx

5. 盘角

盘角又可称为立头角、砌头角等,先砌筑墙角。盘角时高度方向一般每次不宜超过五

皮砖,应随砌随盘。盘角是确定墙身两面横平竖直的主要依据,盘角时还应和皮数杆相对应,检查无误后方可挂线,根据挂线来砌筑中间墙体。在盘角时特别注意砖的竖向灰缝应错开。严禁砌成通缝墙体。

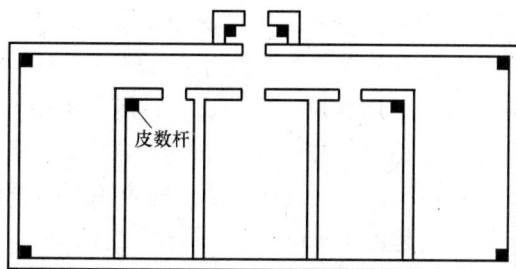

图 9-2　皮数杆的设置位置

6. 挂线

挂线是盘角后结合皮数杆连接墙体两端的连线,施工中一般采用麻绳线或棉线等。挂线的目的是使墙体两端的同一皮砖顶面处于同一标高。挂线后,可以保证墙体中间的同一皮砖的顶面标高相同。因此,可以控制每皮砖的标高和每道水平灰缝的厚度,使得铺灰厚度一致,做到砖体排列均匀,砂浆灰缝厚度一致,提高砖砌体的砌筑质量。三七墙以下,一般采用一边挂线砌筑;三七墙以上,则采用双面挂线砌筑。挂线时,两端必须拉紧,保持平直,为防止准线过长塌线,可在中间垫一块腰线砖,如图 9-3 所示。通常墙体将挂线的一面叫作正手面,墙体不挂线的一面叫背手面,一般正手面墙体的砌筑效果会好于背手面的砌筑效果。

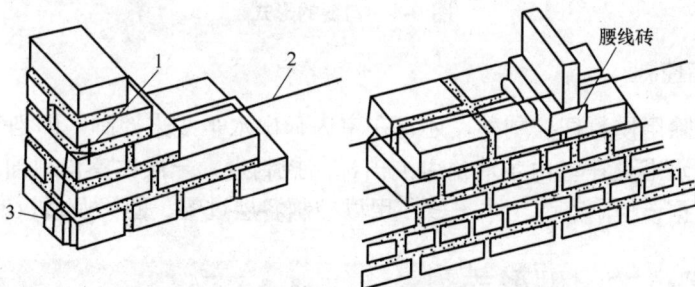

图 9-3　挂线的方法

1—别线棍;2—准线;3—简易挂线坠

墙体挂线时,应每砌筑一皮或两皮砖向上提一次。

在控制某一道墙体灰缝和标高的同时,应注意建筑物同层其他各墙体同一皮砖也应控制在同一标高上。如果同一层墙体,同层砖的标高不能在同一高度处交圈,称为“螺丝”墙。在施工时应减少出现“螺丝”墙的概率。为预防出现“螺丝”墙,在砌筑前应首先测定所砌筑部位基面标高误差,通过调整灰缝厚度来调整墙体标高。标高误差宜分配在一步架的各层砖缝中,操作时挂线两端应相互呼应,并经常检查与皮数杆是否对应。

7. 砌筑

砌筑过程中必须注意做到"上跟线，下跟棱，左右相邻要对平"。上跟线是指砖的上棱必须紧跟准线，一般情况下，上棱与准线相距约 1mm，因为准线略高于砖棱，当水平颤动、出现拱线时容易发现。下跟棱是指砖的下棱必须与下层砖的上棱平齐，保证砖墙的立面垂直平整。左右相邻要对平是指前后左右的位置要准确，砖面要平整。

砖墙砌筑到一步架高度时，要用靠尺全面检查垂直度、平整度，因为它是保证墙面垂直平整的关键所在。砌筑过程中应"三皮一吊，五皮一靠"，保证墙面垂直平整。即砌三皮砖用吊线坠检查墙角的垂直情况，砌五皮砖用靠尺检查墙面的平整情况。

砖墙每天砌筑高度一般不得超过 1.8m，雨天不得超过 1.2m。

8. 勾缝

勾缝是清水墙砌筑时的最后一道工序。侧表面将来不再进行粉刷的墙体称为清水墙，清水墙砌筑完成后，应进行勾缝。勾缝的作用是使砖灰缝饱满、均匀，使墙面清洁、整齐、美观。砖墙勾缝宜采用凹缝或平缝，凹缝深度一般为 4～5mm，如图 9-4 所示。

勾缝.mp4

| (a) 平缝 | (b) 凹缝 | (c) 斜缝 | (d) 凸缝 |

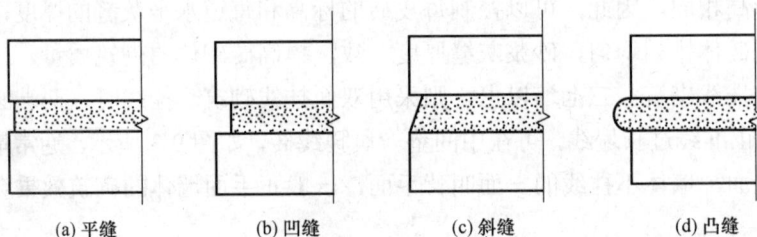

图 9-4　勾缝的形式

9. 楼层标高控制

楼层的标高除用皮数杆控制外，还可在室内弹出水平线来控制。即当每层墙体砌筑到一定高度后，用水准仪在室内各墙角引测出标高控制点，一般比室内地面或楼面高 200～500mm。然后根据该控制点弹出水平线，用以控制各层过梁、圈梁及楼板的标高。

9.1.3　砖砌体的组砌形式

通常将一块砖的六个面中最大的两个面称为大面，次大的两个面称为条面，最小的两个面称为顶面，如图 9-5 所示。砌筑时，大面朝向墙外侧的叫作立砖，条面朝外的叫作条砖或顺砖，丁面朝外的叫作丁砖。

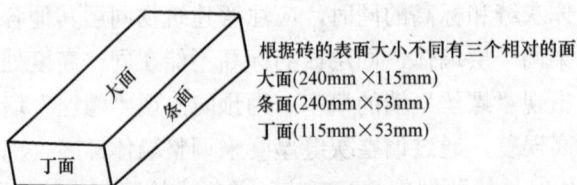

根据砖的表面大小不同有三个相对的面
大面(240mm×115mm)
条面(240mm×53mm)
丁面(115mm×53mm)

图 9-5　普通砖尺寸

按砖在墙体中的位置与砌砖工人的位置关系，砖分为丁砖与顺砖。按尺寸不同分为七分头(七分找)、半砖、二寸头(二分找)，如图 9-6 所示。砖墙的构造名称如图 9-7 所示。

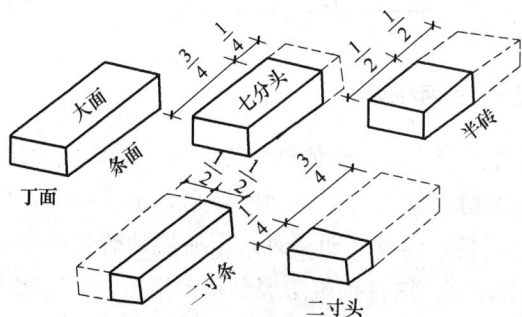

图 9-6　整砖及砍砖的各部分名称

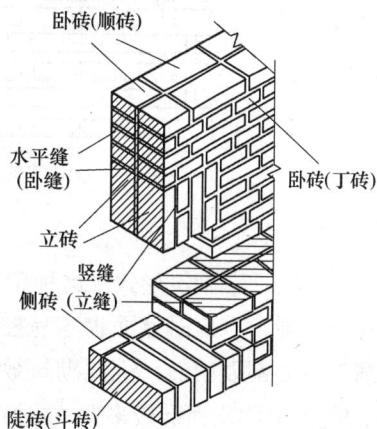

图 9-7　砖墙的构造名称

根据砖墙体的厚度可将砖墙分为半砖墙(或称为 120 墙)、一砖墙(240 墙)、一砖半墙(370 墙)和两砖墙(490 墙)。

按组砌方式，墙体厚度不小于 240mm 时，砌筑方法又可分为一顺一丁、三顺一丁、梅花丁和其他砌法等。在砌筑时应特别注意砖的竖向灰缝应相互错开 1/4 砖长，即 60mm。一般情况下，在砌筑工程中应尽量采用梅花丁、一顺一丁的砌筑方法。

1. 砖墙的组砌形式

1) 一顺一丁

一顺一丁这种组砌方法，又称满条满丁。从墙的里面上看，为一皮顺砖与一皮丁砖相间，上下皮垂直灰缝相互错开 1/4 砖长，适合砌一砖及一砖以上厚墙，如图 9-8 所示。

一顺一丁.mp4

240墙

370墙

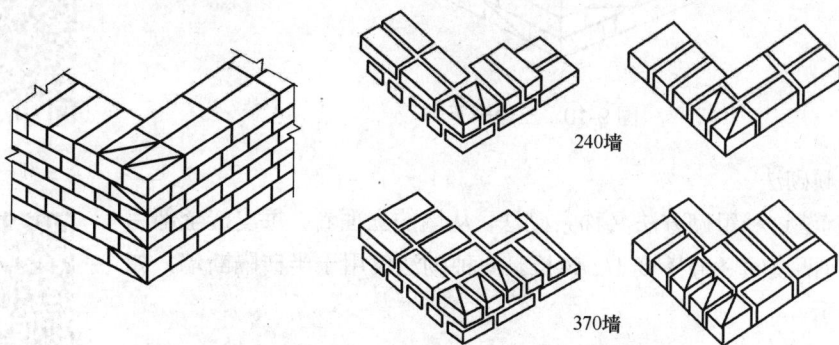

图 9-8　一顺一丁砌法

这种砌法在砌筑中采用较多，它的墙面形式有两种：一种是顺砖层上下对齐(称十字缝)，一种是顺砖层上下相错半砖(称骑马缝)，如图 9-9 所示。

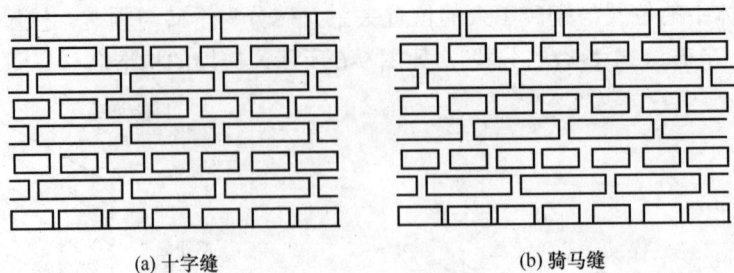

(a) 十字缝　　　　　　　　(b) 骑马缝

图 9-9　一顺一丁的两种砌法

　　一顺一丁砌筑形式，这种砌法各皮间错缝搭接牢靠，墙体整体性较好，操作中变化小，易于掌握，砌筑时墙面也容易控制平直，但竖缝不易对齐，在墙的转角、丁字接头、门窗洞口等处都要砍砖，因此砌筑效率受到一定限制。当砌二四墙时，丁砖层的砖有两个面露出墙面(也称出面砖较多)，故对砖的质量要求较高。这种砌筑法调整错缝搭接时，可用"内七分头"或"外七分头"，但以"外七分头"较为常见。

　　2) 三顺一丁

　　三顺一丁这种砌法是三皮中全部顺砖与一皮中全部丁砖间隔砌成，上下皮顺砖与丁砖间竖缝错开 1/4 砖长，上下皮顺砖间竖缝错开 1/2 砖长。墙体中的顺砖皮数越多，砖墙两边的两排顺砖间的连接就越差，整体墙体的承重能力就会大大降低，因此要求最多可以做到三顺一丁，如图 9-10 所示。砌筑时采用的丁砖不仅可以将荷载传递到两顺砖上，同时还有拉结作用，减少顺砖向墙体外鼓现象，以提高其承载能力，所以在砌筑时丁砖不能够采用断砖。

图 9-10　三顺一丁

三顺一丁.mp4

　　3) 全顺砌法

　　全顺砌法这种组砌方法又称条砌法，从墙的立面看，每皮砖全部用顺砖砌筑，两皮间竖缝搭接 1/2 砖长。此种砌法仅用于半砖隔断墙，如图 9-11 所示。

　　4) 梅花丁

　　梅花丁砌法是指在同一皮砖层内一块顺砖一块丁砖间隔砌筑(转角处不受此限)，上下两皮间竖缝错开 1/4 砖长，丁砖必须在顺砖的中间，如图 9-12 所示。

全顺砌法.mp4

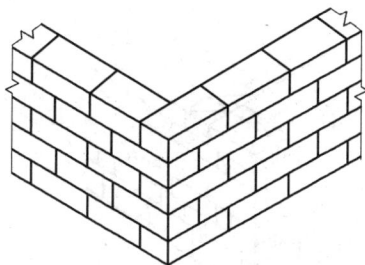

图 9-11 全顺砌法

图 9-12 梅花丁砌法

该砌法内外竖缝每皮都能错开，故抗压整体性较好，墙面容易控制平整，竖缝易于对齐，特别是当砖长、宽比例出现差异时竖缝易控制。因丁、顺砖交替砌筑，且操作时容易搞错，比较费工，抗拉强度不如"三顺一丁"。因外形整齐美观，所以多用于砌筑外墙。

梅花丁.mp4　　丁砌法.mp4

5) 丁砌法

丁砌法这种组砌方法又称条砌法，从墙的立面看，每皮全部用丁砖砌筑，两皮间竖缝搭接为 1/4 砖长。此种砌法一般多用于圆形建筑物，如水塔、烟囱、水池、圆仓等，如图 9-13 所示。

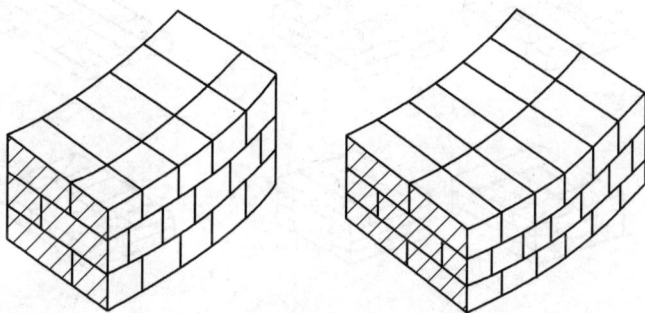

图 9-13 丁砌法

6) 两平一侧

两平一侧砌法又称一八墙：两皮平砌的顺砖旁砌一皮侧砖，其厚度为 18cm。两平砌层间竖缝应错开 1/2 砖长；平砌层与侧砌层间竖缝可错开 1/4 或 1/2 砖长，如图 9-14 所示。此种砌法比较费工，墙体的抗震性能较差，但能节约用砖量。这种砌筑形式适合于 3/4(180mm)砖墙和5/4(370mm)砖墙。

两平一侧.mp4

2. 砖柱的组砌形式

常见的砖柱尺寸有 240mm×240mm、370mm×370mm、490mm×490mm、370mm×490mm、490mm×620mm 等，其组砌方法如图 9-15 所示。

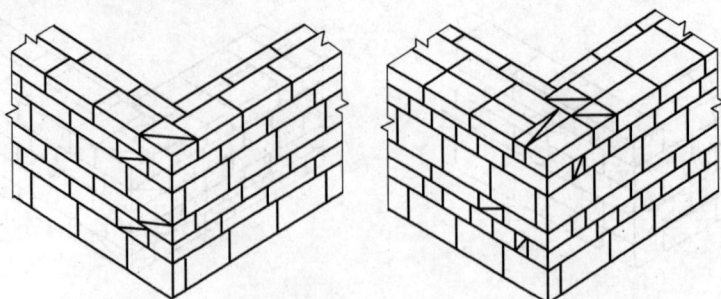

(a) 180mm厚砖墙组砌法　　　　　(b) 300mm厚砖墙组砌法

图 9-14　两平一侧砌法

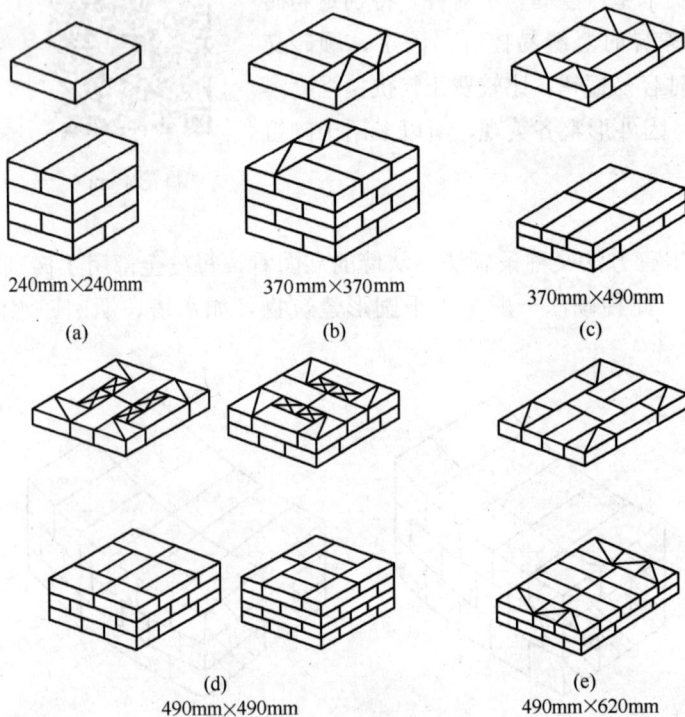

240mm×240mm　　　　370mm×370mm　　　　370mm×490mm

(a)　　　　　　　　(b)　　　　　　　　(c)

(d)　　　　　　　　　　　　(e)

490mm×490mm　　　　　　490mm×620mm

图 9-15　砖柱的组砌形式

砖柱砌筑不允许采用包心砌法,即不允许出现竖向通缝。如图 9-16 所示的错误组砌方法将出现竖向通缝。

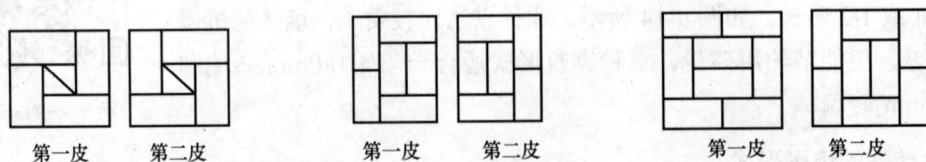

第一皮　　第二皮　　　　　第一皮　　第二皮　　　　　第一皮　　第二皮

图 9-16　矩形柱错误的砌筑方式

【案例 9-1】地下室与土壤接触部位砌体采用 MU10 混凝土实心砖,M10 水泥砂浆砌筑；其余部位墙体采用 MU5 轻集料混凝土小型空心砌块，采用 M5 混合砂浆砌筑。本工程砂浆采用干粉砂浆。砌块类型和规格：主砌块为 390mm×190mm×190mm；辅助砌块为 290mm×190mm×190mm、190mm×190mm×190mm、90mm×190mm×190mm；万能砌块为 56mm×90mm×190mm。

试结合上文分析该砌墙工程的可能组砌形式。

9.1.4 砖墙砌筑的质量要求和基本规定

1. 质量要求

砖墙砌筑工程质量的基本要求是：横平竖直、砂浆饱满、灰缝均匀、内外搭接、上下错缝、接槎牢固。

2. 基本规定

砖墙砌筑的基本规定如下。

(1) 砌体工程所用的材料应有产品的合格证书、产品性能检测报告。严禁使用国家明令淘汰的材料。

(2) 砌筑基础前，应校核放线尺寸，允许偏差应符合表 9-1 的规定。

表 9-1 放线尺寸允许偏差

长度 L、宽度 B/m	允许偏差/mm	长度 L、宽度 B/m	宽度 B/m
L(或 B)≤30	±5	60<L(或 B)≤90	±15
30<L(或 B)≤60	±10	L(或 B)>90	±20

(3) 砌筑顺序应符合下列规定：基底标高不同时，应从低处砌起，并应由高处向低处搭砌；当设计无要求时，搭接长度不应小于基础扩大部分的高度。砌体的转角处和交接处应同时砌筑；当不能同时砌筑时，应按规定留槎、接槎。

(4) 在墙中留置临时施工洞口，其侧边离交接处墙面不应小于 500mm，洞口净宽度不应超过 1m。抗震设防烈度为 9 度的地区建筑物的临时施工洞口位置，应会同设计单位确定。临时施工洞口应做好补砌。

(5) 不得在下列墙体或部位设置脚手眼：120mm 厚墙、料石清水墙和独立柱；过梁上与过梁成 60°角的角形范围及过梁净跨度 1/2 的高度范围内；宽度小于 1m 的窗间墙；砌体门窗洞两侧 200mm(石砌体为 300mm)和转角处 450mm(石砌体为 600mm)范围内；梁或梁垫下及其左右 500mm 范围内；设计不允许设置脚手眼的部位。

(6) 施工脚手眼补砌时，灰缝应填满砂浆，不得用干砖填塞。

(7) 设计要求的洞口、管道、沟槽应于砌筑时正确留出或预埋，未经设计同意，不得打凿墙体和在墙体上开凿水平沟槽。宽度超过 300mm 的洞口上部，应设置过梁。

(8) 尚未施工楼板或屋面的墙或柱，当可能遇到大风时，其允许自由高度不得超过表 9-2 的规定。如超过表中限值，必须采用临时支撑等有效措施。

表 9-2　墙和柱的允许自由高度

墙(柱)厚 /mm	砌体密度＞1600kg/m³			砌体密度≤1600kg/m³		
	风载/(kN/m²)			风载/(kN/m²)		
	0.3 (约7级风)	0.4 (约8级风)	0.5 (约9级风)	0.3 (约7级风)	0.4 (约8级风)	0.5 (约9级风)
190	—	—	—	1.4	1.1	0.7
240	2.8	2.1	1.4	2.2	1.7	1.1
370	5.2	3.9	2.6	4.2	3.2	2.1
490	8.6	6.5	4.3	7.0	5.2	3.5
620	14.0	10.5	7.0	11.4	8.6	5.7

(9) 用于清水墙、柱表面的砖，应边角整齐，色泽均匀。

(10) 在冻胀环境和条件的地区，地面以下或防潮层以下的砌体，不宜采用多孔砖。

(11) 砌筑砖砌体时，砖应提前 1～2d 浇水润湿。

(12) 砌砖工程当采用铺浆法砌筑时，铺浆长度不得超过 750mm；施工期间气温超过 30℃时，铺浆长度不得超过 500mm。

(13) 240mm 厚承重墙的每层墙的最上一皮砖，砖砌体的阶台水平面上及挑出层，应整砖丁砌。

(14) 砖过梁底部的模板，在灰缝砂浆强度不低于设计强度的 50%时，方可拆除。

(15) 多孔砖的孔洞应垂直于受压面砌筑。

(16) 施工时施砌的蒸压(养)砖的产品龄期不应短于 28d。

(17) 竖向灰缝不得出现透明缝、瞎缝和假缝。

(18) 砖砌体施工临时间断处补砌时，必须将接槎处表面清理干净，浇水湿润，并填实砂浆，保持灰缝平直。

9.1.5　砖砌体施工的注意事项

1. 砌筑过程中的注意事项

砖砌体砌筑过程中的注意事项如下。

(1) 伸缩缝、沉降缝、防震缝中，不得加有砂浆、块材和杂物等。

(2) 墙体表面平整度、垂直度校正必须在砂浆终凝前进行。

(3) 砌筑工程工作段的分段位置，宜设在伸缩缝、沉降缝、防震缝、构造柱或门窗洞口处，相邻工作段的砌筑高差不得超过一个楼层高度，也不宜大于 4m。墙体临时间断处的高差，不得超过一步架脚手架高度。

(4) 设计要求的洞口、管道、沟槽和预埋件等应在砌筑时正确留出或预埋。

(5) 通气道、垃圾道等采用水泥制品时，接缝处外侧宜带有沟槽，安装时除坐浆外，还应将槽口填缝密实。

（6）墙体施工时，楼面和屋面堆载不得超过楼板允许荷载值，施工层进料口的楼板下，宜采取临时支撑措施。

（7）搁置预制梁、板的墙体顶面应找平，并应在安装时坐浆。

（8）雨期施工应防止基槽灌水和雨水冲刷砂浆，砂浆稠度应适当降低，每日砌筑高度不应超过 1.2m，收工时，应用防雨材料覆盖新砌墙体表面。

（9）砖柱和小于 1m 的窗间墙，应选用整砖砌筑，半砖和破损的砖应分散使用在受力较小处。

2. 成品保护

砖砌体的成品保护应注意以下几点：

（1）墙体的拉结筋、抗震构造柱钢筋、墙体钢筋及各种预埋件、暖卫、电气管线等，均应注意保护，不得任意拆改或损坏；

（2）砂浆稠度适宜，砌墙时应防止砂浆溅脏墙面；

（3）在吊放平台脚手架或安装混凝土模板时，指挥人员和吊车司机要认真指挥和操作，防止碰撞刚砌好的墙体；

（4）砂浆或混凝土进料口周围，应用塑料薄膜或木板等遮盖，保持墙面洁净；

（5）高温干燥季节，上午砌的墙体，下午就应该洒水养护。

3. 砌筑工程的安全注意事项

砌筑操作前必须检查操作环境是否符合安全要求，道路是否畅通，机具是否完好牢固，安全设施和防护用品是否齐全，经检查符合要求后方可施工。具体应注意以下几点。

（1）检查脚手架。砖瓦工上班前、雨雪天或大雨后都要检查。

（2）正确使用脚手架。一般脚手架上堆砖不得超过 3 层(侧立)，操作人员不能在脚手架上嬉戏及多人集中在一起，不得坐在脚手架的栏杆上休息，发现有脚手架损坏要及时更换。

（3）严禁站在墙上工作和行走，工作完毕应将墙上和脚手架上多余的材料、工具清理干净；在脚手架上砍砖，应面对墙面，把砍下的砖块碎屑集中在容器内运走。

（4）门窗的支撑及拉结杆应固定在楼面上，不得拉在脚手架上。

（5）使用卷扬机井架吊物时，应有专人负责开机，每次吊物不得超载，并安放平稳。吊物下禁止人员通行，不得将头、手伸入井架。严禁人员乘坐吊篮上下。

9.2 其他砖墙砌筑施工

9.2.1 蒸压灰砂砖、粉煤灰砖的概念

1. 蒸压灰砂砖

蒸压灰砂砖是一种以石灰、河砂、石英砂尾矿等为主要原料，通过加水搅拌、硝化反应、压制成型、蒸气蒸压养护而成的墙体材料。这种砖块通过蒸压釜高温蒸压，出釜后又经过 28 天自然养护，强度达到 MU10.0 以上，已广泛应用于砖混承重墙和框架多层填充墙，

标准砖已应用于±0.000 线以下的基础、下水道等部位。

1) 蒸压灰砂砖的优点

蒸压灰砂砖具有以下优点：

(1) 与其他墙体材料相比，蓄热能力强；

(2) 灰砂砖容重大，隔声性能十分优越。

2) 蒸压灰砂砖的缺点

蒸压灰砂砖具有以下缺点：

(1) 表面平整光滑，与灰浆黏结差，容易造成抹灰空鼓开裂；

(2) 吸水速度慢，过厚的抹灰层，容易造成灰浆流淌开裂；

(3) 自身强度高，若抹灰砂浆强度太低，会造成变形差异导致开裂；

(4) 表面光滑，黏结强度差，导致墙体剪切强度低，抗震性能差；

(5) 不得用于长期受热、受急冷急热和有酸性介质侵蚀的部位。

砖种类.docx

蒸压灰砂砖.mp4

2. 粉煤灰砖

粉煤灰砖是以粉煤灰、石灰为主要原料，掺加适量石膏和骨料经胚料制备，压制成型、高压或常压蒸汽养护而成的实心粉煤灰砖。粉煤灰砖可用于工业与民用建筑的墙体和基础，但用于基础或用于易受冻融和干湿交替作用的建筑部位必须使用一等砖与优等砖。同时，粉煤灰砖不得用于长期受热、受急冷急热和有酸性介质侵蚀的部位。

1) 粉煤灰砖的优点

粉煤灰砖具有以下优点：

(1) 为以粉煤灰作为燃料的发电厂或其他工业企业处理了大量废渣，减少了处理费用，同时又为建材工业生产开辟了新的资源，变废为宝，发展了循环经济；

其他砌体施工.mp4

(2) 节约农田，支援农业；

(3) 工厂布置紧凑，生产周期短；

(4) 不需焙烧，仅需提供养护用的蒸汽，故燃料消耗低，减少了对大气的污染；

(5) 机械化、自动化程度比较高，劳动生产率高，工人劳动强度低；

(6) 不受季节和气候的影响，可以全年生产；

(7) 产品容重轻，导热系数小，对改善建筑功能，降低建筑成本有利。

2) 粉煤灰砖的缺点

粉煤灰砖的缺点是墙体易出现开裂现象。

9.2.2 蒸压灰砂砖、粉煤灰砖的施工

1. 材料要求

1) 砖

蒸压灰砂砖、粉煤灰砖的品种、强度等级必须符合设计要求，并有出厂合格证、产品

性能检测报告。进场使用前，施工时所用的蒸压砖的产品龄期不应小于 28d，不宜小于 35d。地基基础施工宜用蒸压粉煤灰砖。蒸压粉煤灰砖、蒸压灰砂砖不得用于酸性介质的地基土中。

2）水泥

对水泥的要求如下：

(1) 一般宜采用 32.5 级的普通硅酸盐水泥或矿渣硅酸盐水泥；

(2) 水泥进场使用前，应分批对其强度、凝结时间、安定性进行复验；

(3) 当在使用中对水泥的质量有怀疑或水泥出厂超过 3 个月(快硬硅酸盐水泥超过 1 个月)时，应复查试验，并按结果使用；

(4) 不同品种的水泥不得混合使用。

3）砂

用中砂，砂浆的砂含泥量不超过 5%，不得含有草根等杂物。使用前应用 5mm 孔的筛子过筛。

4）掺合料

混合砂浆采用石灰膏、粉煤灰和磨细生石灰粉等，磨细生石灰粉熟化时间不得少于 2d。

5）其他材料

蒸压灰砂砖、粉煤灰砖的施工，需要的其他材料包括墙体拉结筋及预埋件、刷防腐剂的木砖。

2. 主要机具

蒸压灰砂砖、粉煤灰砖的施工用到的主要机具有：搅拌机、磅秤、垂直运输设备、大铲、刨铸、瓦刀、扁子、托线板、线坠、小白线、卷尺、铁水平尺、皮数杆、小水桶、灰槽、砖夹子、扫帚等。

灰浆泵.mp4

3. 操作工艺

1）工艺流程

(1) 基础施工流程。

基础施工流程如图 9-17 所示。

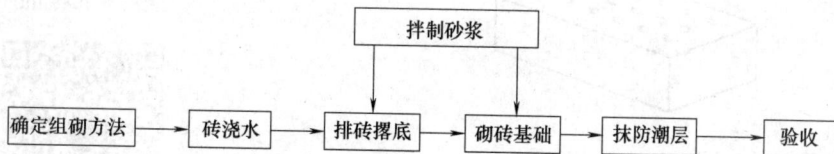

图 9-17 基础施工流程图

(2) 墙体施工流程。

墙体施工流程如图 9-18 所示。

2）砖浇水

砖必须在砌筑前一天浇水湿润，不得随浇随砌，含水率为 8%～12%，常温施工不得用

干砖上墙；不得使用含水率达饱和状态的砖砌墙。

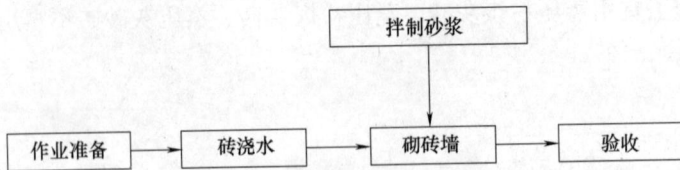

图 9-18 墙体施工流程图

3) 砂浆搅拌

(1) 砂浆配合比应采用重量比，计量精度水泥为±2%，砂、灰膏控制在±5%以内。

(2) 应用机械搅拌，搅拌时间不少于 2min。水泥粉煤灰砂浆和掺用外加剂的砂浆搅拌时间不得少于3min，掺用有机塑化剂的砂浆，应为3～5min。

(3) 采用水泥砂浆代替水泥混合砂浆时，应重新确定砂浆的强度等级。对掺用缓凝剂的砂浆，其使用时间可根据具体情况延长。

(4) 每一楼层(基础按一个楼层)且不超过 250m³ 砌体中各种类型及强度等级的砂浆，至少应做一组试块(每组 6 块)，如砂浆强度等级或配合比变更时，还应制作试块。每台搅拌机至少应抽检一次。

9.2.3 烧结多孔砖

烧结多孔砖是以黏土、页岩、煤矸石、粉煤灰、淤泥(江、河、湖等淤泥)及其他固体废弃物等为主要原料，经焙烧而成。其主要用于承重部位，如图 9-19 所示。烧结多孔砖按主要原料可分为黏土砖(N)、页岩砖(Y)、煤矸石砖(M)、粉煤灰砖(F)、淤泥砖(U)、固体废弃物砖(G)。

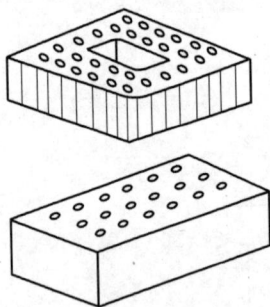

烧结多孔砖.mp4

图 9-19 烧结多孔砖

1. 烧结多孔砖的施工要点

烧结多孔砖的施工要点如下。

(1) 砖的运输及装卸：禁止用翻斗车倾卸，堆置高度不宜超过 2m，并做好排水措施，防止雨天地基塌陷而砖堆倾倒。

音频 烧结多孔砖砂浆稠度的要求.mp3

(2) 含水率的控制：应在砌筑前 1～2d 浇水湿润，否则难以符合 10%～15%的含水率要求。

(3) 砂浆稠度的要求：主要考虑砌筑操作方便，避免砂浆过多落入孔洞内造成浪费，同时保证"销键"的形成。稠度为 70～90mm。当砖含水率为 15%左右时，砂浆稠度应为 70mm；反之，当砖含水率为 10%时，砂浆稠度取 90mm。

(4) 多孔砖砌体的砌筑方法：不宜采用铺浆砌筑法，原因是增大砂浆稠度，使"销键"不易形成。多孔砖采用"一铲灰、一块砖、一挤压、一灌缝"的砌筑方法，但严禁用水冲浆灌缝。

2. 烧结多孔砖的施工工艺

烧结多孔砖的施工工艺如下。

(1) 多孔砖砌体应上下错缝，内外搭砌。多孔砖的孔洞应垂直于受压面，不得立砌，不得人工砍砖，必须用配砖或机械切割。

(2) 门窗洞口砌筑。临时留置的施工洞，应设拉结筋，其侧边离交接处墙面不应小于500mm，洞口应设置过梁。补砌时，应用多孔砖填砌密实，使用的砂浆强度应提高一个等级。

(3) 构造柱与墙体、内外墙交接处均应设置拉结筋进行拉结。拉结筋的数量为每120mm厚设置1φ6@500，拉结筋每边伸入墙体内不小于1000mm，且末端设900弯钩。

(4) 构造柱设置。设置构造柱的墙体，应先砌墙后浇筑混凝土，墙体与构造柱的连接应砌成马牙槎，三退三进或二退二进，保证柱脚处为大断面。

(5) 圈梁下口多孔砖孔洞封堵。为避免浇筑圈梁混凝土时，水泥浆流入孔洞造成蜂窝缺陷，应事先用砌筑砂浆堵抹圈梁的接触面墙体上的孔洞，或用黏土砖砌筑1～2皮，避免圈梁混凝土漏浆。

(6) 水电管线的预埋。190mm 厚的多孔砖墙不允许在墙面水平或斜向暗埋管线或预留沟槽，水平管线应尽量通过楼板孔洞或预埋在混凝土圈梁内。

(7) 埋件设置。多孔砖壁薄，不宜使用射钉和膨胀螺栓等连接件。在施工时，可将专门制作的混凝土块一同砌入墙体。

3. 烧结多孔砖的质量检验

对多孔砖砌体的立缝和水平灰缝饱满度的检测，最直接、也最容易被现场质检人员掌握的方法是毛面积检测法。检测工具仍是检测黏土砖砌体的百格网。当多孔砖孔洞周围有砂浆时，则该孔洞的面积计入砂浆的饱满度，否则不计。

【案例9-2】为了提高建筑工程用蒸压粉煤灰砖质量和砌体工程质量，6月1日起，填充墙底、顶部确需用密实材料砌筑时，禁止采用"烧结砖"等非蒸压硅酸盐砖，应采用蒸压粉煤灰砖。根据要求，填充墙砌体工程当采用蒸压加气混凝土砌块、轻骨料混凝土小型空心砌块时，不应与其他块体混砌，不同强度等级的同类块体也不得混砌。填充墙底、顶部确需用密实材料砌筑时，禁止采用非蒸压硅酸盐砖，应采用蒸压粉煤灰砖。据了解，很多老式建筑中常用的"烧结砖"属于非蒸压硅酸盐砖，因为自重较轻，强度较低，目前属于填充墙砌体工程中的墙底、顶部这些重点区域的禁用之列。

试结合本章内容说明大量推行采用粉煤灰砖的优点。

9.3 圈梁与构造柱的施工

由于砖混结构房屋的墙体是由砖砌筑而成的，屋盖及楼盖普遍采用预制楼板，因此砖混结构房屋的整体性较差，刚度大，不利于抗震。为了提高砖混结构房屋的整体性，提高其抗震能力，必须设置圈梁和构造柱。

9.3.1 圈梁的构造要求和施工

砌体结构房屋中，在砌体内沿水平方向设置钢筋混凝土梁，以提高房屋空间刚度，增加建筑物的整体性，提高砖石砌体的抗剪、抗拉强度，防止由于地基不均匀沉降、地震或其他较大振动荷载对房屋的破坏。在房屋的基础上部的连续的钢筋混凝土梁叫基础圈梁，也叫地圈梁。

圈梁通常设置在基础墙、屋盖(檐口)及楼盖处，是沿着全部外墙和部分内墙设置的连续、封闭的梁。其数量和位置与建筑物的高度、层数、地基状况和地震强度有关。

1. 圈梁的构造要求

圈梁的构造要求具体如下。

(1) 圈梁只需要配置构造筋。

(2) 圈梁宜与预制板设在同一标高处或紧靠板底。

(3) 圈梁宜连续地设在同一水平面上，并形成封闭状；当圈梁被门窗洞口截断时，应在洞口上部增设相同截面的附加圈梁。附加圈梁与圈梁的搭接长度不应小于其中到中垂直间距的 2 倍，且不得小于 1m，如图 9-20 所示。

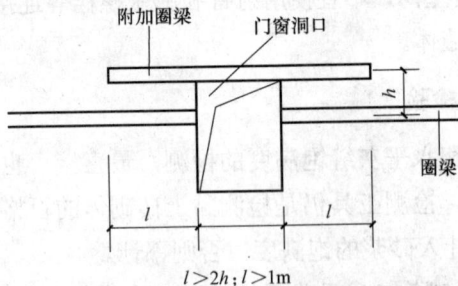

图 9-20 附加圈梁

(4) 纵、横墙交接处的圈梁应可靠连接；刚弹性和弹性方案房屋，圈梁应与屋架、大梁等构件可靠连接。

(5) 混凝土圈梁的宽度宜与墙厚相同，当墙厚不小于 240mm 时，其宽度不宜小于墙厚的 2/3。圈梁高度不应小于 120mm。纵向钢筋数量不应少于 4 根，直径不应小于 10mm，绑扎接头的搭接长度按受拉钢筋考虑，箍筋间距不应大于 300mm；规范要求增设的基础圈梁，截面高度不应小于 180mm，配筋不应少于 4Φ12。

(6) 圈梁兼作过梁时，过梁部分的钢筋应按计算面积另行增配。

2. 圈梁的施工

1) 圈梁模板支设

圈梁的特点是断面小但很长，一般除窗口及其他个别地方是架空外，均搁置在墙上。模板主要有侧模和卡具，在架空部分用到底模和支撑。

开始支模前，应在内墙面弹出统一标高的+50 线，然后以此线决定圈梁的支模标高及控制模口平整度。

圈梁的模板支设与楼面结构形式相关。

(1) 预制楼面的圈梁支模，如图 9-21 所示。

① 常规支模。当墙体为三七墙时，圈梁宽度可以不与墙厚相同，即所谓的外砖内模结构。此时，应先砌圈梁侧边的砖，模板也就只需单边支设。

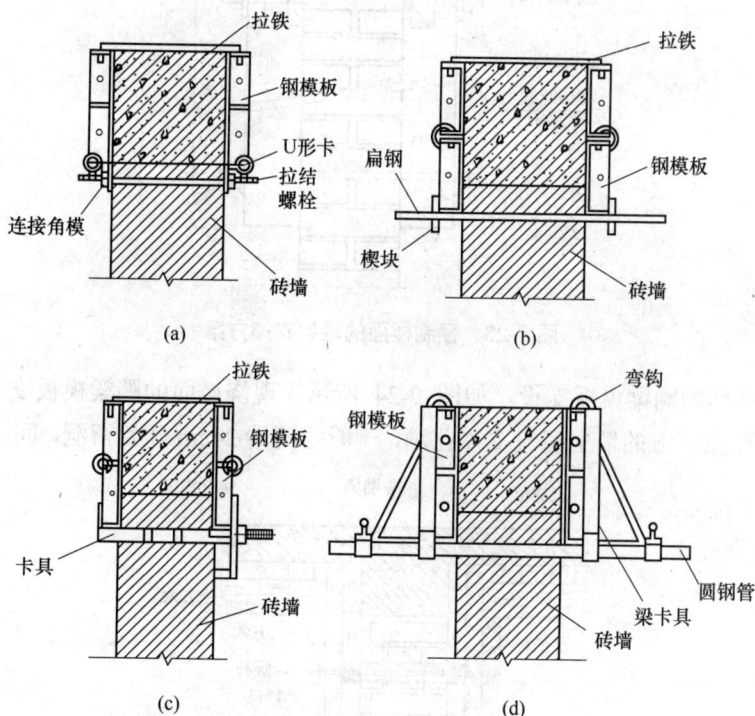

图 9-21 圈梁模板支模形式

圈梁模板安装后，应在侧板安装好，绑扎钢筋之前将侧板与砖墙接触空隙用水泥砂浆补密实，以免浇筑混凝土时漏浆，如图 9-22 所示。

② 硬架支模，如图 9-23 所示。硬架支模就是先支圈梁模板，接着安装预制空心板，然后再浇圈梁混凝土，由于预制空心板接头与圈梁可同时浇筑，因而可增强结构的整体性，

并提高施工速度。但这时模板要承受预制空心板的重力荷载，所以支模必须考虑模板的强度、刚度以及支设的整体稳定性。

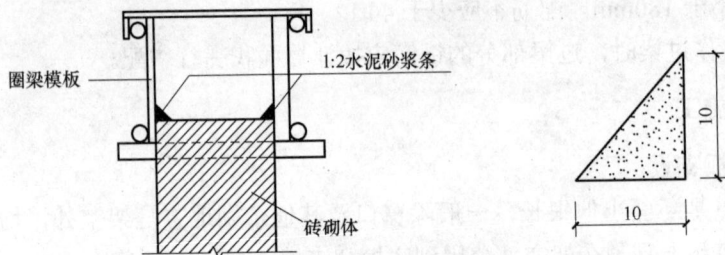

图 9-22　抹水泥砂浆条防止圈梁混凝土浇筑漏浆

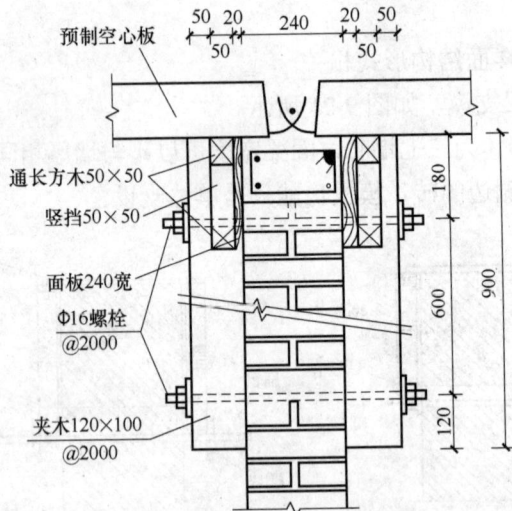

图 9-23　预制楼面的硬架支撑方案

(2) 现浇楼面的圈梁模板支设，如图 9-24 所示。现浇楼面的圈梁模板支设应与楼面模板同时考虑。圈梁下方的墙上留设支模孔洞，一般距两端 24cm 开始留洞，间距 50cm 左右。

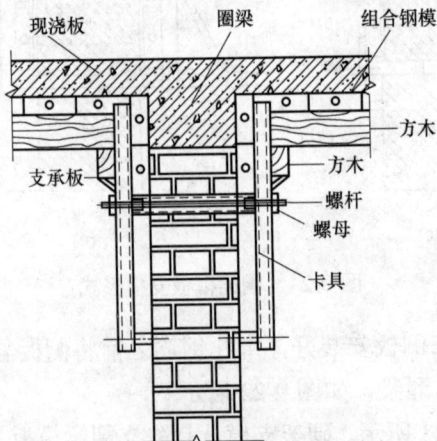

图 9-24　现浇楼面圈梁模板支设示意图

2) 圈梁钢筋

(1) 圈梁钢筋绑扎。

圈梁钢筋绑扎，既可在支模前绑扎，也可在支模后绑扎；既可采用现场绑扎，也可采用预制骨架。

圈梁钢筋的绑扎程序：画箍筋位置线→放箍筋→穿受力钢筋→绑扎箍筋。箍筋搭接处应沿受力钢筋相互错开。

(2) 圈梁钢筋的构造要求。

圈梁钢筋的构造要求为：圈梁与构造柱钢筋交叉处，圈梁的钢筋应该置于构造柱受力钢筋外侧(梁包柱)；锚固长度应符合要求，采用垫块控制好保护层厚度。

3) 圈梁混凝土的浇筑

(1) 浇筑程序。

对于现浇楼面，圈梁一般与楼面同时浇筑。对于预制楼面，常规支模时应现浇混凝土，待其强度达到设计要求时，再安装预制楼面板，最后浇筑板端接缝混凝土；而对于硬架支模，则在预制楼面板安装就位后，一次完成圈梁及板端接缝混凝土的浇筑。

(2) 浇筑注意事项。

圈梁的混凝土浇筑除了常规混凝土浇筑应注意的事项，如：对模板支设进行检查，对钢筋进行隐蔽工程验收，对配合比、坍落度进行监控外，还应注意以下几点。

① 浇筑前应对木模板以及砖墙提早浇水充分湿润。

② 用塔吊吊斗供混凝土时，应将混凝土卸在铁盘上，再用铁锹灌入模内，不应用吊斗直接将混凝土卸入模内。

③ 圈梁浇筑宜用反锹下料。下料时应先两边后中间，分段一次灌足后集中振捣，分段长度一般为2～3m。

④ 圈梁的振捣一般采用插入式振捣器。振捣棒与混凝土应成斜角，斜向振捣，振捣板缝混凝土时，应选用直径为30mm的小型振捣棒。对厚度较小的圈梁，也可采用"带浆法"和"赶浆法"人工振捣。接槎处一般留成斜坡向前推进。

⑤ 浇筑混凝土时，应注意保护钢筋位置及外砖墙、外墙板的防水构造，不得损害，派专人检查螺栓、拉杆是否松动、脱落；发现漏浆等现象，指派专人检修。

⑥ 表面抹平：圈梁、板缝混凝土每振捣一段，应随即用木抹子压实、抹平。表面不得有松散混凝土。

⑦ 施工缝的留置：因圈梁较长，一次无法浇筑完毕时，可留置施工缝，但施工缝不能留在砖墙的十字、丁字、转角、墙垛及门窗、大中型管道、预留孔洞上部等位置。

⑧ 混凝土养护：混凝土浇筑完12h以内，应对混凝土加以覆盖并浇水养护。常温时每日至少浇水两次，养护时间不得少于1d。

⑨ 填写混凝土施工记录，制作混凝土试块。

9.3.2 构造柱的构造和施工

设置钢筋混凝土构造柱是砌体结构工程的重要抗震措施。构造柱从竖向加强墙体的连接，与水平方向的圈梁一起构成空间骨架，提高建筑物的整体刚度和墙体的延性，约束墙体裂缝的开展，从而增加建筑物承受地震作用的能力。

构造柱示意图.docx

1. 构造柱的构造

1) 构造柱的构造要求

关于构造柱的构造，《建筑抗震设计规范》(GB 50011—2010)(2016 版)规定如下。

(1) 构造柱最小截面可采用 180mm×240mm(墙厚 190mm 时为 180mm×190mm)，纵向钢筋宜采用 4φ12，箍筋间距不宜大于 250mm，且在柱上下端应适当加密；6～7 度时超过六层、8 度时超过五层和 9 度时，构造柱纵向钢筋宜采用 4φ14，箍筋间距不应大于 200mm；房屋四角的构造柱应适当加大截面及配筋。

(2) 构造柱与墙连接处应砌成马牙槎，沿墙高每隔 500mm 设 2φ6 水平钢筋和 φ4 分布短筋平面内点焊组成的拉结网片或 φ4 点焊钢筋网片，每边伸入墙内不宜小于 1m。6、7 度时底部 1/3 楼层，8 度时底部 1/2 楼层，9 度时全部楼层，上述拉结钢筋网片应沿墙体水平通长设置。

(3) 构造柱与圈梁连接处，构造柱的纵筋应在圈梁纵筋内侧穿过，保证构造柱纵筋上下贯通。

(4) 构造柱可不单独设置基础，但应伸入室外地面下 500mm 或与埋深小于 500mm 的基础圈梁相连。

(5) 房屋高度和层数接近《建筑抗震设计规范》(GB 50011—2010)(表 9-3)中的限值时，纵、横墙内构造柱间距还应符合下列要求：

① 横墙内的构造柱间距不宜大于层高的二倍，下部 1/3 楼层的构造柱间距适当减小。

② 当外纵墙开间大于 3.9m 时，应另设加强措施。内纵墙的构造柱间距不宜大于 4.2m。

音频 纵、横墙内构造柱间距的要求.mp3

表 9-3 房屋的层数和总高度限数

m

房屋类别		最小抗震墙厚度/mm	烈度和设计基本地震加速度											
			6		7				8				9	
			0.05g		0.10g		0.15g		0.20g		0.30g		0.40g	
			高度	层数	高度	层数	高度	层数	高度	层数	高度	层数	高度	层数
多层砌体房屋	普通砖	240	21	7	21	7	21	7	18	6	15	5	12	4
	多孔砖	240	21	7	21	7	18	6	18	6	15	5	9	3
	多孔砖	190	21	7	18	6	15	5	15	5	12	4	—	—
	小砌块	190	21	7	21	7	18	6	18	6	15	5	9	3

房屋类别		最小抗震墙厚度/mm	烈度和设计基本地震加速度										
			6		7				8				9	
			0.05g		0.10g		0.15g		0.20g		0.30g		0.40g	
			高度	层数	高度	层数	高度	层数	高度	层数	高度	层数	高度	层数
底部框架-抗震墙砌体房屋	普通砖多孔砖	240	22	7	22	7	19	6	16	5	—	—	—	—
	多孔砖	190	22	7	19	6	16	5	13	4	—	—	—	—
	小砌块	190	22	7	22	7	19	6	16	5	—	—	—	—

注：① 房屋的总高度指室外地面到主要屋面板板顶或檐口的高度，半地下室从地下室室内地面算起，全地下室和嵌固条件好的半地下室应允许从室外地面算起，对带阁楼的坡屋面应算到山尖墙的1/2高度处。

② 室内外高差大于0.6m时，房屋总高度允许比表中的数据适当增加，但增加量应少于1.0m。

③ 乙类的多层砌体房屋仍按本地区设防烈度查表，其层数应减少一层且总高度应降低3m；不应采用底部框架-抗震墙砌体房屋。

④ 本表小砌块砌体房屋不包括配筋混凝土小型空心砌块砌体房屋。

(6) 对于底层框架砖房的第二层以上部分构造柱，除按上述原则执行外，构造柱纵向钢筋宜锚固在底层框架柱内，钢筋锚固长度不小于35倍钢筋直径。当构造柱钢筋(纵向)锚固在框架梁内时，除满足锚固长度外，还应对框架梁相应位置作适当加强。

(7) 底层框架砖房设置构造柱的截面不宜小于240mm×240mm，纵向钢筋不宜少于4φ14。箍筋间距不宜大于200mm。

(8) 箍筋弯钩应为135°，平直长度为10倍钢筋直径。

2) 构造柱的平面布置、里面构造

构造柱的平面布置、里面构造如图9-25～图9-28所示。

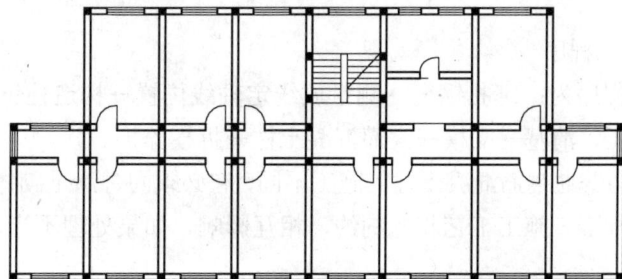

图9-25 构造柱平面布置示意图

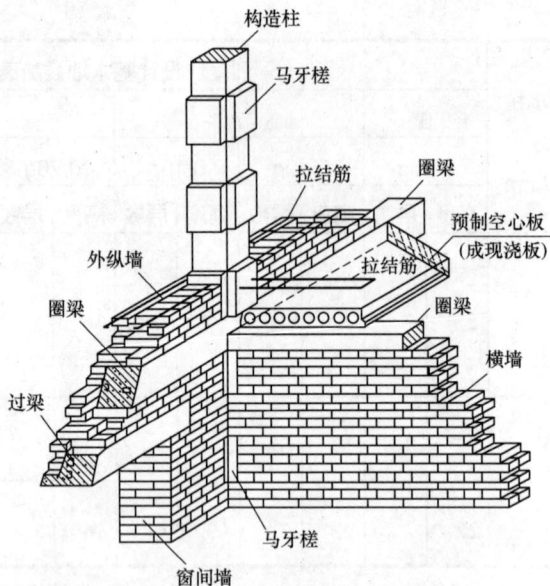

图 9-26　构造柱位置示意图

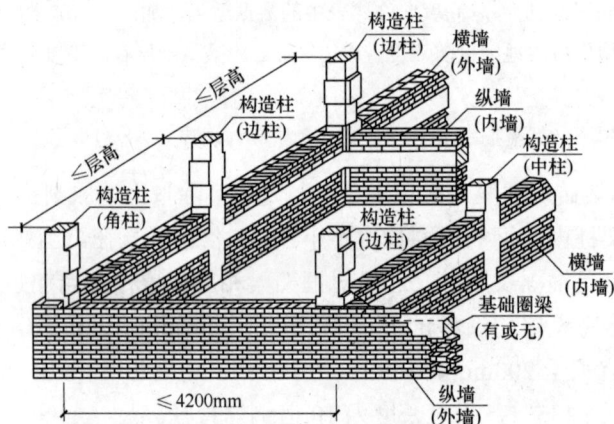

图 9-27　纵横墙中的加强构造柱间距示意图

2. 构造柱的施工

1) 构造柱的施工程序

构造柱的施工程序为：绑扎钢筋→测量放线定轴线位置→构造柱钢筋骨架支立→砌砖墙→构造柱钢筋找正、清基→支模→浇灌混凝土柱→拆模养护。

构造柱的施工与普通钢筋混凝土柱的施工不同，它必须同时满足砌体工程和混凝土工程的施工工艺和质量标准，施工工艺相互制约、相互影响，如果处理不当，将影响工程质量。

2) 钢筋绑扎

由于构造柱的纵筋直径相对较小，纵筋的接长大多采用绑扎搭接。构造柱的钢筋骨架一般采用骨架预绑扎、现场整体组装就位的施工工艺。具体施工顺序为：预制构造柱钢筋骨架→修整底层伸出的构造柱搭接筋→安装构造柱钢筋骨架→绑扎搭接部位箍筋。

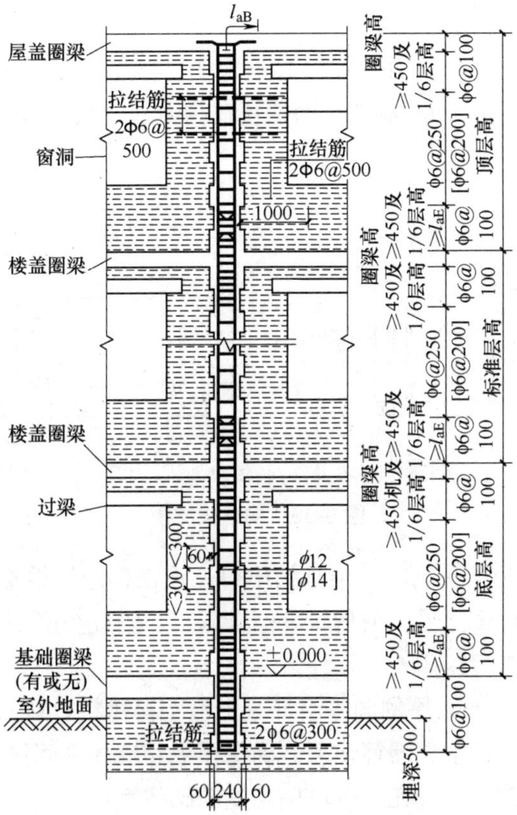

图 9-28 构造柱立面示意图

3) 墙体马牙槎砌筑

每一马牙槎高度不应超过 300mm。砌筑时先退后进，保证柱脚为大断面。砌筑时，槎边进退要对称，尺寸要统一。在砌砖墙大马牙槎时，沿墙高每 500mm 埋设 2Φ6 水平拉结筋，与构造柱钢筋绑扎连接，每边伸入墙内不少于 1000mm，如图 9-29 所示。

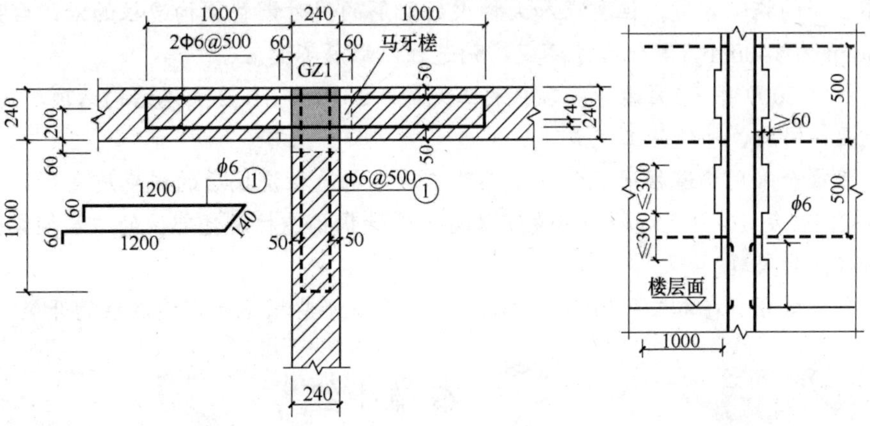

(a) 平面图   (b) 立面图

图 9-29 构造柱的马牙槎布置

4) 构造柱模板支设

为防止浇筑混凝土时胀模，可设穿墙对拉螺栓，螺栓洞要预留，留洞位置要求距地面 300mm，每间隔 1m 以内留一处，洞的平面位置在构造柱大马牙槎以外一丁砖处，如图 9-30 所示。

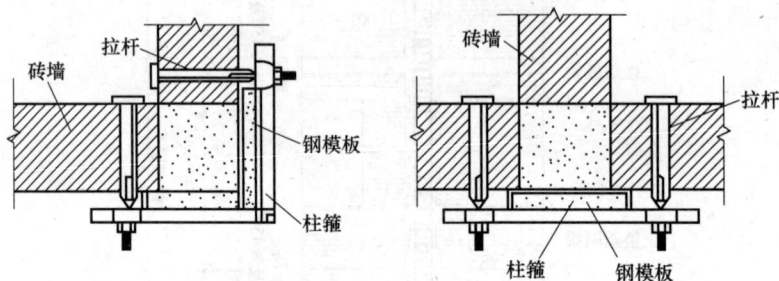

图 9-30　构造柱支模

模板支设应当预留两个孔洞。一个是扫出口，设在构造柱根部，混凝土浇筑前应有专人清扫，不应留有建筑垃圾；另一个是质量检查洞，一般设在层高的中间。混凝土浇筑完，以备质量检查时用，检查后封闭。

浇筑前应先倒入 2～3cm 厚的同等级混凝土但不得掺粗骨料的水泥砂浆，再浇筑混凝土，以保证构造柱柱头无烂根、漏筋现象。确保模板和墙体之间接触紧密，保证不漏浆。

构造柱混凝土的浇筑，最好在一个可砌高度的砌体完成后及时进行。

【案例 9-3】某工程为商品房住宅小区，建筑面积约 10 万平方米。设计楼的檐高为 90m，设有 27 层，层高 2.9m。业主在方案选择时考虑到为提高楼盘档次，增加楼盘销售点、住户采光效果，尽可能为住户提供更多的增值空间。该工程南立面 2 层以上全部采用露台错层的设计方案，同时在露台上设置钢筋混凝土结构构造柱的设计方案。主体结构施工前，施工单位及业主单位认为 5800mm 高的构造柱后期浇捣质量不易保证，而且费时费力；为改善构造柱浇捣质量差等现实施工状况，经设计单位设计人员到现场查看后同意采用构造柱现浇代替后浇的施工方案，但要求加大挑梁的配筋的同时调整原构造柱的沿阳台梁方向的宽度 240mm 为 140mm，其他尺寸不变，构造柱内配筋不变。

本工程于 2009 年 12 月地下室顶板施工完成，2010 年 10 月主体结构结顶，2011 年 11 月主楼地面、内墙、外墙施工完成。

该工程露台采用构造柱现浇施工工艺施工后，构造柱浇捣后的观感质量得到了明显改善，但在 2011 年 10 月现场检查时发现楼层主体结构构造柱现浇部位的二层挑梁根部均出现了不同程度的裂缝。

试结合上文分析在本工程的构造柱施工时应采取哪些措施防止构造柱的开裂。

本章小结

通过对本章内容的学习，我们主要学习了砖墙砌筑施工的基本知识；蒸压灰砂砖与粉煤灰砖的施工；圈梁与构造柱的施工。希望通过本章的学习，使同学们对砖砌体结构工程主体施工的基本知识有基础了解，并掌握相关的知识点，举一反三，学以致用。

实训练习

一、单选题

1. 烧结普通砖具有全国统一尺寸，其尺寸为(   )。
  A. 240mm×115mm×53mm
  B. 220mm×120mm×50mm
  C. 240mm×110mm×50mm
  D. 200mm×115mm×53mm

2. 砌体结构根据其材料的受力性能，主要用于(   )。
  A. 承受拉力的结构构件
  B. 承受压力的结构构件
  C. 承受剪力的结构构件
  D. 承受弯曲力的结构构件

3. 烧结普通砖砌体的弹性模量与(   )有关。
  A. 烧结普通砖砌体的尺寸
  B. 水泥砂浆的强度等级
  C. 砂浆和烧结普通砖砌体的强度等级
  D. 砖墙的砌筑方式

4. 对于普通黏土砖和普通砂浆砌体，要求其受热最高温度不应超过(   )。
  A. 400℃
  B. 300℃
  C. 500℃
  D. 600℃

5. 砌体水平灰缝砂浆的饱满程度不得低于(   )。
  A. 70%
  B. 60%
  C. 80%
  D. 90%

6. 单块砖在砌体结构中受压时，其受力状态为(   )。
  A. 只承受压力
  B. 承受拉力和压力，不承受剪力
  C. 承受压力、弯矩、剪力和拉力等复杂应力状态
  D. 承受压力、剪力和拉力等复杂应力状态

7. 影响砌体结构抗压强度的主要因素是(   )。
  A. 砌体和砂浆的强度等级
  B. 砌体的砌筑方式
  C. 砌体的尺寸大小
  D. 砂浆的强度等级

8. 评定砖的强度等级，应随机抽取(   )进行试验。
  A. 8块
  B. 10块
  C. 12块
  D. 20块

9. 砌筑砖砌体时，砖应提前(   )浇水润湿。
  A. 1d
  B. 1~2d
  C. 2~3d
  D. 3~4d

10. 砌体的变形模量有初始弹性模量、割线模量和切线模量，其大小关系为(   )。
  A. 初始弹性模量>割线模量>切线模量
  B. 割线模量>初始弹性模量>切线模量
  C. 切线模量>割线模量>初始弹性模量
  D. 初始弹性模量>切线模量>割线模量

二、多选题

1. 砌体结构的使用范围包括(   )。
  A. 多层住宅、办公楼等
  B. 挡土墙

C. 小型水坝　　　　　　　D. 涵洞　　　　　　　　E. 高层建筑

2. 砌体结构具有一些缺点，主要包括(　　)，限制了它的应用范围。

A. 砌体结构强度低，截面尺寸较大，材料用量多，结构自重大

B. 砌体结构所用材料来源广泛，并易于就地取材

C. 砌体结构的黏结力较差，抗拉、抗弯、抗剪强度低，抗震和抗裂性能差

D. 砌体结构一般采用手工砌筑，劳动量大，生产效率低

E. 砖砌体结构采用大量黏土，破坏农田，影响生态环境

3. 砌体结构按照砌筑材料的不同，可以分为(　　)。

A. 砖砌体　　　　　　B. 砌块砌体　　　　　　C. 石砌体

D. 粉煤灰砖　　　　　E. 灰砂砖

4. 蒸压灰砂砖的主要原料有(　　)。

A. 钢筋　　　　　　B. 石灰　　　　　　C. 河砂

D. 石英砂尾矿　　　E. 混凝土

5. 砖墙砌筑工程质量的基本要求是(　　)。

A. 灰缝均匀　　　　　　B. 内外搭接　　　　　　C. 美观大方

D. 砂浆饱满　　　　　　E. 横平竖直

三、简答题

1. 简述砖墙砌筑前的准备工作。

2. 砖砌体的组砌形式有哪些？

3. 简述砖墙砌筑的质量要求。

4. 砖砌体施工的注意事项是什么？

5. 蒸压灰砂砖的优点和缺点有哪些？

第 9 章习题答案.docx

实训工作单

班级		姓名		日期	
教学项目		砖砌体结构工程主体施工			
任务	学习砖墙砌筑施工、其他砖墙砌筑施工及圈梁与构造柱的施工	学习途径	集中讲授、观看视频、现场观摩		
学习目标		熟悉砌筑工程主要施工方法			
学习要点		砖墙砌筑施工及圈梁施工			
学习记录					
评语				指导教师	

参 考 文 献

[1]GB 50010—2010. 混凝土结构设计规范[S]. 北京：中国建筑工业出版社，2010.

[2]GB 50010—2010. 建筑抗震设计规范[S]. 北京：中国建筑工业出版社，2010.

[3]JGJ 3—2010. 高层建筑混凝土结构技术规程[S]. 北京：中国建筑工业出版社，2010.

[4]GB 50204—2015. 混凝土结构工程施工质量验收规范[S]. 北京：中国建筑工业出版社，2010.

[5]JGJ/T 10—2011. 混凝土泵送施工技术规程[S]. 北京：中国建筑工业出版社，2011.

[6]周云，宗兰，张文芳. 土木工程抗震设计[M]. 北京：科学出版社，2005.

[7]王铁成. 混凝土结构基本构件设计原理[M]. 北京：中国建材工业出版社，2001.

[8]房志勇. 房屋建筑构造学[M]. 北京：中国建材工业出版社，2003.

[9]沈蒲生，梁兴文. 混凝土结构原理[M]. 北京：高等教育出版社，2002.

[10]中国建筑科学研究院. 混凝土泵送施工技术规程[S]. 北京：中国建筑工业出版社，2002.

[11]邹绍明. 建筑施工技术[M]. 重庆：重庆大学出版社，2009.

[12]卢循. 建筑施工技术[M]. 北京：中国建筑工业出版社，1994.

[13]GB 50010—2000. 地基与基础规范[S]. 北京：中国建筑工业出版社，2000.